中国高等教育学会工程教育专业委员会新工科"十三五"规划教材

MULTICORE APPLICATION PROGRAMMING

多核应用程序设计

雷向东　龙　军　雷振阳　雷　金　◎著

ZHEJIANG UNIVERSITY PRESS
浙江大学出版社

图书在版编目(CIP)数据

多核应用程序设计 / 雷向东等著. — 杭州 ： 浙江
大学出版社，2021.5
ISBN 978-7-308-21309-7

Ⅰ. ①多… Ⅱ. ①雷… Ⅲ. ①并行程序－程序设计
Ⅳ. ①TP311.11

中国版本图书馆CIP数据核字(2021)第080648号

多核应用程序设计

雷向东　龙军　雷振阳　雷金　著

责任编辑　吴昌雷
责任校对　王　波
封面设计　北京春天
出版发行　浙江大学出版社
　　　　　　（杭州市天目山路148号　邮政编码　310007）
　　　　　　（网址：http://www.zjupress.com）
排　　版　杭州林智广告有限公司
印　　刷　杭州杭新印务有限公司
开　　本　787mm×1092mm　1/16
印　　张　22.25
字　　数　488千
版 印 次　2021年5月第1版　2021年5月第1次印刷
书　　号　ISBN 978-7-308-21309-7
定　　价　55.00元

前　言

多核技术的出现与快速发展使计算机技术发生了重大变化。多个处理器核的出现，为软件在单处理器上的并行提供了丰富的硬件资源。为了充分利用这些计算资源，编译技术需要从为单核编译发展到为多核编译，操作系统需要为多核系统多进程、多线程进行调度。C/C++和Java程序设计语言需要发展为多核程序设计。本书以多核技术为主题，主要介绍当代多核技术，多核应用编程原理与方法。本书将帮助你了解编写多核系统的应用程序涉及的难点，使你能写出正确、性能优越，且适合扩展为在多个处理器核上运行的应用程序。全书内容被组织成如下8章。

第1章并行计算机体系结构，介绍高性能并行计算机的概念和系统组成，叙述计算机系统的弗林分类法、SIMD和MIMD系统结构，详细讲解共享存储器系统和消息传递系统。第2章多核构架介绍多核技术和多核中的并行性，以及多核处理器关键技术。第3章并行模式与并行编程语言，详细讲解同步与数据共享，并行编程风范与并行编程模型，共享存储器编程，消息传递编程和数据并行编程，并行计算性能分析。第4章MPI并行程序设计，详细讲解MPI并行程序设计思想、方法和技术。第5章POISX并行程序设计，详细讲解POISX线程并行程序设计思想、方法和技术。第6章OpenMP并行程序设计，详细讲解OpenMP并行程序设计思想、方法和技术。第7章Java并行程序设计，详细讲解Java多线程并行程序设计思想、方法和技术。第8章Windows多线程并行程序设计，详细讲解Windows多线程并行程序设计思想、方法和技术。

本书具有内容广博、语言浅显、结构清晰、实例丰富等特点，涵盖了多核应用程序设计方法和技术各个方面。每一章都附有大量的习题，读者根据教学进度和学时，合理选择书上习题，可达到进一步加深理解课堂讲授的内容。

本书适合作为高等院校计算机科学与技术、数据科学与大数据技术、软件工程、信息安全等相关专业高年级本科生及研究生的教材，同时可供对多核技术比较熟悉，并且对多核应用程序设计有所了解的开发人员、广大科技工作者和研究人员参考。

由于作者水平有限，书中难免有错误和不妥之处，恳请读者给予指正和提出修改意见。

作者

2020年3月

目 录
CONTENTS

1

第1章

并行计算机体系结构

在快速解决计算量大、数据密集型问题时，人们越来越认识到并行处理是唯一节省成本的方法。价格低廉的并行计算机(如商用桌面多处理机和工作站机群)的出现，使得这种并行方法的适用范围越来越广。现在已经为可移植的并行程序设计制定了专门的软件标准，为并行软件的大幅度发展打好了基础。

事务处理、信息检索、数据挖掘和分析以及多媒体服务等数据密集型应用已经为当代的并行平台提出了新的挑战。计算生物学和纳米技术等新兴的领域对并行计算的算法和系统开发提供了前瞻性的启示，而计算机体系结构，编程模型和应用中的变化对如何使用户以网格服务形式得到并行平台也提供了一些启发。

1.1 并行计算

并行机上所作的计算，称为并行计算，又称高性能计算或超级计算。并行计算的目的是提高计算速度，及通过扩大问题求解规模，解决大型而复杂的计算问题。并行计算可分为时间上的并行和空间上的并行。时间上的并行是指流水线技术，而空间上的并行则是指用多个处理器并发地执行计算，即通过网络将两个以上的处理机连接起来，达到同时计算同一个任务的不同部分，或者单个处理机无法解决的大型问题。并行计算主要解决计算科学（包括计算物理、计算化学、计算生物等），科学与工程问题，如气象预报、油藏模拟、核武器数值模拟、航天器设计、基因测序等。

并行计算机就是由多个处理单元组成的计算机系统，这些处理单元相互通信和协作，能快速高效求解大型的、复杂的问题。

在工作站机群（COW）环境下进行的计算称为网络计算。其主要特点是网络计算结合了客户机/服务器结构的健壮性、Internet 面向全球的简易通用的数据访问方式和分布式对象的灵活性，提供了统一的跨平台开发环境，基于开放的和事实上的标准，把应用和数据的复杂性从桌面转移到智能化的网络和基于网络的服务器，给用户提供了对应用和信息的通用、快速的访问方式。

1

分布式计算是一门计算机科学，它研究如何把一个需要非常巨大的计算能力才能解决的问题分成许多小的部分，然后把这些部分分配给许多计算机进行处理，最后把这些计算结果综合起来得到最终的结果。

集群计算是使用多个计算机，如典型的个人计算机或 UNIX 工作站、多个存储设备，冗余互联，来组成一个对用户来说单一的高可用性的系统。

网络计算与分布式计算和集群计算都是属于计算密集型、数据密集型和网络密集型应用。

从 20 世纪 70 年代产生第一代高性能计算机开始，经过几十年的发展，高性能计算机经历了向量机、大规模并行处理机（Massively Pavallel Processing，MPP）、集群等几个发展阶段。1974 年，CDC 公司推出了 CDC STAR-100，首先使用向量处理器。1982 年，Cray 公司生产的 Cray X-MP 是世界上第一部并行向量计算机。在 20 世纪 70 年代和 80 年代，并行向量计算处理充分利用了流水线和多功能部件，极大地提高了计算机运算速度。

但由于时钟周期已接近物理极限，进一步提高并行向量计算机的速度非常困难。在这样的背景下，一个全新的概念被提出来，那就是 MPP。1992 年，Intel 公司推出 Paragon 超级计算机，它成为历史上第一台突破万亿次浮点计算屏障的超级计算机。紧接着，IBM 公司的 SP2、日立公司的 SR2201 和 SGI 公司的 Origin2000 超级计算机都先后出现，超级计算机也开始走上了真正的商用化道路。MPP 逐渐成为高性能计算机的主流。

20 世纪 90 代中期，随着局域网技术快速发展，在带宽和延迟上与传统高性能计算机所采用的专有网络的差距也日渐缩小，集群系统（Cluster）系统出现。集群系统是使用高速通信网络将多台 PC 机、工作站或对称多处理机（Symmetricul Multi-processing，SMP）连接在一起，构成一个统一的整体系统。与 SMP 和 MPP 相比，集群具有更高的可扩展性、可用性和易维护性，而且价格低、性价比高。但是，在最高端并行计算机中大多数还是采用 MPP 架构。

1.2　计算机体系结构分类方法

1.2.1　弗林分类

最流行的计算机体系结构分类方法是由弗林（M. J. Flynn）在 1976 年定义的。弗林分类方法基于信息流的概念，处理器中存在两种类型的信息流：指令和数据。指令流被定义为由处理部件所完成的指令序列。数据流被定义为在存储器和处理部件间的数据通信。按照弗林的分类，指令流或数据流可以是单个的也可以是多个的。由此，计算机体系结构可分成为如下四种不同的类型：

（1）单指令单数据流（Single Instruction stream Single Data stream，SISD）

（2）单指令多数据流（Single Instruction stream Multiple Data stream，SIMD）

（3）多指令单数据流（Multiple Instruction stream Single Data stream，MISD）。

（4）多指令多数据流（Multiple Instruction stream Multiple Data stream，MIMD）。

传统的单处理器（冯·诺依曼体系机）被归为 SISD 系统。并行计算机可以归为 SIMD 或 MIMD 系统。当并行机中只有一个控制部件且所有处理器以同步方式执行相同指令时，就被归类为 SIMD。在 MIMD 机器中，每个处理器都有自己的控制部件且能在不同的数据上执行不同的指令。在 MISD 类型中，相同的数据流流过执行不同指令的一个线性处理器阵列。实际中没有可靠的 MISD 机。

并行计算就是在并行计算或分布式计算机等高性能计算系统上所做的超级计算。计算极大地增强了人们从事科学研究的能力，大大地加速了把科技转化为生产力的过程，深刻地改变着人类认识世界和改造世界的方法和途径。计算科学的理论和方法，作为新的研究手段和新的设计与创造技术的理论基础，正推动着当代科学与技术向纵深发展。并行计算的系统结构分两大类：SIMD 和 MIMD。其中 MIMD 包括：并行向量处理机 PVP、对称多处理机 SMP、大规模并行处理机 MPP、工作站机群 COW 和分布共享存储 DSM 多处理机。

1.2.2　SIMD 系统结构

并行计算的 SIMD 模型由两部分组成：一个具有常见的冯·诺依曼风格的前端计算机和一个处理器阵列。处理器阵列是一组相同的同步处理单元，它们能够在不同的数据上同时完成相同的操作。阵列中每个处理器有一个小容量的局部存储器，分散的数据驻留在其上，它们将被并行处理。处理器阵列连接到前端机的存储器总线，这样前端机就能随机地访问处理器阵列中每个处理器的局部存储器，就好像这些局部存储器是它的另一个存储器。因此前端机能发出特定命令以使部分存储器同时操作或使数据在存储器中移动。可以用传统的顺序编程语言来开发程序，并在前端机上执行。前端机通常按串行方式执行应用程序，但前端机可向处理器阵列发出命令，让它并行 SIMD 操作。这种串行和数据并行编程之间的类似性是数据并行性的优点之一。独立同步采用处理器间的锁步（Lock-Step）同步来实现，处理器要么什么都不做，要么同时做相同的操作。在 SIMD 体系结构中，借助在巨大数据集上同时进行操作来开发并行性。这一模式在求解需要大规模更新许多数据的问题时最为有用。在许多规则的数值计算中，这种模式特别有效。

SIMD 机器有两种结构：分布存储器 SIMD 结构和共享存储器 SIMD 结构，如图 1.1 和图 1.2 所示。在分布存储器 SIMD 结构中，每个处理器都有自己的局部存储器。处理器可以通过互连网相互进行通信。如果互连网在一对给定的处理器间没有提供直接的连接，则这对处理器可通过一个中间处理器进行数据交换。ILLIAC IV 就采用分布存储器 SIMD 结构。ILLIAC IV 是采用 8×8 个处理单元在统一控制下进行处理的阵列机。ILLIAC IV 中的互连网允许每个处理器在 8×8 个处理单元中直接与 4 个相邻的处理器通信。在共享存储器 SIMD 结构中，处理器与存储器模块间的通信是通过互连网进行的。两个处理器可通过存储器模块进行相互通信，也可以通过中间处理器进行。采用共享存储器 SIMD 结构的机器有 BSP（Burroughs Scientific Proccessor）。

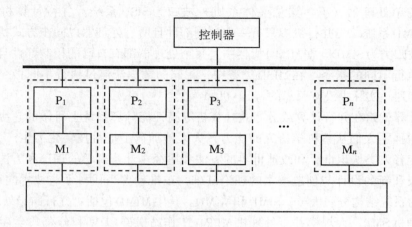

图 1.1　分布存储器 SIMD 结构

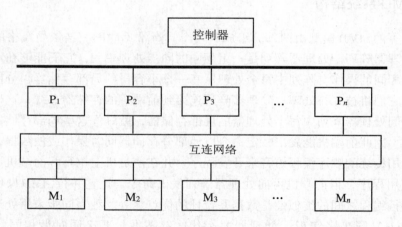

图 1.2　共享存储器 SIMD 结构

1.2.3　MIMD 系统结构

多指令多数据流（MIMD）并行体系结构是由多处理器和多存储器模块借助某种互连网络连接在一起而构成的。它们被分为两大类：共享存储器或消息传递。

共享存储器系统通过为所有处理器所共享的一个全局存储器来完成处理器间的协调。典型的服务器系统中通信是通过总线和高速缓存控制器进行的。总线/高速缓存体系结构缓和了对昂贵的多端口存储器和接口电路的需求，以及当开发应用软件时采用消息传递模式的需求。因为对共享存储的访问是平衡的，故这类系统也称为对称多处理器（SMP）系统。

消息传递系统，也称为分布式存储器，通常将局部存储器和处理器组合在互连网络的每个结点中。在这种系统中没有全局的存储器，所以必须借助消息传递将数据从一个局部存储器移动到另一个。通常用一对发送/接收命令来完成数据移动，但必须由程序员编写在应用程序中。为此，程序员必须学习消息传递模式，包括数据的复制以及处理一致性的事宜。

显然，分布式存储器是唯一能有效增加一个并行和分布式系统所管理处理器数目的方法。

1.3 共享存储器系统

一个共享存储器系统由通过某种互连网连接的多处理器和存储器模块所组成。共享存储器多处理器通常是基于总线或交换机。每个处理器平等访问所有存储器模块。共享存储器系统的一个优势特征是所有通信都是对全局地址空间使用隐式的存取。共享存储器系统的另一个基本特性是同步和通信是分开的。

1.3.1 共享存储器系统结构

在共享存储器系统中，处理器间的通信是通过读、写所有处理器平等访问的一个共享存储器中的单元来完成的。每个处理器可以有寄存器、缓冲器、高速缓存和局部存储器作为附加的存储器资源。共享存储器结构如图 1.3 所示。

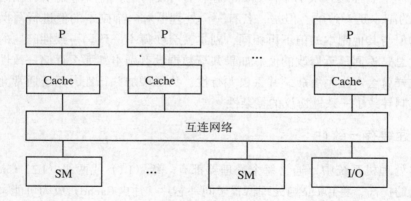

图 1.3 共享存储器结构

在设计共享存储器系统时必须考虑一些基本问题，其中包括访问控制、同步、保护和安全。访问控制决定了哪个进程可以访问哪些资源。访问控制模型将根据访问控制表的内容对每一个由处理器向存储器发出的访问请求加以必要的检查。访问控制表中含有决定每一次访问企图的合法性的标志。若存在访问资源的企图，则直到所希望的访问完成之前，将阻塞所有不被允许访问的企图，以及不合法的进程。来自共享进程的请求在执行过程中可以改变访问控制表的内容。访问控制的标志以及同步规则决定了系统的功能性。同步约束限制了共享进程对共享资源的访问时间。恰当的同步保证了信息的正确流动并保证了系统的功能性。保护是系统的一个特性，用以防止进程随意访问属于其他进程的资源。共享和保护两者是不兼容的：共享允许访问，而保护则限制访问。

　　共享存储器系统的主要挑战是由于争用和高速缓存一致性而导致的性能衰退。当连接处理器到全局存储器的互连网成为瓶颈时，共享存储器系统的性能就会成为问题。通常使用本地高速缓存来缓解瓶颈问题。但是，可扩展性仍成为共享存储器系统的缺点。

　　依赖于所用的互连网络，共享存储器系统可被归为如下的类型：均匀存储访问（UMA）、非均匀存储访问（NUMA），以及全高速缓存（COMA）存储器体系结构。在UMA，共享存储器可以被所有处理器通过互连网络加以访问，就如同一个单处理器访问它的存储器一样。所以所有处理器对任何存储单元有相同的访问时间。用于UMA中的互连网络可以是单总线、多总线、交叉开关，或是多端口存储器。在NUMA系统中，每个处理器拥有附属的部分共享存储器。存储器具有单一的地址空间。所以，任何处理器都能直接使用它的真实地址访问任何存储器单元。但是，对模块的访问时间则依赖于与处理器的距离。这就导致非均匀的存储器访问时间。有许多体系结构以NUMA方式将处理器互连到存储器模块。与NUMA类似，在COMA中每个处理器具有部分共享存储器，但此时的共享存储器是由高速缓存组成的。

　　在共享存储器系统中，每个处理器都有自己的高速缓存（Cache）。散布在Cache中多个数据副本导致了Cache间一致性问题（Coherency Problem）。一致性问题指分布共享存储器中的同一高速缓存块的不同Cache副本不一致问题。若所有副本有相同的值，则在Cache中的副本是一致的。但是，若有一个处理器对一个副本的值进行写操作，则由于该副本的值与其他副本的值不再相同，副本就会变得不一致。一致性问题的关键是保证读操作时总是返回最近修改的值。如果共享数据没有副本，那么存储一致性就没有问题，但是这样就会产生系统瓶颈并丢失并行性。为了增加并行性，系统通常允许复制共享数据。复制导致了一致性协议的复杂性。

1.3.2　高速缓存一致性

　　当代多处理机系统中，通常每个处理器都有一级（L1）或两级（L2）Cache。这是由于集成度的提高，将Cache与处理器置于同一芯片（片内Cache）成为可能。与通过外部总线连接的Cache相比，片内Cache减少了处理器在外部总线上的活动，从而减少了执行时间，全面提高了系统性能。当需要的指令和数据在片内Cache中时，消除了对总线的访问。因为与总线长度相比，处理器内部的数据路径较短，访问片内Cache甚至比零等待状态的总线周期还要快。而且，在这段时间内，总线是空闲的，可用于其他数据传送。通常L1 Cache有两个，一个专门用于指令，另一个专门用于数据。

　　MESI（Modified Exclusive Shared or Invalid）由伊利诺斯州立大学提出，是一种广泛使用的支持回写策略的缓存一致性协议，该协议被应用在Intel公司奔腾系列的CPU中。

在MESI协议中Caceh的每行（Caceh line）包括两个状态位的标记（Tag），这样每行可有4个状态：已修改（Modified）状态、独占（Exclusive）状态、共享（Shared）状态和无效（Invalid）状态。在已修改状态，该Cache行只被缓存在该处理器的Cache中，并且是被修改过，即与存储器中的数据不一致。在独占状态，该Cache行只被缓存在该处理器的缓存中，且与存储器一致。在共享状态，该Cache行可能被多个处理器缓存，并且各个Cache中的数据与存储器中数据一致。在无效状态，该Cache行是无效的。

　　MESI 协议状态转换如图1.4所示。图1.4(a)是连接这个Cache 的处理器发起操作而发生的状态转换，图1.4(b)是由于监听到公共总线上的事件而发生的状态转换。

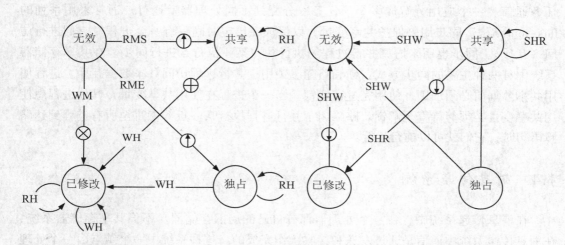

(a)　发起读写处理器中 cahace 数据行　　　　　　　(b)　监听处理器中 cahace 数据行

RH　读命中　　　RMS 读缺失，共享状态　　　RME 读缺失，独占状态　　　WH 写命中
WM　写缺失　　　SHR 监听命中，读操作　　　SHW 监听命中，写操作或目的在于修改的读操作

↓　修改过的行写回内存　　　　　⊕　作废处理
↑　填充 Cache 数据行　　　　　　⊗　目的在于修改的读操作

图 1.4　MESI 协议状态转换图

　　MESI 协议是通过连接到同一总线或其他SMP 互联结构上的各Cache 之间协同实现的。这些 Cache 是L2 Cache。而每个处理器还有一个L1 Cache。它不直接连接到总线上，因而不能直接参与监听协议的活动。于是，需要某种策略来维护SMP 结构中跨越两级Cache 和跨越所有Cache 的数据一致性。

　　策略是扩展 MESI 协议到L1 Cache。于是，每个L1 Cache 行都包括指示状态的位。对于既出现在L2 Cache 中又出现在相应L1 Cache 中的任何行，L1 Cache 行的状态应跟踪到L2 Cache 行的状态。方法是在L1 Cache 使用通写策略，通写到L2 Cache 而不是到存储器，迫使对L1 Cache 行的任何修改都被写到L2 Cache。于是，使对L1 Cache 行的任何修改对其他 L2 Cache 都是可见的。L1 Cache 使用通写策略要求 L1 Cache 的内容必须是 L2 Cache 内容的子集。

1.3.3 共享存储器编程模式

共享存储器的并行编程模式是最容易理解的。在共享存储器的编程模式中，各个处理器可以对共享存储器中的数据进行存取，数据对每个处理器而言都是可访问到的，不需要在处理器之间进行传送，即数据通信时通过读/写共享存储单元来完成。在一个共享存储器的并行程序中，必定存在三种主要的编程结构：任务划分和调度、任务同步和任务通信。一个应用分解成多个子任务，分配到不同处理器上运行。通常采用系列的fork-join结构。同步用来保护共享变量，以保证在给定时间只有一个进程对它们进行访问（互斥）。同步也用来协调并行进程的执行和在某一执行点进行同步。在共享存储器系统中有两种主要的同步方式：锁和路障。锁用于并行进程访问共享数据互斥。进程使用共享数据前必须加锁，使用完进行解锁。当一个进程在使用共享变量，其他进程想使用共享变量必须等待直至解锁。路障用于并行进程执行某一点等待直至所有进程到达路障语句时，它们就可以前行运行。

1.4 消息传递系统

在消息传递系统中，每一个处理器都有自己的局部存储器。不像共享存储器系统，在消息传递系统中通信是通过发送和接收操作完成的。这种系统中一个结点由一个处理器和它的局部存储器组成。结点通常能将消息存储在缓冲器中，消息在其中等待处理直到能被发送或接收，并在进行处理的同时完成/接收操作。同时进行的消息处理和问题求解是由操作系统控制的。

1.4.1 消息传递系统结构

消息传递系统中处理器不共享全局存储器，且每个处理器访问的是它自己的地址空间。处理部件可以用各种不同的方式加以连接，从专用的体系结构互连方式到地理上分散的网络。消息传递的方法从原理上讲可以大规模地加以扩展。可扩展意味着可增加处理器数量而不会显著地降低操作的效率。消息传递系统结构如图1.5 所示。

在消息传递系统中进程间进行通信而不必借助共享数据。消息传递系统使用显示通信模型，消息在进程间显式的交互同步和通信在消息传递系统是统一的。消息包括指令、数据、同步信号等。因此，程序员不仅要关心程序中可并行成分的划分，而且还需关心进程间的数据交换。消息的发送、接收处理将增加并行程序开发的复杂度。但是它适用于多种并行系统，如多处理机、可扩展机群系统等，且具有灵活、高效的特点。

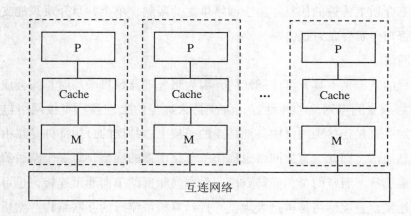

图 1.5 消息传递系统结构

1.4.2 互联网络

消息传递多处理机系统使用各种互联网进行通信。其中比较重要的是超立方体网络，多年来超立方体网络得到了极大的关注。消息传递系统中还同样使用与超立方体网络最接近的二维和三维风格网络。为消息传递系统设计互连网络必须考虑两个重要的设计因素，这就是带宽和网络时延。带宽定义为单位时间内能传输的比特数；网络时延定义为完成一个消息传输所需的时间。

消息传递互联网络可分为静态的和动态的。静态互联网络在系统设计时，而不是在需要时形成所有连接。在一个静态互联网络中，消息必须沿已建立的链路路由。而在动态互联网络中，仅当消息沿链路路由时才在两个或多个结点间建立连接。从源结点到目的结点通路上的跳数等于一个消息到达它的目的结点所必须经历的点对点的链路数。不论是静态网络还是动态网络，单个消息在它通往目的的途中可能不得不跳过中间的处理器。因此，一个互联网络的最终性能将受到穿过网络所用跳数的很大影响。

静态网络按它们的互联模式可进一步分为一维（1D）、二维（2D）或超立方体（HC）模式。另一方面，动态网基于互联方案分为基于总线的及基于交换的。基于总线的网络可进一步分为单总线的或多总线的。基于交换的动态网按照互联网络的结构可进一步分为单级（SS）、多级（MS）或交叉开关网。

互联网络根据网络拓扑还可以分为4大类：共享介质网络、直接网络、间接网络和混合网络。

1. 共享介质网络

在共享介质互联网络结构中，传输介质由所有的通信设备共享，在同一时刻只允许一个设备使用网络。每个连接到网络的设备都包括请求电路、驱动电路和接收电路，它们用于处理传输的地址和数据。共享介质互联网络的一个重要问题是仲裁策略问题。共享介质的一个特点是它具有支持原子广播的能力，网络上所有的设备都可以监听网络活动，接受共享介质上传输的信息。由于网络带宽的限制，单个共享介质只能支持有限数量的设备，否则介质会成为瓶颈。

2. 直接网络

基于总线的系统是不具有可伸缩性的，因为当处理器数目增加时总线会成为系统瓶颈。直接网络或点到点网络伸缩性好，并支持大数量的处理器。直接网络包括一组结点，每一个结点直接连接到网络中其他结点的子集上。结点的公用部件是路由器，负责结点间的消息通信。因此，直接网络也称作基于路由器的网络。每一个路由器都与相邻的路由器直接连接。通常两个相邻结点由一对方向相反的单向通道连接，也可以使用一条双向通道连接。直接网络是构造大规模并行计算机最流行的互联结构。网格、环形网和超立方体是典型的直接网络的拓扑结构。

3. 间接网络

间接网络或基于开关的网络是另一类主要的互联网络。它没有提供结点间的直接连接，任何两个结点间的通信必须通过某些交换机进行。每个结点都有一个网络适配器连接在网络开关上。每个开关都有一组端口，每个端口包括一条输入和一条输出链路。每个开关的端口或者连接到处理器，或者悬空，或者连接到其他开关的端口上，以实现处理器间的连接。这些开关的互联方式决定了不同的网络拓扑。

4. 混合网络

一般而言，混合网络综合了共享介质和直接网络或间接网络的机制，因此，它们与共享介质网络相比增加了带宽，与直接而间接网络相比又减少了结点间距离。在混合网络中混合了多种以上的网络，例如以超立方体作为主干网，同时每个结点是一个网格网络。

单总线被认为是连接多处理机系统的最简单方法。系统的通用形式由一条共享总线连接 N 个处理器组成，其中每个处理器有自己的高速缓存。使用局部高速缓存将减少处理器和存储器间的通信。所有处理器用单一共享存储器进行通信。这种系统通常的规模在2至64个处理器之间。实际的规模需由每个处理器的通信量和总线的带宽加以决定。

虽然单总线具有简单和易扩展的优点，但单总线多处理机系统本质上受总线带宽的限制，且事实上只有一个处理器能访问总线，因此在任何给定时间只能有一个存储器访问操作。单总线结构如图1.6所示。

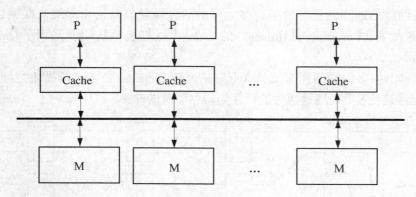

图1.6 单总线结构

将多条总线连接到多个处理器是对单条共享总线系统的自然扩展。多总线多处理机系统使用几条并行总线将多个处理器和多个存储器模块互联起来。多总线结构如图1.7所示。

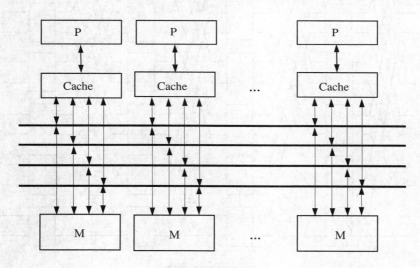

图1.7 多总线结构

总线可分为同步的或异步的。在同步总线上任何事务所需的时间事先是知道的。在总线上接收和/或生成信息时部件将事务处理时间考虑在内。而异步总线在发动总线事务时则依赖于数据可用性和部件是否准备就绪。

在单总线多处理机系统中需要总线仲裁，以解决当多个处理器同时需要访问总线时导致的竞争问题。在这种情况下，要使用总线的处理器需要提交它们的请求到总线仲裁逻辑。总线仲裁逻辑用某种优先方案决定哪个处理器将获准在某一时间间隔内使用总线。

多级互联网络（MIN）通过一定级数的开关连接输入设备和输出设备，每一个开关都是一个交叉开关网络。各级之间的连接使用级间连接（Inter-Stage Connection，ISC）模式。开关级数和级之间的连接模式决定了网络的路由能力。实现过程中，所有的开关都是相同的，这样可以减少设计的成本。

Omega 网络的通用性已导致了许多大学的研究课题以及商用多级互联网络的建成。在伊利诺伊大学（University of Illinois）的 Cedar 多处理机系统中就采用了 Omega 网络。如图 1.8 所示。

Cray Y-MP 的多级网络用来支持 8 个向量处理器和 256 个存储器模块之间的数据传输。网络能够避免 8 个处理器同时进行存储器存取时的冲突。

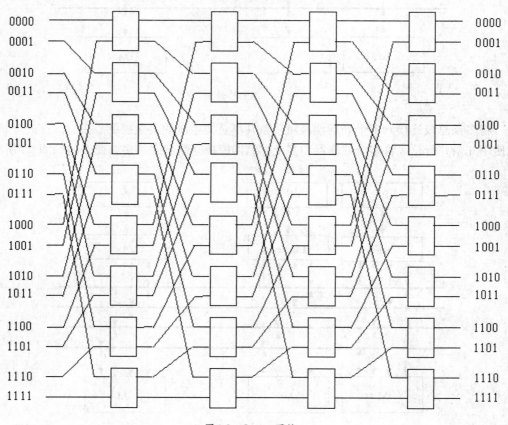

图 1.8　Omega 网络

静态互联网络的特征是在处理器间有单向或双向的固定通路。有两种类型的静态网络，它们是全连接网络（Completely Connected Network，CCN）和有限连接网络（Limited Connection Network，LCN）。在一个全连接网络中，每个结点与网络中的所有其他结点相连。全连接网络保证消息能从任何源结点到任何目的结点只需经过一条链路，快速传递消息。在全连接网络中每个结点与网络中所有其他结点相连。有限连接网络不提供从每个结点到每个其他结点的一条直接链路，而是采用某些结点间的通信必须路由经过网络中其他结点的方法。

脉动阵列（Systolic Array）如图 1.9 所示，主要是为矩阵乘法运算而设计的。它可沿多个方向同步传送数据流，实现多维流水线操作，内部结点的连接度为 6。脉动阵列结构一般与算法紧密相关。

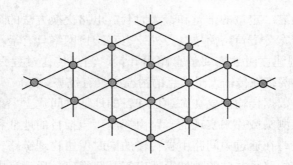

图 1.9 脉动阵列示例

立方体连接网络模仿立方体结构。一个 n-立方体（n 阶超立方体）定义为一个有向无环图，它具有标号从 0 到 2^n-1 的 2^n 个顶点，且在一对给定的顶点间有一条边，当且仅当它们的二进制位地址表示仅有一位不相同时。图 1.10（a）是由 8 个结点构成的 3-立方体，沿着每一个方向有 2 个结点，总的结点数 $N=8=2^3$，因此称为 3-立方体。图 2.10（b）是由 2 个 3-立方体构成的 4-立方体结构，沿每一方向结点数为 2，总的结点数 $N=16=2^4$。n-立方的结点度为 n，网络直径也是 n，对分带宽为 2^{n-1}。

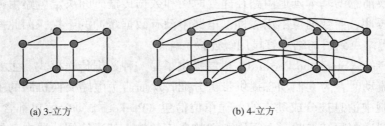

(a) 3-立方   (b) 4-立方

图 1.10 超立方示例

机群系统主要使用商用标准互联网络。机群系统的整体性能是由其处理器和互联网络的速度决定的。互联网络是影响机群性能的最重要因素，不管处理器有多快，处理器之间的通信和应用可扩展性永远为网络带宽和时延所限制。在早期的机群中，以太网是用来连接结点的主要互联网络。为了实现高速网络，人们提出了很多解决方案，主要包括千兆以太网、Myrinet、ATM、SCI 和 FDDI。

1.4.3　交换机制

交换机制是指用来将数据从输入通道中移出，放到输出通道的机制。网络时延高度依赖于所使用的交换机制。主要交换机制有电路交换、存储转发、虚拟直接、虫孔和流水线式电路交换。

在电路交换（Circuit Switching）网络中，源地址与目的地址间的路径在一开始就确定了，所有沿该路径的链路都保留，而且每个结点不需要缓冲器。当数据传送结束后，保留的链路都释放。电路交换技术的一个重要的特征是当源地址和目的地址建立通信时，保证这两者之间有一定量的带宽和最大时延。电路交换方法的最大缺点是静态分配带宽。但是，静态带宽分配策略简单。另外，电路交换网络具有最小总时延的特征，这是因为只有当电路刚建立时才需要消息路由开销，消息传送过程只需要很少的额外延迟。因此，电路交换网络在传输大量消息的情况中具有优势。

在电路交换中，数据传输前要在源地址和目的地址之间建立一条物理路径，这是通过向网络注入路由探测头微片来实现的。路由探测头包括目的地址和其他控制信息。路由探测头向目的前进时在通过中间路由器传输的同时保留物理链路。当探测头到达目的时就建立了一条完整的路径并向源地址返回应答。路径建立后消息内容就可以以物理路径的整个带宽传送。

当消息传送次数不是很频繁且消息很长，即消息传输时间远远大于路径建立时间时，电路交换是有优势的。电路交换的不足是在整个消息发送期间都要保留物理路径，这有可能阻塞其他的消息。例如，如果探测头因为等待物理链路空闲而被阻塞，在此之前探测头占用的链路仍然保留，而别的电路不能使用，从而可能阻塞其他电路并阻碍它们建立路径。因此，如果消息不比探测头大很多，就将消息与头一起传输并在等待链路空闲时将消息缓冲在路由器内。

电路交换消息的基本延迟由路径建立时间和数据传输时间决定。路由探测头在每个路由器中被缓冲，而数据位不用缓冲。电路中没有数据缓冲的干扰，因此操作效率非常高，就像从源结点到目的结点直接用线连接一样。

在存储转发（Store and Forward）机制提供了另一种数据传送模式。主要思想是当消息在网络中流动时，为它们动态提供带宽分配，从而避免电路交换机制的主要缺点。在存储转发机制中消息被分成基本的传输单位信包（Packet），每个信包都含有寻径信息。当一个信包到达中间结点时，中间结点把整个信包放入其通信缓冲器中，然后在选路算法的控制下选择下一个相邻结点。当到下一个相邻结点的通道空闲，并且相邻结点的通信缓冲器可用时，把信包发向相邻结点。由于包在网络中单独路由，它们可能沿不同的路径到达目的结点。这有可能导致乱序地到达目的结点。因此需要一个端到端的消息组装模式，这需要增加额外开销。而且包交换网络要为每个发送到网络的包付出额外的开销。除了动态分配带宽，包交换网络还有利于减少每个结点所需的缓冲器。存储转发的缺点是网络时延与发送消息所经历的结点数成正比。

消息传递系统中于1987年引入虫孔（Wormhole）路由，其目的是减小所需缓冲器的大小并减少消息时延。在虫孔路由中，将一个包分割成更小的、称为片（Filt）的单位，并以流水方式跟随包的头息向目的结点移动。当头片由于网络拥堵而被阻塞时，其余的片也将同样被阻塞。虫孔路由首先把一个消息分成许多很小的片，消息的头片包含了这个消息的所有寻径信息。尾片是一个其最后包含了消息结束符的片。中间的片均为数据片。片是最小信息单位。每个结点上只需要缓冲一个片就能满足要求。用一个头片直接牵引一条从输入链路到输出链路的路径的方法来进行操作。每个消息中的片以流水的方式在网络中向前"蠕动"。每个片相当于Worm的一个节，"蠕动"以节为单位顺序地向前爬行。当消息的尾片向前"蠕动"一步后，它刚才所占用的结点就被放弃了。虫孔路由的优点是每个结点的缓冲器的需求量小，易于用超大规模集成电路（VLSI，Very Large Scale Integration）实现，具有较低的网络传输延迟。存储转发传输延迟基本上正比于消息在网络中传输的距离，虫孔路由与线路开关的网络传输延迟正比于消息包的长度，传输距离对它的影响很小（消息包较长时的情况），通道共享性好，物理通道利用率高，易于实现广播和多广播，Cray T3D 就使用虫孔交换技术。

在没有阻塞的情况下，消息报文流水地通过网络。但是，虫孔交换的阻塞特性与VCT 不同。如果请求的输出通道忙，则消息被阻塞。由于每个结点使用小容量的缓冲器，致使消息占据多个路由器的缓冲器，同时也会阻塞其他消息。因此缓冲器间的相关性扩展到了多个路由器。这一特性使得死锁问题更加复杂。但是，这一过程不需要本地处理器的存储器来缓冲消息，而有效地减少了平均消息延迟。小缓冲需求和消息流水使路由器可以做得更小、更紧凑、更快。

1.4.4   消息传递系统编程模式

消息传递系统使用一组允许进程间通信的原语，这些通信包括Send（发送）、Rreceive（接收）、Broadcast（广播）和Barrier（路障）。Send原语将发送者的缓冲区的内容发送到目的结点。Receive原语接收从原结点发来的消息，并储存到指定的缓冲区中。在消息传递系统中一个处理器发送请求与另一个处理器接收请求匹配，发送和接收是阻塞的，在数据能被发送之前，发送一直阻塞，直到对应的接收执行。

进程间发送/接收通过三次握手协议实现。发送进程发出请求发送的信息给接收进程，接收进程储存该请求，并返回应答消息。当对应的接收执行时，发送进程收到回复。

1.5   本章小结

在本章中，我们对高性能并行计算机的概念和系统组成进行了探讨，特别是给出了在多处理器环境中所用的通用概念和术语，叙述了计算机系统的弗林分类法，介绍了SIMD 和 MIMD 系统，共享存储器和消息传递系统。

习   题

1. 叙述近20年来并行计算机发展趋向。

2. 叙述SIMD机和MIMD机的优缺点。

3. 比较共享存储器和消息传递系统模式的优缺点。

4. 叙述机群与网络计算机的不同之处。

5. MPP具有哪些特性？

6. 列举三个你所熟悉的最适合使用SIMD模式的工程应用问题，并另列举三个最适合使用MIMD模式的工程应用问题。

7. 叙述 MIMD 体系结构。

8. 什么是并行计算？可以通过哪些结构完成并行计算？

9. 叙述 Flynn 分类法。

第2章

多核构架

多核处理器（Multi-core Processor）是指在一枚处理器中集成两个或多个完整的计算引擎（内核）。多核技术的开发源于工程师们认识到仅提高单核芯片的速度会产生过多热量，且无法带来相应的性能改善。即便是没有热量问题，其性价比也令人难以接受，速度稍快的处理器价格要高很多。多核处理器代表了计算技术的一次创新。因为多核处理器具有性能和效率优势，多核处理器将会成为被广泛采用的计算模型。多核处理器具有不增加功耗而提高性能的好处，实现更大的性能/能耗比，但多核编程具有很大的挑战。本章主要探讨多核技术和多核芯片。

2.1 多核技术

衡量处理器性能的主要指标是每个时钟周期内可以执行的指令数（Instruction Per Clock，IPC）和处理器的主频。处理器性能=主频×IPC。提高主频和IPC就能够提高处理器的速度。

英特尔公司的联合创始人之一戈登·摩尔（Gordon Moore）提出了摩尔定律，即每过18个月，芯片上可以集成的晶体管数目将增加一倍。性能也将提升一倍。这个由摩尔提出的推测，已经延续了50多年。摩尔定律揭示了集成电路领域的发展速度。在这样的高速创新发展中，集成电路的产品持续降低成本、提升性能、增加功能。

在一块芯片上集成的晶体管数目越多，主频就越快。但当主频接近4GHz时，速度也会遇到自己的极限。此时，单纯的主频提升，已经无法明显提升系统整体性能。

CPU的功耗分为静态功耗和动态功耗。静态功耗是CPU的输入输出都没有变化时的功耗，功耗小，可忽略不计。动态功耗是CPU的输入输出有变化时的功耗。动态功耗P与其频率成正比，并由下式决定

$$P = cV^2 f$$

其中，c 为常数，与 CPU 架构有关，V 为电压，f 为频率。频率 f 受制于电压 V，V 越高，f 就越能达到较高的频率，f 的上限和 V 成正比。功耗 P 受制于 f 和 V，既和 f 成正比，又和 V^2 成正比。所以功耗 P 与频率 f 三次方成正比。这说明不能永远靠加快频率的方法来改善性能。频率高到一定程度以后，必然要转向多核技术。

多核的诞生来自于在追求主频的时候无法解决的散热问题。之所以需要多核，这是由技术局限性所决定的。之前，一直坚持芯片不断小型化的路线是不断提高主频，如今已经能够达到 4GHz。但因为处理器的电路"线宽"正在不断地减少，进入纳米级。一个芯片上可以集成将近 10 亿个的晶体管，但是散热却成了大问题。芯片中的电路越来越小，芯片中的电流非常容易泄露到其他电路上。电流泄露使芯片的能耗将增长 30%，它还会使芯片温度过高和不稳定。设计既降低能耗，又能运行更快捷的处理器芯片成为工程师亟待解决的问题。

多核技术把更多的 CPU 压在一个芯片当中，以提高整个芯片处理能力。以双核为例，就是在一块 CPU 基板上集成两个处理器核心，通过并行总线将各处理器核心连接起来。

当在主机板上集成更多的 CPU 内核后，经过程序优化，都可能由多核 CPU 承担，而不再需要相应的芯片。

就处理器的系统结构而言，多核处理器依然面临很大问题。如果仅仅简单地考虑多核的物理连接，而没有充分考虑到处理器的运行和使用模式，将极大限制处理器的利用率，尤其是在处理有资源冲突应用的时候，多个核心之间的资源调配就成了效率关键。

2.2 多核芯片

一直以来，处理器芯片厂商都通过不断提高主频来提高处理器的性能。但随着芯片制程工艺的不断进步，从体系结构来看，传统处理器体系结构技术面临瓶颈，晶体管的集成度已超过上亿个，很难单纯通过提高主频来提升性能，而且主频的提高同时带来功耗的提高，也是直接促使单核转向多核的深层次原因。从应用需求来看，日益复杂的多媒体、科学计算、虚拟化等多个应用领域都需要更为强大的计算能力。在这样的背景下，各主流处理器厂商将产品战略从提高芯片的时钟频率转向多线程、多内核。

片上多核处理器（Chip Multi-Processor，CMP）就是将多个计算内核集成在一个处理器芯片中，从而提高计算能力。多核架构就是将多核处理器放在一个芯片上，如图 2.1 所示。

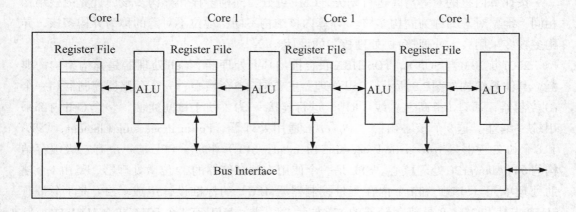

图 2.1 多核处理器放在一个芯片上

1996 年美国斯坦福大学研制的 Hydra 处理器集成了 4 个核，核间通过总线结构共享片上二级缓存、存储器端口和 I/O 访问端口。Hydra 处理器体系结构如图 2.2 所示。每个独立的处理核心有私有的一级缓存，其中指令缓存和数据缓存相互分离。4 个核心共享的二级缓存，采用 DRAM 存储。Hydra 处理器被认为是一种典型的多核结构，不仅在于它是第一个多核处理器设计原型，还因为它采用了共享二级缓存的同构对称设计和高速总线的核间通信方式。

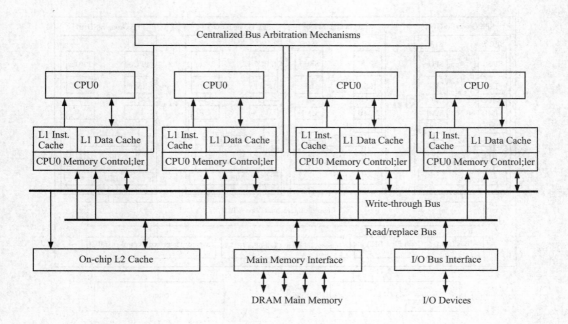

图 2.2 Hydra 处理器体系结构

按计算内核的对等与否进行划分，CMP可分为同构多核和异构多核，计算内核结构相同，地位对等的称为同构多核。计算内核结构不同，地位不对等的称为异构多核，异构多核多采用"主处理核+协处理核"的设计。

2001年IBM与SONY、TOSHIBA联合推出Cell处理器。Cell处理器是异构架构的典范，其体系结构如图2.3所示。Cell处理器主要包含9个核心、一个存储器控制器和一个IO控制器，通过1条高速总线（EIB）进行连接。为了便于核间通信，整个Cell内部采用统一编址。这9个核心由一个PowerPC通用处理器（Power Processing Element，PPE）和8个协处理器（Synergistic Processing Element，SPE）组成。PPE是一个有二级缓存结构的64位PowerPC处理核心。SPE是一个使用本地存储器的32位微处理器，是由1个辅助处理单元（SPU）和1个内存流量控制器（MFC）的标准设计组成。SPU是1个带有SIMD支持和256KB局部存储器的128位计算引擎。MFC有1个DMA联合MMU的控制器，从专属的局部存储器直接进行指令和数据操作，同时处理其他的SPU以及PPU同步运转，而且可以独立运行。当SPU运行的时候，并行的翻译地址和进行DMA传输。EIB连接PPE、SPE和外部I/O。PPE与SPE除了在结构上不同外，它们的功能也有差别。PPE是通用微处理器，拥有完整的功能，主要职能是负责运行基本程序和协调SPE间任务的运行。SPE则是结构较简单，只用来从事浮点运算蜘。Cell的这种不对称结构被认为是一种典型的异构多核结构。体系结构的巨大改变要求操作系统支持必须提供足够的支持，而且，Cell的编程规范中要求程序员对每个核进行单独的编程，PPE和SPE是不同的编程模式。

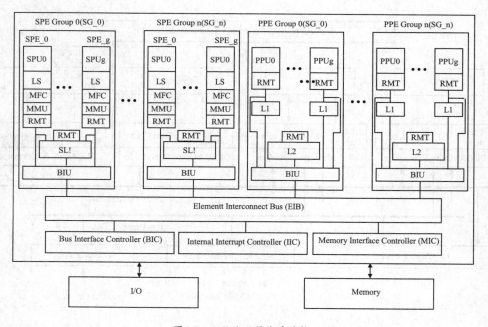

图2.3　Cell处理器体系结构

1985年，英特尔发布了80386DX，它需要与协微处理器80387相配合，从而完成需要大量浮点运算的任务。80486则将80386和80387以及一个8KB的高速缓存集成在一个芯片内。从一定意义上，80486可以称为多核处理器的原始雏形。

Intel 目前最新的架构是Core 微架构，所有Intel生产的x86架构的新处理器，都将统一到 Core 微架构。Intel Core 2 处理器在一个封装芯片里有两个物理核（如图2.4所示）。每个核均有属于它自己的执行资源，双核心架构支持36bit的物理寻址和48bits的虚拟内存寻址，采用共享式二级缓存设计，每个核均有属于它自己的缓存 L1，32K 指令 和 32K 数据，2个内核共享4MB的二级缓存L2。每个内核都采用乱序执行。加入对 EM64T 与SSE4指令集的支持，具有14级有效流水线，而且2个核心的一级数据缓存之间可以直接传输数据。具有4组指令解码单元，支持微指令融合与宏指令融合技术，每个时钟周期最多可以解码5条X86指令，生成7条微指令，并拥有改进的分支预测功能。拥有3个调度端口，内建5个执行单元，包括3个64bit的整数执行单元（ALU）、2个128bit的浮点执行单元（FPU）和3个128bit的SSE执行单元。

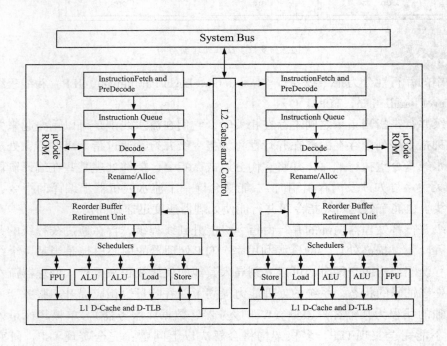

图 2.4　Intel Core 2 处理器架构

2.3　多核中的并行性

核是具有独立的指令执行和控制单元，独立的功能部件，独立的控制器，完整的指令流水线。核处理器可以分为单核多线程处理器、多核处理器和多核多线程处理器。单核多线程处理器是由单核CPU构成，多核处理器是由多核芯片构成，而多核多线程处理器的每个核都是多线程的。多核多线程处理器结构如图 2.5 所示。

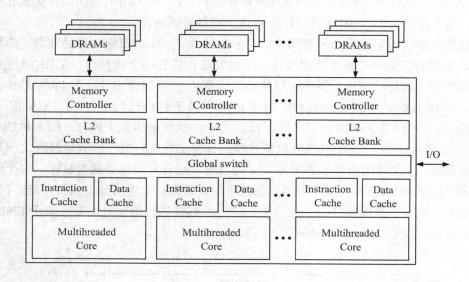

图 2.5　多核多线程处理器结构

多核中的并行性分为指令级并行（Instruction-Level Parallelism，ILP）和线程级并行（Thread Level Parallelism，TLP）。

指令级并行是指当指令之间不存在相关时，它们在流水线中是可以重叠起来并行执行的。这种指令序列中存在的潜在并行性称为指令级并行。通过指令级并行，处理器可以调整流水线指令重执行顺序，并将它们分解成微指令，能够处理某些在编译阶段无法知道的相关关系（如涉及内存引用时）。能够允许一个流水线机器上编译的指令，在另一个流水线上也能有效运行。指令级并行能使处理器速度迅速提高。

线程级并行将处理器内部的并行由指令级上升到线程级，旨在通过线程级的并行来增加指令吞吐量，提高处理器的资源利用率。TLP 处理器的中心思想是当某一个线程由于等待内存访问结构而空闲时，可以立刻导入其他的就绪线程来运行。处理器流水线就能够始终处于忙碌的状态，系统的处理能力提高了，吞吐量也相应提升。服务器可以通过每个单独的线程为某个客户服务（Web 服务器，数据库服务器）。单核超标量体系结构处理器不能完全实现 TLP。多核架构将会解决以上问题：完全实现 TLP。研究表明 TLP 将是下一代高性能处理器的主流体系结构技术。

单芯片多处理器（Chip Multi-Processor，CMP）与同时多线程处理器（Simultaneous Multi-Threading，SMT），这两种体系结构可以充分利用这些应用的指令级并行性和线程级并行性，从而显著提高了这些应用的性能。从体系结构的角度看，SMT 比 CMP 对处理器资源利用率要高，在克服线延迟影响方面更具优势。CMP 相对 SMT 的最大优势还在于其模块化设计的简洁性。复制简单设计非常容易，指令调度也更加简单。同时 SMT 中多个线程对共享资源的争用也会影响其性能，而 CMP 对共享资源的争用要少得多，因此当应用的线程级并行性较高时，CMP性能一般要优于SMT。此外在设计上，更短的芯片连线使CMP比长导线集中式设计的SMT更容易提高芯片的运行频率，从而在一定程度上起到性能优化的效果。总之，单芯片多处理器通过在一个芯片上集成多个微处理器核心来提高程序的并行性。每个微处理器核心实质上都是一个相对简单的单线程微处理器或者比较简单的多线程微处理器，这样多个微处理器核心就可以并行地执行程序代码，因而具有了较高的线程级并行性。由于CMP采用了相对简单的微处理器作为处理器核心，使得CMP具有高主频、设计和验证周期短、控制逻辑简单、扩展性好、易于实现、功耗低、通信延迟低等优点。此外，CMP还能充分利用不同应用的指令级并行和线程级并行，具有较高线程级并行性的应用如商业应用等可以很好地利用这种结构来提高性能。

多核处理器是MIMD架构是不同的核执行不同的线程（多指令），在内存的不同部分操作（多数据）。多核是一个共享内存的多处理器，所有的核共享同一个内存。同时多线程，容许多个独立的线程在同一个核上同步执行。

超线程技术是通过延迟隐藏的方法提高了处理器的性能，本质上，就是多个线程共享一个处理核。因此，采用超线程技术所获得的性能并不是真正意义上的并行，从而采用超线程技术多获得的性能提升将会随着应用程序以及硬件平台的不同而参差不齐。

多核处理器是将两个甚至更多的独立执行核嵌入一个处理器内部。每个指令序列（线程），都具有一个完整的硬件执行环境，所以，各线程之间就实现了真正意义上的并行。

超线程技术充分利用空闲CPU资源，在相同时间内完成更多工作。与多核技术相结合，给应用程序带来更大的优化空间，进而极大地提高系统的吞吐率。

在面对多核体系结构开发应用程序的时候，只有有效地采用多线程技术并仔细分配各线程的工作负载才能达到最高性能。而单核平台上，多线程一般都当作是一种能够实现延迟隐藏的有效变程。单核与多核平台下的开发必须采用不同的设计思想，主要体现在存储缓存（Memory Caching）和线程优先级（Thread Priority）上。

2.4　多核处理器的Cache结构

处理器和主存间的速度差距对CMP来说是个突出的矛盾，因此必须使用多级Cache来缓解。目前有共享一级Cache的CMP、共享二级Cache的CMP以及共享主存的CMP。通常，CMP采用共享二级Cache的CMP结构，即每个处理器核心拥有私有的一级Cache，且所有处理器核心共享二级Cache。

Cache自身的体系结构设计也直接关系到系统整体性能。但是在CMP结构中，共享Cache，或独有Cache，孰优孰劣，需不需要在一块芯片上建立多级Cache，以及建立几级Cache等，由于对整个芯片的尺寸、功耗、布局、性能以及运行效率等都有很大的影响。

另一方面，多级Cache又引发一致性问题。采用何种Cache一致性模型和机制都将对 CMP 整体性能产生重要影响。在传统多处理器系统结构中广泛采用的 Cache 一致性模型有：顺序一致性模型、弱一致性模型、释放一致性模型等。与之相关的 Cache 一致性机制主要有总线的侦听协议和基于目录的目录协议。目前的 CMP 系统大多采用基于总线的侦听协议。

高速缓冲存储器 Cache 是计算机存储系统中最重要的部分，最早由 Wilkes 于 1951 年构想出来。Cache 技术的出现正是为了弥补处理器与存贮器之间的速度差异。目前，多核处理器芯片普遍采用在片内集成大容量 Cache 的方式来提高存储系统的性能。大容量 Cache 可以直接增加处理器芯片内 Cache 命中率，减少片外访存的频率，但由于 Cache 面积过大，又分散在芯片的不同位置，在线延迟的影响下，同一层次但不同距离 Cache 的访问呈现出不同的通讯延迟，即所谓的非一致性缓存访问 NUCA (Non-Uniform Cache Access)。

多核处理器组织结构主要有 UCA（Uniform Cache Access）和对多核处理器发展中高速缓存 Cache 存储层所出现的问题进行分析与研究，主要是多核结构采用的多级分布式 Cache 引发的存储一致性问题。最早的 NUCA 研究了对单处理器环境下 NUCA 效应给处理器性能带来的影响。后来针对 NUCA 提出了一种称为动态非一致性访问（Dynamic Non-Uniform Cache Access，DNUCA)的设计来管理大容量 Cache。多核架构下的另一种管理片上大容量 Cache 的思路是采用分布式管理，将片上的 Cache 资源分布到各个处理器内核结点，通过设计划分强调连线的局部性，避免频繁长距离 Cache 通信的产生。NUCA（Non-Uniform Cache Access）两种，如图 2.6 和图 2.7 所示。在 UCA 结构中，多个处理器核与二级 Cache 通过互联总线（Bus）或交叉开关（cross switch）互联，所有处理和对二级 Cache 访问延迟相同。在 NUCA 结构中，每个处理器核具有本地二级 Cache，通过互联系统对其他处理器核的二级 Cache 访问（延迟变长）。随着集成度的提高，也可以将三级 Cache 集成到片内，如图 2.8 和图 2.9 所示。在以上 4 种组织中，片内二级或三级 Cache 均为所有处理器核共享。

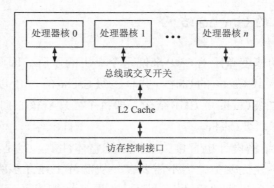

图 2.6　多核处理器 UCA 组织结构

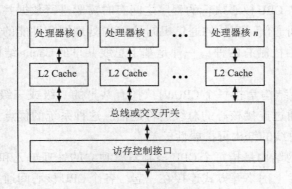

图 2.7　多核处理器 NUCA 组织结构

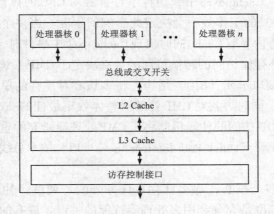

图 2.8　多核处理器 UCA+L3 Cache 组织结构

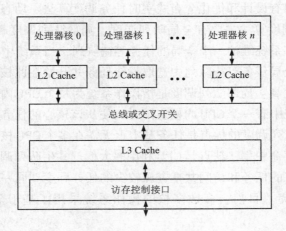

图 2.9　多核处理器 NUCA+L3 Cache 组织结构

　　当一块芯片上集成了多个处理器核时，各个处理器核之间通过共享 Cache 数据单元实现数据的交换与同步，多核争用 Cache 中的数据是多核芯片需要解决的一个重要问题。

CMP处理器的各CPU核心执行的程序之间有时需要进行数据共享与同步，因此其硬件结构必须支持核间通信。高效的通信机制是CMP处理器高性能的重要保障，目前比较主流的片上高效通信机制有两种，一种是基于总线共享的Cache结构，一种是基于片上的互连结构。

总线共享Cache结构是指每个CPU内核拥有共享的二级或三级Cache，用于保存比较常用的数据，并通过连接核心的总线进行通信。这种系统的优点是结构简单，通信速度高，缺点是基于总线的结构可扩展性较差。

基于片上互连的结构是指每个CPU核心具有独立的处理单元和Cache，各个CPU核心通过交叉开关或片上网络等方式连接在一起。各个CPU核心间通过消息通信。这种结构的优点是可扩展性好，数据带宽有保证；缺点是硬件结构复杂，且软件改动较大。

传统微处理器中，Cache不命中或访存事件都会对CPU的执行效率产生负面影响，而总线接口单元（BIU）的工作效率会决定此影响的程度。当多个CPU核心同时要求访问内存或多个CPU核心内私有Cache同时出现Cache不命中事件时，BIU对这多个访问请求的仲裁机制以及对外存储访问的转换机制的效率决定了CMP系统的整体性能。因此寻找高效的多端口总线接口单元（BIU）结构，将多核心对主存的单字访问转为更为高效的猝发（Burst）访问。同时寻找对CMP处理器整体效率最佳的一次Burst访问字的数量模型以及高效多端口BIU访问的仲裁机制将是CMP处理器研究的重要内容，目前Intel推出了最新的快速通道互联（Quick Path Interconnect，QPI）技术总线，更大程度发掘了多核处理器的实力。

由于多核内部有多个核心，那么就存在任务分配、调度、仲裁以及平衡负载等问题，多核之间的任务调度是充分利用多处理器性能的关键。现有的操作系统还无法有效地支持多核处理器的任务运行。为满足实时处理的要求，均衡各处理器负载，任务调度机制需要研究的内容有设计和优化分布式实时任务调度算法、动态任务迁移技术等。当前关于多核的任务调度算法主要有全局队列调度、局部队列调度和共生队列调度算法。全局队列调度是操作系统维护一个全局的任务等待队列，当系统中有一个CPU核心空闲时，操作系统便从全局任务等待队列中选取就绪任务并开始在此核心上执行，它的优点是CPU核心利用率较高。局部队列调度是指操作系统为每个CPU内核维护一个局部的任务等待队列，当系统中有一个CPU内核空闲时，便从该核心的任务等待队列中选取恰当的任务执行，局部队列调度的优点是任务基本上无需在多个CPU核心间切换，有利于提高CPU核心局部缓存命中率，缺点是CPU利用率太低。共生队列调度方法的基本思想是将访问共享资源较多的任务和访问共享资源较少的任务调度到同一时刻执行，从而最大程度上减少资源冲突。目前，多数多核的操作系统采用了基于全局队列的任务调度算法。

对于多核CPU，优化操作系统任务调度算法是保证效率的关键。一般任务调度算法有全局队列调度和局部队列调度。前者是指操作系统维护一个全局的任务等待队列，当系统中有一个CPU核心空闲时，操作系统就从全局任务等待队列中选取就绪任务开始在此核心上执行。

2.5 本章小结

多核技术的开发源于工程师们认识到，仅仅提高单核芯片的速度会产生过多热量，且无法带来相应的性能改善。多核技术就是把多个处理器集成在一个芯片内，是对称多处理系统的延伸，设计的主要思想是通过简化超标量结构设计，将多个相对简单的超标量处理器核集成到一个芯片上，从而避免线延的影响，并充分开发线程级并行性，提高吞吐量。在本章中，介绍了多核技术和多核中的并行性，以及多核处理器关键技术。

习 题

1. 叙述摩尔定律。
2. 列出采用多核技术的理由。
3. 比较基于总线共享的 Cache 结构和基于片上的互连结构两种核间通信机制。
4. 解释下列术语
（1）指令级并行；
（2）线程级并行；
（3）超线程技术；
（4）同构多核；
（5）异构多核。
5. 多核处理器有哪些关键技术？

第3章

并行模式与并行编程语言

并行程序设计方法是指能同时执行两个以上运算或逻辑操作的程序设计方法。程序并行性分为控制并行性和数据并行性。并行程序有多种模型,包括共享存储、分布存储(消息传递)、数据并行和面向对象。与并行程序设计相适应的硬件也有不同类型,如多处理机、向量机、大规模并行计算机和机群系统等,相应有不同的并行程序设计方法,具体解题效率还与并行算法有关。目前并行编程类型逐渐汇聚于两类:用于PVP、SMP和DSM的共享变量的单地址空间模型和用于MPP和机群的消息传递的多地址空间模型。并行编程模型逐渐汇聚于三类标准模型:数据并行(如HPF),消息传递(如MPI和PVM)和共享变量(如OpenMp和Pthreads)。

并行计算模型通常指从并行算法的设计和分析出发,将各种并行计算机(至少某一类并行计算机)的基本特征抽象出来,形成一个抽象的计算模型。从更广的意义上说,并行计算模型为并行计算提供了硬件和软件界面,在该界面的约定下,并行系统硬件设计者和软件设计者可以开发对并行性的支持机制,从而提高系统的性能。

3.1 进程与线程

进程(Process)是20世纪60年代初首先由麻省理工学院的MULTICS系统和IBM公司的CTSS/360系统引入的。进程是计算机中的程序关于某数据集合上的一次运行活动,是系统进行资源分配和调度的基本单位,是操作系统结构的基础。在早期面向进程设计的计算机结构中,进程是程序的基本执行实体。在当代面向线程设计的计算机结构中,进程是线程的容器。程序是指令、数据及其组织形式的描述,进程是程序的实体。

进程是一个实体。每一个进程都有它自己的地址空间,一般情况下,包括文本区域(text region)、数据区域(data region)和堆栈(stack region)。文本区域存储处理器执行的代码,数据区域存储变量和进程执行期间使用的动态分配的内存,栈区域存储着活动过程调用的指令和本地变量。

进程主要特征有:

（1）动态性：进程的实质是程序在多道程序系统中的一次执行过程，进程是动态产生、动态消亡的。

（2）并发性：任何进程都可以同其他进程一起并发执行。

（3）独立性：进程是一个能独立运行的基本单位，同时也是系统分配资源和调度的独立单位。

（4）异步性：由于进程间的相互制约，使进程具有执行的间断性，即进程按各自独立的、不可预知的速度向前推进。

进程由程序、数据和进程控制块三部分组成。多个不同的进程可以包含相同的程序。一个程序在不同的数据集里就构成不同的进程，能得到不同的结果。

进行进程切换就是从正在运行的进程中收回处理器，然后再使待运行进程来占用处理器。

让进程来占用处理器，实质上是把某个进程存放在私有堆栈中寄存器的数据（前一次本进程被中止时的中间数据）再恢复到处理器的寄存器中去，并把待运行进程的断点送入处理器的程序指针 PC，于是待运行进程就开始被处理器运行了，也就是这个进程已经占有处理器的使用权了。在切换时，一个进程存储在处理器各寄存器中的中间数据叫做进程的上下文，所以进程的切换实质上就是被中止运行进程与待运行进程上下文的切换。在进程未占用处理器时，进程的上下文是存储在进程的私有堆栈中的。

进程具有以下三种基本状态：

（1）就绪状态（Ready）：进程已获得除处理器外的所需资源，等待分配处理器资源；只要分配了处理器进程就可执行。就绪进程可以按多个优先级来划分队列。例如，当一个进程由于时间片用完而进入就绪状态时，排入低优先级队列；当进程由 I/O 操作完成而进入就绪状态时，排入高优先级队列。

（2）运行状态（Running）：进程占用处理器资源，处于此状态的进程的数目小于等于处理器的数目。在没有其他进程可以执行时(如所有进程都在阻塞状态)，通常会自动执行系统的空闲进程。

（3）阻塞状态（Blocked）：由于进程等待某种条件（如 I/O 操作或进程同步），在条件满足之前无法继续执行。该事件发生前即使把处理器资源分配给该进程，也无法运行。

通常在一个进程中可以包含若干个线程，它们可以利用进程所拥有的资源，在引入线程的操作系统中，通常都是把进程作为分配资源的基本单位，而把线程作为独立运行和独立调度的基本单位，由于线程比进程更小，基本上不拥有系统资源，故对它的调度所付出的开销就会小得多，能更高效地提高系统内多个程序间并发执行的程度。

当下推出的通用操作系统都引入了线程，以便进一步提高系统的并发性，并把它视为现代操作系统的一个重要指标。

线程，有时被称为轻量级进程（Light Weight Process，LWP），是程序执行流的最小单元。一个标准的线程由线程标识符、当前指令指针、寄存器集合和堆栈组成。另外，线程是进程中的一个实体，是被系统独立调度和分派的基本单位，线程自己不拥有系统资源，只拥有一点儿在运行中必不可少的资源，但它可与同属一个进程的其他线程共享进程所拥有的全部资源。一个线程可以创建和撤销另一个线程，同一进程中的多个线程之间可以并发执行。由于线程之间的相互制约，致使线程在运行中呈现出间断性。线程也有就绪、阻塞和运行三种基本状态。就绪状态是指线程具备运行的所有条件，逻辑上可以运行，在等待处理机；运行状态是指线程占有处理机正在运行；阻塞状态是指线程在等待一个事件（如某个信号量），逻辑上不可执行。

在多线程操作系统中，通常是在一个进程中包括多个线程，每个线程都是作为利用CPU的基本单位，是花费最小开销的实体。线程具有以下属性。

1. 轻型实体

线程中的实体基本上不拥有系统资源，只是有一点必不可少的、能保证独立运行的资源。线程的实体包括程序、数据和线程控制块（Thread Control Block，TCB）。线程是动态概念，它的动态特性由 TCB 描述。

TCB 包括以下信息：

* 线程状态；
* 当线程不运行时，被保存的现场资源；
* 一组执行堆栈、存放每个线程的局部变量主存区；
* 访问同一个进程中的主存和其他资源；
* 用于指示被执行指令序列的程序计数器、保留局部变量、少数状态参数和返回地址等的一组寄存器和堆栈。

2. 独立调度和分派的基本单位

线程是能独立运行的基本单位，因而也是独立调度和分派的基本单位。由于线程很"轻"，故线程的切换非常迅速且开销小（在同一进程中的）。

3. 可并发执行

在一个进程中的多个线程之间，可以并发执行，甚至允许在一个进程中所有线程都能并发执行；同样，不同进程中的线程也能并发执行，充分利用和发挥了处理机与外围设备并行工作的能力。

4. 共享进程资源

在同一进程中的各个线程，都可以共享该进程所拥有的资源，这首先表现在：所有线程都具有相同的地址空间（进程的地址空间），这意味着，线程可以访问该地址空间的每一个虚地址；此外，还可以访问进程所拥有的已打开文件、定时器、信号量机构等。由于同一个进程内的线程共享内存和文件，所以线程之间互相通信不必调用内核。

进程是资源分配的基本单位。所有与该进程有关的资源，都被记录在进程控制块PCB中。以表示该进程拥有这些资源或正在使用它们。另外，进程也是抢占处理机的调度单位，它拥有一个完整的虚拟地址空间。当进程发生调度时，不同的进程拥有不同的虚拟地址空间，而同一进程内的不同线程共享同一地址空间。

与进程相对应，线程与资源分配无关，它属于某一个进程，并与进程内的其他线程一起共享进程的资源。

线程只由相关堆栈（系统栈或用户栈）寄存器和线程控制块TCB组成。寄存器可被用来存储线程内的局部变量，但不能存储其他线程的相关变量。

通常在一个进程中可以包含若干个线程，它们可以利用进程所拥有的资源。在引入线程的操作系统中，通常都是把进程作为分配资源的基本单位，而把线程作为独立运行和独立调度的基本单位。由于线程比进程更小，基本上不拥有系统资源，故对它的调度所付出的开销就会小得多，能更高效地提高系统内多个程序间并发执行的程度，从而显著提高系统资源的利用率和吞吐量。

系统创建好进程后，实际上就启动执行了该进程的主执行线程，主执行线程以函数地址形式，比如说main或WinMain函数，将程序的启动点提供给Windows系统。主执行线程终止了，进程也就随之终止。

每一个进程至少有一个主执行线程，它无需由用户去主动创建，是由系统自动创建的。用户根据需要在应用程序中创建其他线程，多个线程并发地运行于同一个进程中。一个进程中的所有线程都在该进程的虚拟地址空间中，共同使用这些虚拟地址空间、全局变量和系统资源，所以线程间的通讯非常方便。

具有多线程能力的计算机因有硬件支持而能够在同一时间执行多于一个线程，进而提升整体处理性能。具有这种能力的系统包括对称多处理机、多核心处理器以及芯片级多处理CMP或同时多线程SMT处理器。

3.2 通 信

通信是两个或多个进程间传送数的操作。在共享存储器系统中，一个进程可以对共享变量进行计算，并把结果存回到共享存储器中。稍后，另一个进程可以在访问共享存储器时得到此值。这种通信方式称为共享变量通信。

在使用过程级并行性的多处理机系统中使父进程创建一子进程，数据可以像参数一样在父进程和子进程之间进行传送。而在消息传递系统中，进程通过消息传递进行通信。

3.2.1 同步与互斥

互斥（Mutex）是指某一资源同时只允许一个访问者对其进行访问，具有唯一性和排它性。但互斥无法限制访问者对资源的访问顺序，即访问是无序的。

同步（Synchronization）是指对系统资源的有序访问。在大多数情况下，同步已经实现了互斥，特别是所有写入资源的情况必定是互斥的。少数情况是指可以允许多个访问者同时访问资源。

一个互斥量只能用于一个资源的互斥访问，它不能实现多个资源的多线程互斥问题。信号量可以实现多个同类资源的多线程互斥和同步。当信号量为单值信号量时，也可以完成一个资源的互斥访问。

互斥量的加锁和解锁必须由同一线程分别对应使用，信号量可以由一个线程释放，另一个线程得到。

互斥锁的一个明显缺点是它只有两种状态：锁定和非锁定。而条件变量通过允许线程阻塞和等待另一个线程发送信号的方法解决了互斥锁的不足，常与互斥锁一起使用。用时，条件变量被用来阻塞一个线程。条件不满足时，线程往往解开相应的互斥锁并等待条件发生变化。一旦其他的某个线程改变了条件变量，它将通知相应的条件变量唤醒一个或多个正被此条件变量阻塞的线程。这些线程将重新锁定互斥锁并重新测试条件是否满足。条件变量的基本操作有以下两个：① 触发条件：当条件变为 true 时；② 等待条件：挂起线程直到其他线程触发条件。条件变量应该和互斥量配合使用，以避免出现条件竞争，一个线程预备等待一个条件变量，当它在真正进入等待之前，另一个线程恰好触发了该条件。

互斥量与条件变量之间的关系：

（1）互斥锁：保护临界资源同一时刻一个线程访问只有一把锁，可用于锁多种临界资源。但同一时刻只能锁住一个临界资源（同一时刻只能一个进程访问）。

（2）信号量：只是为了进程通信间保持同步。

（3）条件变量：不满足条件时，用 wait 函数阻塞其所在的线程，满足某条件时，用 wait 函数唤醒阻塞的线程（因为防止 wait 函数操作中条件竞争，易产生死锁，所以经常与互斥锁一起使用）可以辅助互斥锁，弥补其不足。

3.2.2 聚　集

聚集（Aggregation）是用一串超步将各分进程计算所得的部分结果合并为一个完整的结果，每个超步包含一个短的计算和一个简单的通信或/和同步。聚集方式有归约（Reduction）和扫描（Scan）。

例如有 n 个数组织元素 $a[0], a[1], \cdots, a[n-1]$ 要进行求和，系统有 p 个进程，进程编号 id=0, 1, …, p-1，每个进程计算 n/p 个数组元素的累加和，最后 p 个进程将自己的累加和汇总，得到整个数组的累加和，此求和操作称为归约。扫描实际上是逐级执行规约操作，即进程 i 对进程 0, 1, … , i 执行归约。

交互模式涉及哪些进程影响其他进程的问题。如果按交互模式在编译时能够确定，则称为静态的，否则便是动态的。按有多少发送者和接收者参与通信，交互模式分为：

（1）一对一：点到点（Point to Point）；

（2）一对多：广播（Broadcast）和播撒（Scatter）；

（3）多对一：收集（Gather）和归约；

（4）多对多：全交换（Tatal Exchange）、扫描和循环移位（Circular Shift）。

广播是处理器P_0发送 m 个字节数据给所有其他 p 个处理器，每个处理器都接收了来自处理器P_0的 m 个字节数据。收集是处理器P_0接收所有其他 p 个处理器发来在消息，所以处理器P_0最终接收了 mp 个字节数据。播撒是处理器P_0发送了 m 个字节的不同消息给所有其他 p 个处理器，因此处理器P_0最终发送了 mp 个字节数据。全交换是每个处理器均彼此相互发送 m 个字节的不同消息给对方。循环移位通信方式是处理器P_i发送 m 个字节给处理器P_{i+1}，处理器P_{p-1}发送 m 个字节给处理器P_0，每个处理器都接收了 m 个字节数据。多对一全局归约操作是将所有处理器中的数据进行加或求最大值、最小求等操作，并将操作后的数据发给处理器P_0。扫描可以将看作是一种特殊的归约，即每一个处理器都对排在它前面的处理器进行归约操作。图3.1给出了典型的交互的模式例子。

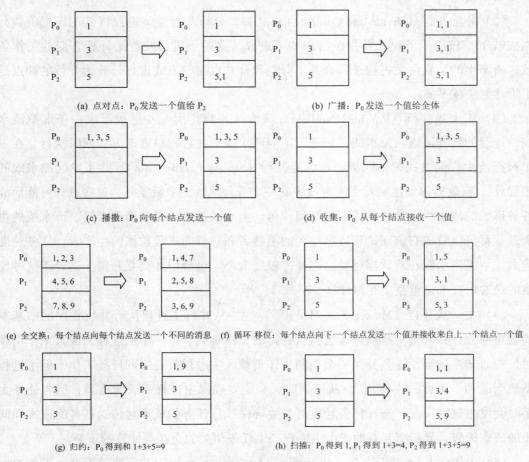

(a) 点对点：P_0发送一个值给P_2　　　　　　(b) 广播：P_0发送一个值给全体

(c) 播撒：P_0向每个结点发送一个值　　　　　　(d) 收集：P_0 从每个结点接收一个值

(e) 全交换：每个结点向每个结点发送一个不同的消息　(f) 循环 移位：每个结点向下一个结点发送一个值并接收来自上一个结点一个值

(g) 归约：P_0得到和 1+3+5=9　　　　　　(h) 扫描：P_0得到 1，P_1得到 1+3=4，P_2得到 1+3+5=9

图3.1　交互的模式

3.3 并行编程风范

并行编程风范是指构造并行算法方法，以使其能在并行计算机上运行。并行编程风范有以下五种：

（1）相并行（Phase Parallel）。相并行是由一些超步组成，每一超步分为两个阶段。在计算阶段，多个进程各自完成独立计算。此后是交互阶段。在这一阶段，这些进程完成一个或多个交互操作。例如一个路障或一锁定通信，然后再执行下一超步。该风范与BSP模型类似，方便调试和性能分析。但它有两个缺点：计算和通信不能重叠，很难保持负载平衡。

（2）分治并行（Divide and Conquer Parallel）。分治并行是父进程将其工作把负载分割成若干个较小的子块，并指派给一些子进程。这些子进程并行地计算它们的工作负载，所产生的结果由父进程进行合并。分割和合并以递归方式进行。分治并行的缺点是很难达到负载平衡。

（3）流水线并行（Pipeline Parallel）。流水线并行是由一些进程形成一条虚拟流水线，连续的数据流馈入流水线，而处于不同流水线上的进程以重迭方式同时执行。在一个数据流中，同时执行不同程序称为流并行（Stream Paralle-lism）。除了发起流水线的进程外，新数据的到达触发了流水线中的一个进程执行一个新任务。这些进程可能形成各种形状的流水线，如线性或多维数组、树。流水线是生产者和消费者链。流水线的每个进程都可以看成它前面进程数据序列的消费者和它后面进程数据的生产者。任务粒度越大，填满流水线花费数据越长。但是，粒度太小，也会增加交互开销。适合于这种模型的最常用技术是重叠交互与计算。

（4）主—从并行（Master-Slave Parallel）。主-从并行主进程执行并行程序的中基本的顺序部分，并派生一些从进程去执行并行的工作负载。当一个从进程完成其工作负载时，便通知主进程，让其分派一个新的工作负载。主进程负责协调任务工作，但主进程易成为瓶颈。因此，在使用主-从模型时，一定要确保主进程不成为瓶颈，但当任务太小时会发生这种情况。选择任务粒度时，要确保执行任务的成本对传送任务的成本和同步的成本优势。异步交互有助于由主进程产生任务相关的交互与计算的重叠。

（5）工作池并行（Work Pool Parallel）。工作池并行常用于共享变量模型。工作池以全局数据结构方式实现，并创建一些进程。初始时，工作池可能只有一件工作任务，任何空闲的进程从池中取任务执行，可产生新任务放回池中，直至任务池为空，并行程序结束。在消息传递模式中，当任务相关的数据量远小于与任务相关的计算量时，通常就使用工作池模型。在这种情况下，任务容易地移动而不会引起很大的数据交互开销。任务粒度可以调整，以求在负载不平衡与访问工作池的开销之间取得所要求的折中而添加和减少任务。工作池并行容易做到负载平衡，因为工作负载是动态分配给空闲进程的。但是要使众多进程高效访问工作池的具体实现较为困难，特别是在消息传递模型中。工作池可以是一个无序集，一个队列或者一个优先级队列。

按进程是否同构性并行编程风格可以分为 SPMD（Single Program & Multiple Data）和 MPMD（Multiple Program & Multiple Data）。

（1）SPMD：各个进程是同构的，多个进程对不同的数据执行相同的代码（一般是数据并行的同义语）。常对应并行循环，数据并行结构，单代码。

（2）MPMD：各个进程是异构的，多个进程执行不同的代码，一般是任务并行，或功能并行，或控制并行的同义语。常对应并行块，多代码。为有 10000 个处理器的计算机编写一个完全异构的并行程序是很困难的。

程序的结构以及进程的个数在运行之前（如编译时，连接时或加载时）就可确定，就认为该程序具有静态并行性，否则，就认为该程序具有动态并行性，即意味着进程要在运行时创建和终止。开发动态并行性的一般方法使用 Fork/Join。

3.4　并行编程模型与并行语言

并行程序设计方法分为隐式并行程序设计与显式并行程序设计。隐式并行程序设计是指把常用传统的语言编程成顺序源编码，把"并行"交给编译器实现自动并行。程序的自动并行化是一个理想目标，存在难以克服的困难。隐式并行程序设计的特点是语言容易，编译器难。显式并行程序设计是指在用户程序中出现"并行"的调度语句。显式的并行程序开发则是解决并行程序开发困难的切实可行的方法。

并行程序设计模型分为隐式并行（Implicit Parallel）、数据并行（Data Parallel）、共享变量（Shared Variable）和消息传递（Message Passing）。

（1）隐式并行，是指程序员用熟悉的串行语言编程，编译器和运行支持系统自动转化为并行代码。其特点是语义简单、可移植性好、易于调试和验证正确性、细粒度并行、效率很低。

（2）数据并行，是指把数据划分成若干块分别映像到不同的处理机上，每一台处理机运行同样的处理程序对所分派的数据进行处理，是 SIMD 的自然模型。其特点是单线程、并行操作于聚合数据结构（数组）、松散同步、单一地址空间、隐式交互作用、显式数据分布。优点是编程相对简单，串并行程序一致。缺点是程序的性能在很大程度上依赖于所用的编译系统及用户对编译系统的了解。并行粒度局限于数据级并行，粒度较小。

（3）共享变量，是对称多处理机的自然模型，其特点是多线程、异步、单一地址空间、显式同步、隐式数据分布、隐式通信。

（4）消息传递，是集群的自然模型，其特点是多线程、异步、多地址空间、显式同步、显式数据映射和负载分配、显式通信。

目前并行编程模型逐渐汇聚于三类标准模型：数据并行（如 HPF）、消息传递（如 MPI 和 PVM）和共享变量（如 OpenMP）。数据并行编程模型的编程级别比较高，编程相对简单，但它仅适用于数据并行问题。消息传递编程模型的编程级别相对较低，但消息传递编程模型可以有更广泛的应用范围。

数据并行即将相同的操作同时作用于不同的数据，因此适合在 SIMD 及 SPMD 并行计算机上运行。在向量机上通过数据并行求解问题的实践，说明数据并行是可以高效地解决一大类科学与工程计算问题。数据并行编程模型是一种较高层次上的模型，它提供给编程者一个全局的地址空间。一般这种形式的语言本身就提供并行执行的语义，只需要指明执行什么样的并行操作和并行操作的对象，就实现了数据并行的编程。因此，数据并行的表达是相对简单和简洁的，它不需要编程者关心并行计算机是如何对该操作进行并行执行的。

数据并行编程模型虽然可以解决一大类科学与工程计算问题，但是对于非数据并行类的问题如果通过数据并行的方式来解决一般难以取得较高的效率。数据并行不容易表达，甚至无法表达其他形式的并行特征。数据并行发展到现在，高效的编译实现成为它面临的一个主要问题。有了高效的编译器数据并行程序就可以在共享内存和分布式内存的并行计算机上都取得高效率。这样可以提高并行程序的开发效率，提高并行程序的可移植性。

消息传递即各个并行执行的部分之间通过传递消息来交换信息，协调步伐控制执行。消息传递一般是面向分布式内存的，但是它也可适用于共享内存的并行计算机。消息传递为编程者提供了更灵活的控制手段和表达并行的方法，一些用数据并行方法很难表达的并行算法都可以用消息传递模型来实现。灵活性和控制手段的多样化是消息传递并行程序能提供高的执行效率的重要原因，消息传递模型一方面为编程者提供了灵活性，另一方面它也将各个并行执行部分之间复杂的信息交换和协调控制的任务交给了编程者，这在一定程度上增加了编程者的负担，这也是消息传递编程模型编程级别低的主要原因。虽然如此，消息传递的基本通信模式简单和清晰，学习和掌握这些部分并不困难。因此，目前大量的并行程序设计仍然是消息传递并行编程模式。

并行编程标准如下：数据并行语言标准有 FORTRAN90、HPF（1992）、FORTRAN95（2001）。显式数据分布描述有并行 DO 循环、线程库标准（Thread Library）、Win32 API、Pthreads、编译制导（Compiler Directives）、OpenMP。消息传递库标准（Message Passing Libraries）有 MPI（Message Passing Interface）、PVM（Parallel Virtual Machine）。

要采用并行程序设计模式来设计应用程序，设计人员应该将应用程序中能够并行执行的部分识别出来。要做到这样，程序员必须将应用程序看做是众多相互依赖关系任务集合。将应用程序划分成多个独立的任务，并确定这些任务之间的相互关系的过程称为分解（Decomposition）。主要的分解方式有三种：任务分解、数据分解、数据流分解。

并行程序程序的语法、语义复杂，需要用户自己处理，包括任务/数据的划分、分配，数据交换，同步和互斥，性能平衡。

目前比较流行的并行编程环境主要有3类：消息传递、共享存储和数据并行。表3.1列出了消息传递、共享存储和数据并行编程的特征。

表3.1　消息传递、共享存储和数据并行编程的特征

特征	消息传递	共享存储	数据并行
典型代表	MPI,PVM	OpenMP,Pthreads	FORTRAN 90,HPF
可移植性	所有主流并行计算机	SMP,DSM	SMP,DSM,MPP
并行粒度	进程级大粒度	线程级细粒度	进程级细粒度
并行操作方式	异步	异步	松散同步
数据存储模式	分布式存储	共享存储	共享存储
数据分配方式	显式	隐式	半隐式
可扩展性	好	较差	一般

3.5　BSP模型

一个著名高层并行编程模型称为整体同步并行计算模型（Bulk Synchronous Parallel Computing Model，BSP），由哈佛大学Viliant和牛津大学Bill McColl提出，其目的是像冯·诺伊曼体系结构那样，为各种并行体系结构提供一个独立于具体体系结构的、具有可扩展并行性的理论模型，成为一个并行计算领域中软件和硬件之间的桥梁。BSP模型不仅是一种并行体系结构模型，又是一种并行程序设计模型，同时可以精确地分析和预测并行程序性能。BSP模型已被成功地运用到科学计算等数值计算领域。BSP模型是个分布存储的MIMD计算模型，其特点是：

（1）它将处理器和路由器分开，强调了计算任务和通信任务的分开，而路由器仅仅完成点到点的消息传递，不提供组合、复制和广播等功能，这样做既掩盖具体的互联网络拓扑，又简化了通信协议。

（2）采用障碍同步的方式以硬件实现的全局同步是在可控的粗粒度级，从而提供了执行紧耦合同步式并行算法的有效方式，而程序员并无过分的负担。

（3）为PRAM模型所设计的算法，都可以采用在每个BSP处理器上模拟一些PRAM处理器的方法来实现。理论分析证明，这种模拟在常数因子范围内是最佳的，只要并行宽松度（Parallel Slackness），即每个BSP处理器所能模拟的PRAM处理器的数目足够大。

（4）BSP模型的计算由一系列用全局同步分开的超步组成。每个超步顺序分为计算、通信及同步3个阶段。在计算阶段中每个处理器完成一些本地计算，在通信阶段中处理器之间通过网络接收和发送信息．然后进入同步阶段，检测网络是否已传递完信息，只有当这些都完成时才进入下一超步。所有发送接收的信息只有进入下一超步时才有效。

BSP模型是"块"同步模型，是一种异步MIMD-DM模型，支持消息传递系统，块内异步并行，块间显式同步。计算过程由若干超级步组成，每个超级步计算模式如图3.2所示。

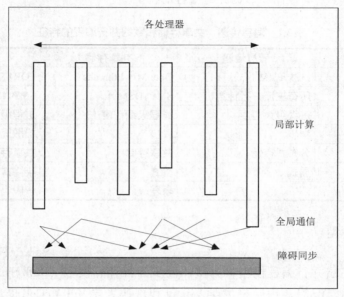

图 3.2　BSP 模型结构

其中：

（1）处理器（Processors）指的是并行计算进程，它对应到集群中的多个结点，每个结点可以有多个处理器。

（2）局部计算（Local Computation）就是单个处理器的计算，每个处理器都会切分一些结点作计算。

（3）全局通信（Communication）指的是处理器之间的通信。计算往往需要做些递归或是使用全局变量，在BSP模型中，对结点的访问分布到了不同的处理器中，并且往往哪怕是关系紧密具有局部聚类特点的结点也未必会分布到同个处理器或同一个集群结点上，所有需要用到的数据都需要通过处理器之间的消息传递来实现同步。

（4）全局通信（Barrier Synchronization）又叫障碍同步或栅栏同步。每一次同步也是一个超步的完成和下一个超步的开始。

（5）超步（Superstep）是BSP的一次计算迭代。

3.6　共享存储器编程

共享存储器并行编程主要有三种标准，分别是X3H5、Pthread以及OpenMP。X3H5共享存储器编程模型是1993年制定的，但不像消息传递中事实上标准MPI那样被广泛接受。实际情况是，没有任何商品化的共享存储器系统依附于X3H5，虽然它们以采用了许多X3H5的概念。X3H5已演变为OpenMP标准。对于Unix操作系统层上的多线程化，Pthreads是一个有影响的标准。

3.6.1　ANSI X3H5共享存储器模型

X3H5共享存储器模型是1993年制定的，是ANSI标准。X3H5定义了一个概念性的编程模型，该模型与C、FORTRAN77，以及FORTRAN90捆绑。X3H5使用若干构造来表示并行性，不显式说明会使用多少线程来执行程序。程序以顺序方式开始，此时只有一个初始化线程，称为基本线程或主线程。

一个并行结构（也称为并行区域）是内含代码的parallel和end parallel对。当程序遇到parallel时，通过派生零个或多个子线程而转换成并行模式。基本线程和它的子线程形成一个组，所有组员并行处理随后的代码直至遇到end parallel。此时程序转换为顺序模式。只有基本线程继续进行。

在一个并行构造内，可能有若干个work-sharing（工作–共享）构造。它们或是一个并行块，一个并行循环或是一个单进程构造。

X3H5采用隐式路障方式，它强使所有存储器访问在隐式路障点变为一致。

3.6.2　POSIX线程模型

POSIX（Portable Operating System Interface of UNIX）为可移植操作系统接口。POSIX标准定义了操作系统应该为应用程序提供的接口标准，是IEEE为要在各种UNIX操作系统上运行的软件而定义的一系列API标准的总称，其正式称呼为IEEE 1003，而国际标准名称为ISO/IEC 9945。

POSIX标准意在期望获得源代码级别的软件可移植性。换句话说，为一个POSIX兼容的操作系统编写的程序，应该可以在任何其他的POSIX操作系统（即使是来自另一个厂商）上编译执行。

POSIX并不局限于UNIX。许多其他的操作系统，例如DEC OpenVMS支持POSIX标准，尤其是IEEE Std. 1003.1–1990（1995年修订）或POSIX.1。POSIX.1提供了源代码级别的C语言应用编程接口（API）给操作系统的服务程序，例如读写文件。POSIX.1已经被国际标准化组织（International Standards Organization，ISO）所接受，被命名为ISO/IEC 9945–1:1990标准。

POSIX线程可链接到C/C++程序的库，只能在支持POSIX的系统使用，属于共享内存并行技术。程序调用API启动多个线程，同步方式有互斥量、信号量、条件变量，用于所有线程的同步。

3.6.3　OpenMP标准

OpenMP（Open Multi_Processing）起源于ANSI X3H5（1994），由设备商和编译器开发者共同制定标准，是用于共享内存并行系统的多线程程序设计的一套指导性注释（Compiler Directive）。OpenMP是一个共享存储器标准，得到许多硬件和软件供应商的支持，如DEC、AMD、Intel、IBM、Cray、NEC、HP、NVIDIA。OpenMP支持Unix、Linux、Windows等操作系统，支持的编程语言包括C/C++和FORTRAN。目前支持OpenMP的C/C++编译器主要有微软公司的Visual C++和Intel公司的C/C++编译器。

OpenMP提供了对并行算法的高层的抽象描述，程序员通过在源代码中加入专用的pragma来指明自己的意图，由此编译器可以自动将程序进行并行化，并在必要之处加入同步互斥以及通信。当选择忽略这些pragma，或者编译器不支持OpenMP时，程序又可退化为通常的程序，一般为串行程序，代码仍然可以正常运作，只是不能利用多线程来加速程序执行。并行线程数可以在程序启动时利用环境变量等动态设置，支持与MPI混合编程。

OpenMP是基于共享存储器的并行编程模型，是编译制导（Compiler Directive）、运行库函数（Runtime Library Routines）和环境变量（Environment Variables）编程要素的集合。OpenMP采用Fork-Join并行执行方式，OpenMP程序开始于一个单独的主线程（Master Thread），然后主线程一直串行执行，直到遇见第一个并行域(Parallel Region)，开始并行执行并行域。并行域代码执行完后再回到主线程，直到遇到下一个并行域，以此类推，直至程序运行结束。

3.7　消息传递编程

在消息传递系统中，PVM和MPI是目前最重要和最流行的两种并行编程工具。

3.7.1　PVM并行编程

PVM由美国Oak Ridge国家实验室和田纳西大学开发。PVM是自含式、非主专利软件系统。最初的设计目的是使异构的Unix计算机网络能作为一个大型的消息传递系统使用。随着流行程度增加，已被移植到SMP、PVP、MPP、工作站机群和PC机上。PVM也已在Windows NT非Unix平台上实现。所支持的程序设计语言包括C、C++、FORTRAN和Java。PVM是并行处理最流行的软件平台。

用户可用PVM构造一个全互联结点集的虚拟机。每个结点可以是任何Unix计算机。用户可动态地创建和管理许多进程在此虚拟机上运行。PVM提供了支持进程间通信的库例程以及其他函数。

PVM 系统由两部分组成: pvmd 守护进程和 libpvm3.a 库。pvmd 留驻于虚拟机中,libpvm3.a 与用户应用程序相连, 用作进程管理、消息传递和虚拟机管理。虚拟机可以由调用 PVM 库函数的用户应用程序动态构造。PVM 允许静态和动态并行化。

在 PVM 中发送消息采用异步方式, 发送任务在消息发送之后将继续执行, 它不用等待接收任务像同步通信中那样执行相应的接收操作。PVM 支持阻塞、非阻塞和时限三种类型的消息接收方式。当调用阻塞接收函数时, 接收任务必须等待, 直到所需消息进入缓冲区。非阻塞接收函数会立即返回, 无论所需数据是否已经到达。时限接收则是让程序员指定一个时限, 即接收函数在返回之前所必须等待的时间。若时限非常大, 则该函数与阻塞接收方式相同。另一方面, 若时限为零, 则该函数与非阻塞接收方式相同。

3.7.2 MPI 并行编程

MPI 是由 MPI 论坛开发的有关函数库的标准规范。MPI 论坛是一个具有广泛基础的计算机供应商、库开发者和应用专家的联盟。MPI 论坛已被所有主要的并行计算机供应商所接受。MPI 具有移植性好、功能强大、效率高等多种优点, 而且有多种不同免费、高效、实用的实现版本, 几乎所有的并行计算机厂商都提供对它的支持, 这是其他的并行编程环境所无法比拟的。MPI 是一个库, 而不是一门语言。MPI 是一种标准或规范的代表, 而不特指某一个对它的具体实现, MPI 是一种消息传递编程模型, 并成为这种编程模型的代表和事实上的标准。

MPI 不是独立、自含式的软件系统。在自然并行编程环境之上, 由它提供消息传递通信, 确定进程管理和 I/O 管理。最流行的非专利实现是 MPICH, 由 Argonne 国家实验室和密西西比州立大学联合开发, 具有很好的可移植性。

MPI 假设进程是静态的, 当并行进程装入时就创建了所有进程。它们一直存在直至整个进程终止。在程序执行中途, 不允许创建和终止进程。

MPI 提供阻塞和非阻塞发送/接收操作。MPI 引入了消息数类型, 支持异构计算和允许消息取自非连续、非均匀存储器。

集合通信是要求通信组中所有进程都参加的全局通信操作。MPI 提供了丰富的集合通信例程集, 主要有广播、汇合、散谢、全交换、聚集、路障等通信例程。

自从 MPI 标准在 1994 年公布后, 已在大多数并行系统上实现。实现的平台范围从 MPP 超级计算机、SMP 服务器到工作站机群和 PC 机。用户要求增加更多的功能。1997 年 MPI 论坛宣布了 MPI-2 修改版本, 原来的 MPI 被重新命名为 MPI-1。MPI-2 增加了许多新的特性。MPI-2 主要增加了动态进程、单边通信和并行 I/O 等。

3.8 数据并行编程

数据并行语言的主要代表是 FORTRAN90 和高性能 FORTRAN (High Performance FORTRAN, HPF)。数据并行编程的特征是:

（1）单线程：从程序员的角度看，数据并行程序是由单线程控制的单线程执行的。

（2）在密集的数据结构上进行并行操作：数据并行程序中的一个单步（一条语句）可表示许多操作，同时作用于一个数组的不同元素，或其他密集数据结构上。

（3）松散同步：每条语句后有一个隐式同步。于SIMD系统在每条指令后进行严格同步相比，这是一种松散同步。

（4）全局命名空间：所有变量驻留在单地址空间内。

（5）隐式交互：因为每条语句后有一个隐式的路障同步，因此在数据并行程序中就不需要显式同步。由变量赋值隐式地实现通信。

（6）隐式数据分配：程序员不必非要显式地说明如何进行数据分配。但为了改善数据局部性和减少通信，程序员可以提示编译程序如何分配数据。

FORTRAN90是一种流行的数据并行语言，它对FORTRAN作了许多的改进。它支持并行性的两个重要特性是元素的并行数组操作和数组本征函数。FORTRAN90标准显著扩展了FORTRAN77的数组能力，它将整个数组或数组的一部分视为一个操作数。所有本征操作符和函数可作用于整个数组或部分数组，实现元素操作。数据并行编程实行单线程和松散同步，并行数组操作，全局命名空间。

高性能FORTRAN（High Performance FOTRAN，HPF）是一个语言标准，设计成FORTRAN90的超集（扩展），达到支持数据并行编程。以均匀存储器访问代价获取MIMD和SIMD计算的最高性能。HPF提供了四种机制给用户说明数据并行性。它们分别是数组表达式和赋值语句、数组本征函数、FORALL语句，以及INDEPENDENT命令。HPF引入了ALIGN和DISTRIBUTE命令，用户通过这些命令告知编译器应该如何在处理器之间分配数据，以使较小的通信开销和负载平衡。

3.9 性能分析

3.9.1 加速比

假设一个给定的任务可以被分成p个相等的子任务，其中每一个可由一个处理器加以执行。若T_s是使用单处理器执行整个任务所需的时间，则每个处理器执行子任务所需的时间为$T_p=T/p$。因此，当所有处理器同时执行它们的子任务，所以执行整个任务所需的时间是$T_p=T_s/p$。

一个并行系统的加速比（Speedup）可定义为是同一个任务在单处理器系统和并行处理器系统中运行消耗的时间的比率，用来衡量并行系统或程序并行化的性能和效果。因此，系统的加速比：

$$S = \frac{T_s}{T_p} = \frac{T_s}{\dfrac{T_s}{p}} = p \tag{3-1}$$

上面公式表明使用 p 个处理器所导致的加速比与处理器数 p 相等。但是，上面推导中忽略了一个重要因素，即通信开销，这是由于处理器在执行它们的子任务时进行通信和可能交换数据所需的时间。假定因通信开销所导致的时间称为 T_o，则每个处理器执行子任务所需的实际时间为 $T_p=(T_s/p)+T_o$。因此，考虑通信开销后系统的加速比：

$$S = \frac{T_s}{T_p} = \frac{T_s}{\dfrac{T_s}{p} + T_o} = \frac{p}{1 + p \times \dfrac{T_o}{T_s}} \tag{3-2}$$

并行效率（Parallel Efficiency）表示在并行计算机执行并行算法时，平均每个处理机的执行效率。并行效率是对每个处理器可获得加速的度量。在负载平衡程度较好时，可得到较高的并行效率。因此，如果忽略通信开销，系统的并行效率 ξ 等于 1。当考虑通信开销后系统的并行效率：

$$\xi = \frac{1}{1 + p \times \dfrac{T_o}{T_s}} \tag{3-3}$$

事实上，上面的假设基于个给定的任务可以被分成 p 个相等的子任务，其中每一个可由一个处理器加以执行是不现实的。因为，实际算法含有某些串行部分不能在处理器间划分。这些串行部分必须在单个处理器上执行。

现假设给定任务一部分 f_s 必须串行执行，而余下部分 $f_p=1-f_s$ 可以分成并发子任务。在 n 个处理器上执行任务所需要的时间是 $T_m=f_sT_s+(1-f_s)(T_s/n)$。所以，系统的加速比：

$$S = \frac{T_s}{f_sT_s + (1 - f_s)\dfrac{T_s}{p}} = \frac{p}{1 + (p - 1)f_s} \tag{3-4}$$

按照此公式，由于使用 p 个处理器的潜在加速比主要取决于任务的串行部分。这一原理就是著名的阿姆达尔（Amdahl）定律。按照定律，系统最大加速比：

$$\lim_{p \to \infty} S = \lim_{p \to \infty} \frac{p}{1 + f_s(p - 1)} = \frac{1}{f_s} \tag{3-5}$$

所以，按照 Amdahl 定律，除非一个串行程序的执行几乎全部都并行化，否则，不论有多少可以利用的处理器，通过并行化所产生的加速比都会是受限的。如前所述，通信开销应包含在处理时间内。在考虑通信开销后系统的加速比：

$$S = \frac{T_s}{f_sT_s + (1 - f_s)\dfrac{T_s}{p} + T_0} = \frac{p}{f_s(p - 1) + 1 + p\dfrac{T_o}{T_s}} \tag{3-6}$$

此条件下的系统最大加速比：

$$\lim_{p \to \infty} S = \lim_{p \to \infty} \frac{p}{f_s(p-1) + 1 + p\dfrac{T_o}{T_s}} = \frac{1}{f_s + \dfrac{T_o}{T_s}} \qquad (3-7)$$

上面公式表明最大加速比不是由所使用的并行处理器数量决定的，而是由不可并行化的串行部分和通信开销决定的。

下面将讨论在此假设下的并行效率。在忽略通信开销，系统的并行效率：

$$\xi = \frac{1}{1 + (p-1)f_s} \qquad (3-8)$$

当考虑通信开销后系统的并行效率：

$$\xi = \frac{1}{f_s(p-1) + 1 + p\dfrac{T_o}{T_s}} \qquad (3-9)$$

当加速比 S 等于处理器数 p 时，此加速比被称为线性加速比（Linear Speedup）。加速比比处理器数更大的情况，称为超线性加速比（Superlinear Speedup）。

3.9.2　Amdahl定律

Amdahl定律是计算机系统设计的重要定量原理之一，于1967年由IBM360系列机的主要设计者Amdahl首先提出。该定律是指系统中对某一部件采用更快执行方式所能获得的系统性能改进程度，取决于这种执行方式被使用的频率，或所占总执行时间的比例。Amdahl定律实际上定义了采取增强（加速）某部分功能处理的措施后可获得的性能改进或执行时间的加速比。简单来说是通过更快的处理器来获得加速是由慢的系统组件所限制。

Amdahl定律的基本出发点是：

（1）对于很多科学计算，实时性要求很高，即在此类应用中时间是个关键因素，而计算负载是固定不变的。为此在一定的计算负载下，为达到实时性可利用增加处理器数来提高计算速度。

（2）因为固定的计算负载是可分布在多个处理器上的，这样增加了处理器就加快了执行速度，从而达到了加速的目的。在此意义下，1967年Amdahl推导出了固定负载的加速公式。

假设 p 为处理器数，W 为问题规模（计算负载、工作负载，给定问题的总计算量），W_s 为应用程序中的串行分量，W_p 为应用程序中的并行分量，$W=W_s+W_p$。f_s 为串行分量比例，$f_s= W_s/W$，W_p 为应用程序中可并行化部分，$f_p=1-f_s$ 为并行分量比例。W_o 为额外开销。T_s 为串行执行时间，T_p 为并行执行时间，S 为加速比。Amdahl定律出发点是固定不变的计算负载，固定的计算负载分布在多个处理器上的，增加处理器加快执行速度，从而达到了加速的目的。

$$S = \frac{W_S + W_P}{W_S + \dfrac{W_P}{p} + W_O} = \frac{W}{f_s W + \dfrac{W(1 - f_s)}{p} + W_O} = \frac{p}{1 + f_s(p - 1) + W_O p / W} \qquad (3-10)$$

当 W_o 忽略不计时，固定负载的加速比：

$$S = \frac{p}{1 + f_s(p - 1)} \qquad (3-11)$$

当 $p \to \infty$ 时，上式极限为：$S = \lim\limits_{p \to \infty} \dfrac{p}{1 + f_s(p - 1)} = \dfrac{1}{f_s}$ $\qquad (3-12)$

Amdahl 定律是一个非常简单而通用的并行处理性能模型。p 在不同形式的计算机系统中代表着不同的含义：

（1）在 MIMD 系统中，p 是处理器的数目；

（2）在 SIMD 系统中，p 是正在处理的数据数目；

（3）在流水方式工作的 SIMD 系统中，p 是矢量速度和标量速度的比；

（4）在流水方式工作的 MIMD 系统中，p 是流水线功能段的数目。

实际上系统规模，特别是处理器数目 p 通常为了处理更大的问题而不断增加，而通常问题的规模的增加并不能显著增加串行工作量。这种情况下，f_s 与问题大小成反比。如果问题大小随并行度增加而增大，那么随着问题和系统规模的增大，性能表现呈现出收缩性。在计算机系统中，Amdahl 定律也可表述为，对系统内某部分的并行化改进造成的整体性能提升量取决于该部分在整体过程中执行的时间，即经常性事件或其部分的改进造成的整体性能得到较大提升。加速比也可以表示为使用改进方式完成整个任务时间的比值。实际上有两个主要因素影响加速比，第一个因素是需要改进提高速度部分在总执行时间中所占的比值。第二个因素是采用改进方式后相应部分速度提高的程度。可以用未改进情况下该部分执行时间与改进后执行时间的比值衡量。改进加速比一般都大于 1。那么改进后的任务总时间为没有改进的部分执行时间和改进部分执行时间的和。

在多处理器下，Amdahl 定律为

$$S = \frac{1}{1 - f_p + \dfrac{f_p}{p}} \qquad (3-13)$$

其中，f_p 为并行计算部分所占比例，p 为并行处理结点个数。当 $1 - f_p = 0$ 时，即没有串行，只有并行，最大加速比 $S = p$；当 $f_p = 0$ 时（即只有串行，没有并行），最小加速比 $S = 1$；当 $p \to \infty$ 时，极限加速比

$$S = \lim\limits_{p \to \infty} \frac{1}{1 - f_p + \dfrac{f_p}{p}} = \frac{1}{1 - f_p} \qquad (3-14)$$

这也就是加速比的上限。例如，若串行代码占整个代码的 25%，则并行处理的总体性能不可能超过 4。

图 3.3 给出了串行分量f_s=5%时的不同加速比曲线，包括 Amdahl 加速曲线、加速比恒为20的最大加速比和线性加速比。而实际的加速比是开始时随着处理器数增加而增长，当上升到峰值后，随着处理器数增加反而下降。这是因为随着处理器数持续增加，使得每个处理器计算量减少，则并行带来的速度提升被处理器增加的通信开销所抵消。

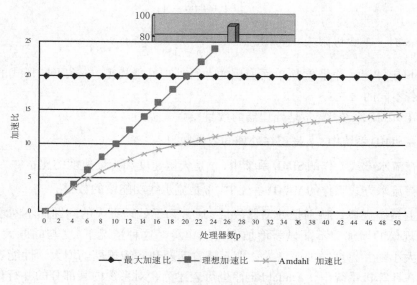

图 3.3　串行分量f_s=5%不同处理器数时加速比曲线

加速比能否超线性的，即加速比比处理器数更大的情况。超线性加速比很少出现，但人们确实观测到了超线性加速比的现象。这是由于如今处理器和核配备了至少一级高速缓存，增加系统处理器或核数的同时也增加了高速缓存空间的总量。在并行计算中，不仅参与计算的处理器数量或核数更多，不同处理器或核的高速缓存也集合使用。集合的高速缓存便足以提供计算所需的存储量，并行程序执行时便不必使用速度较慢的内存，因而对存储器读写时间便能大幅降低，这便对实际计算产生了额外的加速效果，使加速值产生质的飞跃。此时，加速比就可能超过了处理器数。

Amdahl 定律没有考虑问题的规模。对于许多问题而言，当它的规模增加时，程序不可并行部分的比例却在减小。

3.10　本章小结

在本章中，我们讨论了并行模式和，以及并行编程语言。首先我们介绍了进程和线程的概念，对通信问题进行了详细讨论。介绍了 BSP 模型、并行程序设计方法，包括并行程序设计基础、共享存储系统并行编程、分布式存储系统并行编程和并行程序设计环境与工具，为后续几章具体讲解 MPI、OpenMp、POSIX、Java 多线程和 Windows 多线程并行程序设计提供基础知识。最后介绍了并行计算机系统性能两个重要指标：加速比和效率，对在无通信开销和有通信开销情况下加速比和效率进行计算，详细讲解了 Amdahl 定律。

习 题

1. 在消息传递系统中，目前最重要和最流行的并行编程工具是什么？

2. 在共享存储器系统中，目前最重要和最流行的并行编程工具是什么？

3. 并行编程风范有哪几种？

4. 叙述 BSP 模型特点。

5. 数据并行语言的主要代表是哪些语言？数据并行编程的特征是什么？

6. 针对并行编程模型回答以下问题：

（1）为什么消息传递模型在分配问题方面不如共享变量模型？

（2）为什么消息传递模型在有关同步、语义和可移植方面优于共享变量模型？

（3）为何隐式模型在通用性方面不如共享变量模型？

7. 叙述 Amdahl 定律主要内容，应用范围及主要结论。

8. 已知一程序可并行代码占比例为80%，将其在有10个处理器的系统中运行，求其加速比？并求其极限加速比？并分析其结构带来的影响。

9. 经测试发现，（1）一个串行程序，94%的执行时间花费在一个可以并行化的函数中。现使其并行化，问该并行程序在10个处理机上执行所能达到的加速比是多少？能达到的最大加速比是多少？（2）一个并行程序，在单个处理机上执行，6%的时间花费在一个I/O函数中，问要达到加速比10，至少需要多少个处理机？

第4章

MPI 并行程序设计

MPI（Message Passing Interface）是目前最重要的消息传递系统中并行编程工具，它具有移植性好、功能强大、效率高等多种优点，而且有多种不同免费、高效、实用的实现版本，几乎所有的并行计算机厂商都提供对它的支持，这是其他的并行编程环境所无法比拟的。MPI是一个库，而不是一门语言。MPI是一种标准或规范的代表，而不特指某一个对它的具体实现。MPI是一种消息传递编程模型，并成为这种编程模型的代表和事实上的标准。MPI的目标是高性能、大规模性和可移植性。虽然MPI是一种基于信息传递的并行编程技术，但是MPI程序经常在共享内存的机器上运行。

4.1 MPI 基本编程

MPI 的目标是编写可移植的高效消息传递程序提供标准的例程库。以一个简单具体的例子输出 Hello World 为切入点给出了 MPI 程序的一个基本框架。

程序4.1 打印" Hello World！"语句的MPI程序

```
1   #include "stdio.h"
2   #include"stdlib.h"
3   #include"mpi.h"
4   int main( int argc, char *argv[] )
5   {
6       MPI_Init( &argc, &argv );
7       printf(" Hello, The World!\n");
8       MPI_Finalize();
9       return 0;
10  }
```

程序 4.1 在 4 个进程上的执行结果如下：

```
Hello, The World!
Hello, The World!
Hello, The World!
Hello , The World!
```

首先要有 MPI 相对于 C/C++实现的头文件 mpi.h。在第 6 行调用了函数 MPI_Init(&argc, &argv)。MPI_Init() 是 MPI 程序的第一个调用，完成 MPI 程序的所有初始化工作。所有的 MPI 程序的第一条可执行语句都是这条语句。启动 MPI 环境，标志并行代码的开始。要求 main 必须带参数运行。否则出错。MPI_Init() 返回一个 int 型错误代码，在大部分情况下，我们忽略这些错误代码。

在 8 行调用了 MPI_Finalize()。MPI_Finalize() 是 MPI 程序的最后一个调用，它结束 MPI 程序的运行，它是 MPI 程序的最后一条可执行语句，否则程序的运行结果是不可预知的。标志并行代码的结束，结束除主进程外其他进程，之后串行代码仍可在主进程上运行。这两个函数的原型如下：

```
int MPI_Init(int *argc, char *argv[]);
int MPI_Finalize(void);
```

我们编写的程序是单程序多数据流（Single Program Multiple Data，SPMD）程序。编写一个单个程序，让不同进程产生不同动作。实现方式是让进程根据它们的进程号运行指定的动作。因此，写 MPI 程序时，需要知道以下两个问题的答案：

（1）任务由多少进程来进行并行计算？

（2）我是哪一个进程？

MPI 提供了下列函数来回答这些问题，用 MPI_Comm_size() 获得进程个数 p，用 MPI_Comm_rank() 获得进程的一个编号，进程编号的值为 0 到 $p-1$ 之间的整数。函数原型如下：

```
int MPI_Comm_size(MPI_Comm comm, int *size);
int MPI_Comm_rank(MPI_Comm comm, int *rank);
```

程序4.2　打印进程数和进程编号的MPI程序

```
1   #include "stdio.h"
2   #include"stdlib.h"
3   #include"mpi.h"
4   int main( int argc, char *argv[] )
5   {
6       int myid, numprocs;
7       MPI_Init( &argc, &argv );
8       MPI_Comm_rank(MPI_COMM_WORLD, &myid);
```

```
9      MPI_Comm_size(MPI_COMM_WORLD, &numprocs);
10     printf("Hello, The World! Process %d of %d \n", myid, numprocs);
11     MPI_Finalize();
12     return 0;
13   }
```

程序4.2在4个进程上的执行结果如下：

```
Hello, The World! Process 3 of 4
Hello, The World! Process 1 of 4
Hello, The World! Process 0 of 4
Hello, The World! Process 2 of 4
```

所有 MPI 的名字都有前缀 MPI_，不管是常量、变量还是过程或函数调用的名字都是。程序员在编写的程序中不准说明以前缀 MPI_ 开始的任何变量和函数，其目的是避免与 MPI 可能的名字混淆。C/C++的 MPI 函数参数说明的方式有三种，分别是 IN、OUT 和 INOUT。它们的含义分别是：

（1）IN 输入调用部分传递给 MPI 的参数，MPI 除了使用该参数外不允许对这一参数做任何修改。

（2）OUT 输出 MPI 返回给调用部分的结果参数，该参数的初始值对 MPI 没有任何意义。

（3）INOUT 输入输出调用部分首先将该参数传递给 MPI，MPI 对这一参数引用修改后将结果返回给外部调用，该参数的初始值和返回结果都有意义。

如果某一个参数在调用前后没有改变，比如某个隐含对象的句柄。但是该句柄指向的对象被修改了这一参数仍然被说明为 OUT 或 INOUT。MPI 的定义在最大范围内避免 INOUT 参数的使用，因为这些使用易于出错，特别是对标量参数。还有一种情况是 MPI 函数的一个参数被一些并行执行的进程用作 IN，而被另一些同时执行的进程用作 OUT。虽然在语义上它不是同一个调用的输入和输出，这样的参数语法上也记为 INOUT。当一个 MPI 参数仅对一些并行执行的进程有意义，而对其他的进程没有意义时不关心该参数。

4.2 点对点通信

在所有消息传递系统中必须保障安全通信空间，将不相干的消息相互分开，在无其他消息干扰的情况下发送和接收消息。在 PVM 中，虚拟机中所有主机上的守护进程维护了系统级上通信的上下文环境。MPI 中没有虚拟机，而采用标签的方法难以使库消息安全地与用户消息区分开来。因此，MPI 中引入了通信组的概念以实现安全通信的要求。

MPI 提供预定义通信组 MPI_COMM_WORLD 作为默认通信组。在 MPI_Init() 函数调用之后，这个默认的通信组定义一个单一的上下文环境，其中包含了用于计算的所有任务的集合。通信组 MPI_COMM_WORLD 在所有进程中有相同的值，并且在任务的生命期不能变更。

4.2.1　阻塞通信

MPI 中发送和接收消息的基本函数是阻塞（Blocking）发送和接收。在阻塞发送下，发送者将会被阻塞，直至其消息已安全地复制到一个匹配的接收缓冲区，或一个临时系统缓冲区。由 MPI 实现决定是否对消息进行缓冲，一旦发送调用返回，发送缓冲区就可以被覆盖，以用于其他用途。MPI 中阻塞发送 MPI_Send() 函数原型如下：

---

int MPI_Send(void* buf, int count, MPI_Datatype datatype, int dest, int tag, MPI_Comm comm);
IN buf 发送缓冲区起始地址
IN count 发送数据个数
IN datatype 发送数据的数据类型
IN dest 目的进程标识
IN tag 消息标签
IN comm 通信组

这个函数将保存在起始地址为 buf 的消息发送至编号为 dest 的接收者。这个消息包含了 count 个元素，每个元素类型为 datatype，消息标签为 tag，发送者和接收者必须是相同通信组 comm 的成员。datatype 数据类型可以是 MPI 的预定义类，也可以是用户自定义的类型。若缓冲区用来保存发出的消息，发送者可以连续操作，不必等待一个匹配接收者被发出。

MPI 中标准的接收函数是阻塞接收 MPI_Recv()。调用 MPI_Recv() 函数后，直至在它的缓冲区中接收到期望的消息后才能返回。MPI_Recv() 函数原型如下：

---

int MPI_Recv(void* buf, int count, MPI_Datatype datatype, int source, int tag, MPI_Comm comm,
MPI_Status *status);
OUT buf 接收缓冲区的起始地址
IN count 最多可接收的数据的个数
IN datatype 接收数据的数据类型
IN source 发送数据的进程标识号
IN tag 消息标签
IN comm 通信组
OUT status 返回状态

接收函数接收一条消息至缓冲区 buf 中，该消息来自匹配的发送者 source，具有匹配的消息标签 tag。状态信息将返回在 status 中。状态字段是非常有用的，特别是当接收

者因不知被接收消息的源或标签而采用通配符时。status 是 MPI 定义的一个数据类型，使用之前需要用户为它分配空间，状态参数通常是一个结构体，在 C/C++实现中由至少三个域组成。这三个域分别是 MPI_SOURCE、MPI_TAG 和 MPI_ERROR，分别用于发送者的编号、接收消息的标签和错误类型。status 还可用于返回实际接收到消息的长度。发送者和接收者必须是相同通信组 comm 的参与者。

程序 4.3 是一个简单的同时包含发送和接收调用的程序。其它进程向进程 0 发送一条消息，该消息是一个字符串 Hello, 进程 0 在接收到该消息后将这一消息打印到屏幕上。

程序 4.3   简单的发送和接收消息 MPI 程序

```
1    #include "stdio.h"
2    #include"stdlib.h"
3    #include "string.h"
4    #include "mpi.h"
5    int main( int argc, char *argv[] )
6    {
7        int i, myid, numprocs;
8        MPI_Status status;
9        char message[100];
10       MPI_Init(&argc, &argv);
11       MPI_Comm_rank(MPI_COMM_WORLD, &myid);
12       MPI_Comm_size(MPI_COMM_WORLD, &numprocs);
13       if (myid != 0)
14       {
15          strcpy(message, "Hello, The World!");
16          MPI_Send(message, strlen(message)+1, MPI_CHAR, 0, 99, MPI_COMM_WORLD);
17       }
18       else
19       {
20          for (i= 1; i< numprocs; i++)
21          {
22             MPI_Recv(message, 100, MPI_CHAR, i, 99, MPI_COMM_WORLD, &status);
23             printf("%s From process %d \n", message, i);
24          }
25       }
26       MPI_Finalize();
27       return 0;
28   }
```

程序 4.3 在 4 个进程上的执行结果如下：

```
Hello, The World! From process 1
Hello, The World! From process 2
Hello, The World! From process 3
```

程序在 11 行 MPI_COMM_WORLD 是一个进程组的集合。所有参与并行计算的进程可以组合为一个或多个通信组。执行 MPI_Init() 后，一个 MPI 程序的所有进程形成一个缺省的组，这个组被写作 MPI_COMM_WORLD，该参数是 MPI 通信操作函数中必不可少的参数，用于限定参加通信的进程的范围。

程序在 16 行若不是 0 进程调用 MPI_Send() 函数，将缓冲区 message 发出，用 strlen (message)+1 指定消息的长度，用 MPI_CHAR 指定消息的数据类型，0 指明发往进程 0，使用的消息标识是 99，通信组是 MPI_COMM_WORLD。发送方和接收方必须在同一个通信组中，由通信组来统一协调和控制消息的发送和接收。

程序在 22 行 0 进程调用 MPI_Recv() 函数执行接收消息的操作。使用 message 作为接收缓冲区，指定接收消息的最大长度为 100，消息的数据类型为 MPI_CHAR 字符型，接收的消息来自其他进程，而接收消息携带的标识必须为 99，通信组也是 MPI_COMM_WORLD，接收完成后的各种状态信息存放在 status 中，接收完成后它直接将接收到的字符串打印在屏幕上。

4.2.2   非阻塞通信

由于通信经常需要较长的时间，在阻塞通信还没有结束的时候，处理机只能等待，这样就浪费了处理机的计算资源。MPI 支持非阻塞通信，即一个任务自动启动发送或接收操作后，继续执行其他工作，然后再来检查操作的完成状态。非阻塞通信实现了计算和通信的重叠，从而提高整个程序执行的效率。非阻塞发送过程如下：

（1）调用 MPI_Isend() 函数，启动一个发送操作；

（2）在通信期间执行其他工作；

（3）调用 MPI_Wait() 和 MPI_Test() 完成通信。

非阻塞发送 MPI_Isend() 函数原型如下：

```
int MPI_Isend(void* buf, int count, MPI_Datatype datatype, int dest, int tag, MPI_Comm comm, MPI_Re-
quest *request);
IN buf 发送缓冲区起始地址
IN count 发送数据个数
IN datatype 发送数据的数据类型
IN dest 目的进程标识
IN tag 消息标签
IN comm 通信组
OUT request 返回的非阻塞通信对象
```

非阻塞接收程如下：

（1）调用 MPI_Irecv() 函数，启动一个接受操作；

（2）在通信期间执行其他工作；

（3）调用 MPI_Wait() 和 MPI_Test() 完成通信。

非阻塞接收 MPI_Irecv() 函数原型如下：

---

int MPI_Irecv(void* buf, int count, MPI_Datatype datatype, int source, int tag, MPI_Comm comm, MPI_Request *request);
OUT buf 接收缓冲区起始地址
IN count 接收数据最大个数
IN datatype 接收数据的数据类型
IN source 源进程标识
IN tag 消息标签
IN comm 通信组
OUT request 非阻塞通信对象

对于阻塞通信只需要一个调用函数即可以完成。但是对于非阻塞通信一般需要两个调用函数，首先是非阻塞通信的启动，但启动并不意味着该通信过程的完成。因此，为了保证通信的完成，还必须调用与该通信相联系的通信完成调用接口，才能真正将非阻塞通信完成。由于非阻塞通信返回后并不意味着通信的完成，MPI 还提供了各种非阻塞通信的完成方法和完成检测方法。MPI 可以一次完成一个非阻塞通信，也可以一次完成所有的非阻塞通信，还可以一次完成任意一个或任意多个非阻塞调用。对于非阻塞通信是否完成的检测也有以上各种形式。

程序 4.4 为阻塞通信的 MPI 程序。

程序 4.4　阻塞通信的 MPI 程序

```
1    #include "stdio.h"
2    #include"stdlib.h"
3    #include "mpi.h"
4    int main( int argc, char *argv[] )
5    {
6        int rank , size ;
7        MPI_Status status ;
8        MPI_Init (& argc , & argv ) ;
9        MPI_Comm_rank ( MPI_COMM_WORLD , &rank ) ;
10       MPI_Comm_size ( MPI_COMM_WORLD , &size ) ;
11       MPI_Request request;
12       if (rank == 0)
13       {
14           int values[size −1];
15           for(int i=0;i<size;i++)
```

```
16        {
17            values[i]=i*i;
18        }
19        for (int i =1; i < size; i++)
20        {
21            printf("process 0 is sending value %d to process %d intended for process %d\n",values[size −1−i],
                 1,size −i);
22            MPI_Isend (& values[size −1−i],1,MPI_INT ,1,0, MPI_COMM_WORLD ,& request);
23        }
24    }
25    else
26    {
27        int my_received_val ;
28        int val_to_transfer ;
29        for (int i = rank; i < size −1; i++)
30        {
31            MPI_Recv (& val_to_transfer ,1,MPI_INT ,rank −1,0, MPI_COMM_WORLD ,& status);
32            printf("process %d received value %d for process %d which it now transfers to process %d\n",
                 rank , val_to_transfer ,size −1−i+rank ,rank +1);
33            MPI_Isend (& val_to_transfer ,1,MPI_INT , rank+1,0, MPI_COMM_WORLD , &request);
34        }
35        MPI_Recv (& my_received_val ,1,MPI_INT ,r ank −1,0, MPI_COMM_WORLD ,& status);
36        printf("process %d received value %d from process %d\n", rank ,my_received_val ,rank −1);
37    }
38    MPI_Finalize();
39    return 0;
40 }
```

4.3 MPI 预定义数据类型

MPI 也有和 C/C++ 语言对应的数据类型如表4.1所示。

表格4.1　MPI 预定义数据类型与 C/C++ 语言数据类型的对应关系

MPI预定义数据类型	相应的C数据类型
MPI_CHAR	signed char
MPI_SHORT	signed short int
MPI_INT	signed int
MPI_LONG	signed long int
MPI_UNSIGNED_CHAR	unsigned char

续表

MPI预定义数据类型	相应的C数据类型
MPI_UNSIGNED_SHORT	unsigned short int
MPI_UNSIGNED	unsigned int
MPI_UNSIGNED_LONG	unsigned long int
MPI_FLOAT	float
MPI_DOUBLE	double
MPI_LONG_DOUBLE	long double
MPI_BYTE	
MPI_PACKED	

MPI_BYTE 和 MPI_PACKED 数据类型没有相应于一个 C/C++ 语言的数据类型。

在MPI消息传递的整个过程中有时候要涉及类型匹配。MPI的消息传递过程可以分为三个阶段：

（1）消息装配：将发送数据从发送缓冲区中取出加上消息信封等形成一个完整的消息。

（2）消息传递：将装配好的消息从发送端传递到接收端。

（3）消息拆卸：从接收到的消息中取出数据送入接收缓冲区。

在这三个阶段都需要类型匹配。在消息装配时发送缓冲区中变量的类型必须和相应的发送操作指定的类型相匹配。在消息传递时发送操作指定的类型必须和相应的接收操作指定的类型相匹配。在消息拆卸时接收缓冲区中变量的类型必须和接收操作指定的类型相匹配。

4.4 通信模式

MPI 共有四种通信模式，分别是标准通信模式（Standard mode）、缓存通信模式（Bufferedmode）、同步通信模式（Synchronous-mode）和就绪通信模式（Ready-mode）。四种通信模式对应于不同的通信需求，MPI 为用户提供功能相近的不同通信方式，为用户编写高效的并行程序提供了可能。非标准的通信模式只有发送操作，而没有相应的接收操作。如表4.2所示。

表 4.2 MPI的通信模式

通信模式	发送	接收
标准通信模式	MPI_Send()	MPI_Recv()
缓存通信模式	MPI_Bsend()	
同步通信模式	MPI_Ssend()	
就绪通信模式	MPI_Rsend()	

4.4.1　标准通信模式

在 MPI 采用标准通信模式时，是否对发送的数据进行缓存是由 MPI 自身决定的，而不是由并行程序员来控制。如果 MPI 决定缓存将要发出的数据，发送操作不管接收操作是否执行，都可以进行，而且发送操作可以正确返回，而不要求接收操作收到发送的数据。由于缓存数据是需要付出代价的，会延长数据通信的时间，而且缓冲区也并不是总可以得到的，MPI 也可以不缓存将要发出的数据。只有当相应的接收调用被执行后，并且发送数据完全到达接收缓冲区后，发送操作才算完成。对于非阻塞通信，发送操作虽然没有完成，但是发送调用可以正确返回，程序可以接下来执行其他的操作。

4.4.2　缓存通信模式

当希望直接对通信缓冲区进行控制时，可采用缓存通信模式。在缓存通信模式下由用户直接对通信缓冲区进行申请使用和释放。因此缓存模式下，对通信缓冲区的合理与正确使用是由程序设计人员自己保证的。MPI_Bsend() 的各个参数的含义和 MPI_Send() 的完全相同，不同之处仅在通信时是使用标准的系统提供的缓冲区还是使用用户自己提供的缓冲区。缓存通信模式不管接收操作是否启动，发送操作都可以执行。但是在发送消息之前必须有缓冲区可用，否则该发送将失败返回。对于非阻塞发送正确退出，并不意味着缓冲区可以被其他的操作任意使用，但阻塞发送返回后其缓冲区是可以重用的。MPI_Bsend() 函数原型如下：

```
int MPI_Bsend(void* buf, int count, MPI_Datatype datatype, int dest, int tag, MPI_Comm comm);
IN buf 发送缓冲区的起始地址
IN count 发送数据的个数
IN datatype 发送数据的数据类型
IN dest 目标进程标识号
IN tag 消息标志
IN comm 通信组
```

采用缓存通信模式时，消息发送能否进行及能否正确返回不依赖于接收进程，完全依赖于是否有足够的通信缓冲区可用。当缓存发送返回后并不意味着该缓冲区可以自由使用，只有当缓冲区中的消息发送出去后，才可以释放该缓冲区。用户可以首先申请缓冲区，然后把它提交给 MPI 作为发送缓存，用于支持发送进程的缓存通信模式。当缓存通信方式发生时，MPI 就可以使用这些缓冲区对消息进行缓存。当不使用这些缓冲区时可以将这些缓冲区释放。MPI_Buffer_attach() 将大小为 size 的缓冲区递交给 MPI，该缓冲区就可以作为缓存发送时的缓存来使用。MPI_Buffer_attach() 函数原型如下：

```
int MPI_Buffer_attach( void* buffer, int size);
IN buffer 初始缓存地址
IN size 以字节为单位的缓冲区大小
```

MPI_Buffer_detach() 将提交的大小为 size 的缓冲区 buffer 收回。MPI_Buffer_detach() 是阻塞调用，一直等到使用该缓存的消息发送完成后才返回。返回后用户可以重新使用该缓冲区，或者将这一缓冲区释放。MPI_Buffer_detach() 函数原型如下：

```
int MPI_Buffer_detach( void** buffer, int* size);
OUT buffer 缓冲区初始地址
OUT size 以字节为单位的缓冲区大小
```

4.4.3 同步通信模式

同步通信模式的开始不依赖于接收进程相应的接收操作是否已经启动，但是同步发送却必须等到相应的接收进程开始后才可以正确返回。因此，同步发送返回后意味着发送缓冲区中的数据已经全部被系统缓冲区缓存，并且已经开始发送。这样当同步发送返回后，发送缓冲区可以被释放或重新使用。MPI_Ssend() 函数原型如下：

```
int MPI_Ssend(void* buf, int count, MPI_Datatype datatype, int dest,int tag, MPI_Comm comm);
IN buf 发送缓冲区的初始地址
IN count 发送数据的个数
IN datatype 发送数据的数据类型
IN dest 目标进程号
IN tag 消息标识
IN comm 通信组
```

4.4.4 就绪通信模式

在就绪通信模式中，只有当接收进程的接收操作已经启动时，才可以在发送进程启动发送操作，否则当发送操作启动而相应的接收还没有启动时，发送操作将出错。对于非阻塞发送操作的正确返回并不意味着发送已完成，但对于阻塞发送的正确返回，则发送缓冲区可以重复使用。MPI_Rsend() 函数原型如下：

```
int MPI_Rsend(void* buf, int count, MPI_Datatype datatype, int dest, int tag, MPI_Comm comm);
IN buf 发送缓冲区的初始地址
IN count 将发送数据的个数
IN datatype 发送数据的数据类型
IN dest 目标进程标识
IN tag 消息标识
IN comm 通信组
```

就绪通信模式的特殊之处就在于它要求接收操作先于发送操作而被启动。因此，在一个正确的程序中，一个就绪发送能被一个标准发送替代它，对程序的语义没有影响，而对程序的性能有影响。

4.5　集合通信

MPI 集合通信和点到点通信的一个重要区别就在于它需要一个特定组内的所有进程同时参加通信，而不是像点到点通信那样只涉及发送方和接收方这两个进程。集合信在各个不同进程的调用形式完全相同，而不像点到点通信那样在形式上就有发送和接收的区别。

集合通信由哪些进程参加，以及组通信的上下文，都是由该组通信调用的通信域限定的。组通信调用可以和点对点通信共用一个通信域，MPI 保证由组通信调用产生的消息不会和点对点调用产生的消息相混淆。

组通信一般实现三个功能：通信、同步和计算。通信功能主要完成组内数据的传输，而同步功能实现组内所有进程在特定的地点在执行进度上取得一致，计算功能要对给定的数据完成一定的操作。

4.5.1　组通信的消息通信功能

对于组通信按通信的方向的不同又可以分为一对多通信、多对一通信和多对多通信三种。一对多通信中一个进程向其他所有的进程发送消息，一般把这样的进程称为根进程。在一对多的组通信中调用的某些参数只对根进程有意义，对其他的进程只是满足语法的要求。广播是最常见的一对多通信的例子。同样对于多对一通信，一个进程从其他所有的进程接收消息，这样的进程也称为根进程，收集是最常见的多对一通信的例子。

多对多通信中每一个进程都向其他所有的进程发送消息，或者每个进程都从其他所有的进程接收消息，或者每个进程都同时向所有其他的进程发送和从其他所有的进程接收消息。一个进程完成了它自身的组通信调用返回后，就可以释放数据缓冲区或使用缓冲区中的数据。但是一个进程组通信的完成，并不表示其他所有进程的组通信都已完成，即组通信并不一定意味着同步的发生，当然同步组通信调用除外。

同步是许多应用中必须提供的功能。组通信还提供专门的调用以完成各个进程之间的同步，从而协调各个进程的进度和步伐。

组通信除了能够完成通信和同步的功能外，还可以进行计算，完成计算的功能。数据根据要求发送到目的进程，目的进程已经接收到了各自所需的数据后，用给定的计算操作对接收到的数据进行处理，是将处理结果放入指定的接收缓冲区。

4.5.2　广　　播

MPI 广播函数 MPI_Bcast() 是一对多组通信的典型例子，它完成从根进程将一条消息广播发送到通信组内的所有其他的进程。在执行该调用时，将根进程通信消息缓冲区中的消息拷贝到其他所有进程中去。数据类型 datatype 可以是预定义数据类型或派生数据类型，其他进程中指定的通信元素个数 count，数据类型 datatype 必须和根进程中的指定的通信元素个数 count 数据类型 datatype 保持一致。即对于广播操作调用不管是广播消息的根进程，还是从根接收消息的其他进程在调用形式上完全一致。MPI_Bcast() 函数原型如下：

```
int MPI_Bcast(void* buffer, int count, MPI_Datatype datatype, int root, MPI_Comm comm);
IN/OUT buffer 通信消息缓冲区的起始地址
IN count 广播出去/或接收的数据个数
IN datatype 广播/接收数据的数据类型
IN root 广播数据的根进程的标识号
IN comm 通信组
```

程序4.5　广播单个数据的 MPI 程序

```
1    #include "stdio.h"
2    #include "stdlib.h"
3    #include "mpi.h"
4    int main(int argc, char *argv[])
5    {
6        int myid, numprocs;
7        int data;
8        MPI_Init(&argc, &argv);
9        MPI_Comm_rank( MPI_COMM_WORLD, &myid );
10       if (myid == 0)
11       {
12           data=100;
13       }
14       MPI_Bcast( &data, 1, MPI_INT, 0, MPI_COMM_WORLD );
15       if(myid!=0)
16       {
17           printf( "Process %d gets %d\n", myid, data);
18       }
19       MPI_Finalize( );
20       return 0;
21   }
```

程序4.5在4个进程上的执行结果如下：

```
Process 2 gets 100
Process 3 gets 100
Process 1 gets 100
```

在语义上，可以认为调用MPI_Bcast()函数是一个"多次发送"的过程，但在语法上，不可以将MPI_Bcast()函数等同为多个MPI_Send()函数。因此，在MPI程序中，就不能用MPI_Recv()与MPI_Bcast相匹配。MPI_Bcast()函数是组操作，在每一个进程中都必须有相应的MPI_Bcast()函数调用。

程序4.6　广播多个数据的 MPI 程序

```
1   #include "stdio.h"
2   #include"stdlib.h"
3   #include "mpi.h"
4   #define N 10
5   int main( int argc, char *argv[] )
6   {
7     int myid, numprocs;
8     int i, data[N];
9     MPI_Init( &argc, &argv );
10    MPI_Comm_rank( MPI_COMM_WORLD, &myid );
11    if (myid == 0)
12    {
13      for(i=0; i<N; i++)
14      {
15        data[i]=i;
16      }
17    }
18    MPI_Bcast( data, N, MPI_INT, 0, MPI_COMM_WORLD );
19    if(myid!=0)
20    {
21      printf( "Process %d gets \n", myid );
22      for(i=0; i<N; i++)
23      {
24        printf( "%d ", data[i]);
25      }
26      printf( "\n");
27    }
28    MPI_Finalize( );
29    return 0;
30  }
```

程序4.6在4个进程上的执行结果如下：

```
Process 1 gets
0 1 2 3 4 5 6 7 8 9
Process 2 gets
0 1 2 3 4 5 6 7 8 9
Process 3 gets
0 1 2 3 4 5 6 7 8 9
```

4.5.3 收 集

MPI 收集函数 MPI_Gather() 是典型的多对一通信的例子。在收集调用中，每个进程包括根进程本身将其发送缓冲区中的消息发送到根进程，根进程根据发送进程的进程标识的序号将它们各自的消息依次存放到自己的消息缓冲区中。与广播调用不同的是广播出去的数据都是相同的，但对于收集操作虽然从各个进程收集到的数据的个数必须相同，但从各个进程收集到的数据一般是互不相同的，其结果就像一个进程组中的 n 个进程包括根进程在内都执行了一个发送调用，同时根进程执行了 n 次接收调用。收集调用每个进程的发送数据个数 sendcount 和发送数据类型 sendtype 都是相同的，都与根进程中接收数据个数 recvcount 和接收数据类型 recvtype 相同。根进程中指定的接收数据个数是指从每一个进程接收到的数据的个数，而不是总的接收个数。此调用中的所有参数对根进程来说都是有意义的，而对于其他进程只有 sendbuf、sendcount、sendtype、root 和 comm 是有意义的，其他的参数虽然没有意义但是却不能省略。root 和 comm 在所有进程中都必须是一致的。MPI_Gather() 函数原型如下：

```
int MPI_Gather(void* sendbuf, int sendcount, MPI_Datatype sendtype, void* recvbuf, int recvcount,
MPI_Datatype recvtype, int root, MPI_Comm comm);
IN sendbuf 发送消息缓冲区的起始地址
IN sendcount 发送消息缓冲区中的数据个数
IN sendtype 发送消息缓冲区中的数据类型
OUT recvbuf 接收消息缓冲区的起始地址
IN recvcount 待接收的元素个数(仅对于根进程有意义)
IN recvtype 接收元素的数据类型(仅对于根进程有意义)
IN root 接收进程的序列号
IN comm 通信组
```

MPI_Gatherv() 和 MPI_Gather() 的功能类似，也完成数据收集的功能。但是它可以从不同的进程接收不同数量的数据。为此接收数据元素的个数 recvcounts 是一个数组，用于指明从不同的进程接收的数据元素的个数。根从每一个进程接收的数据元素的个数可以不同，但是发送和接收的个数必须一致。除此之外，它还为每一个接收消息在接收缓冲区的位置提供了一个位置偏移 displs 数组，用户可以将接收的数据存放到根进程消息缓冲区的任意位置。MPI_Gatherv() 函数原型如下：

---

int MPI_Gatherv(void* sendbuf, int sendcount, MPI_Datatype sendtype, void* recvbuf, int *recvcounts, int
*displs, MPI_Datatype recvtype, int root, MPI_Comm comm);
IN sendbuf 发送消息缓冲区的起始地址
IN sendcount 发送消息缓冲区中的数据个数
IN sendtype 发送消息缓冲区中的数据类型
OUT recvbuf 接收消息缓冲区的起始地址(仅对于根进程有意义)
IN recvcounts 整型数组,其值为从每个进程接收的数据个数
IN displs 整数数组,每个入口表示相对于recvbuf的位移
IN recvtype 接收消息缓冲区中数据类型
IN root 接收进程的标识号

4.5.4 散 发

MPI_Scatter() 是一对多的组通信调用，与广播不同的是根进程向各个进程发送的数据可以是不同的。MPI_Scatter() 和 MPI_Gather() 的效果正好相反，两者互为逆操作。根进程中的发送数据元素个数 sendcount 和发送数据类型 sendtype 必须和所有进程的接收数据元素个数 recvcount 和接收数据类型 recvtype 相同，根进程发送元素个数指的是发送给每一个进程的数据元素的个数，而不是总的数据个数。这就意味着在每个进程和根进程之间发送的数据个数必须和接收的数据个数相等。此调用中的所有参数对根进程来说都是有意义的，而对于其他进程来说只有 recvbuf、recvcount、recvtype、root 和 comm 是有意义的。参数 root 和 comm 在所有进程中都必须是一致的。MPI_Scatter() 函数原型如下：

---

int MPI_Scatter(void* sendbuf, int sendcount, MPI_Datatype sendtype, void* recvbuf, int recvcount,
MPI_Datatype recvtype, int root, MPI_Comm comm);
IN sendbuf 发送消息缓冲区的起始地址
IN sendcount 发送到各个进程的数据个数
IN sendtype 发送消息缓冲区中的数据类型
OUT recvbuf 接收消息缓冲区的起始地址
IN recvcount 待接收的元素个数
IN recvtype 接收元素的数据类型
IN root 发送进程的序列号

4.5.5 组收集

MPI_Gather() 是将数据收集到根进程，而 MPI_Allgather() 相当于每一个进程都作为根进程执行了一次 MPI_Gather() 调用，即每一个进程都收集到了其他所有进程的数据。MPI_Allgather() 和 MPI_Gather() 的参数完全相同，MPI_Gather() 执行结束后只有根进程的接收缓冲区有意义，MPI_Allgather() 调用结束后所有进程的接收缓冲区都有意义，它们接收缓冲区的内容是相同的。MPI_Allgather() 函数原型如下：

---

int MPI_Allgather(void* sendbuf, int sendcount, MPI_Datatype sendtype, void* recvbuf, int recvcount,
MPI_Datatype recvtype, MPI_Comm comm);
IN sendbuf 发送消息缓冲区的起始地址
IN sendcount 发送消息缓冲区中的数据个数
IN sendtype 发送消息缓冲区中的数据类型
OUT recvbuf 接收消息缓冲区的起始地址
IN recvcount 从其他进程中接收的数据个数
IN recvtype 接收消息缓冲区的数据类型
IN comm 通信组

　　MPI_Allgatherv() 调用所有的进程都将接收结果，而不是只有根进程接收结果。从每个进程发送的第 j 块数据将被每个进程接收，然后存放在各个进程接收消息缓冲区 recvbuf 的第 j 块。进程 j 的 sendcount 和 sendtype 的类型必须和其他所有进程的 recvcounts 和 recvtype 相同。MPI_Allgatherv() 函数原型如下：

---

int MPI_Allgatherv(void* sendbuf, int sendcount, MPI_Datatype sendtype, void* recvbuf, int* recvcounts,
int* displs, MPI_Datatype recvtype, MPI_Comm comm);
IN sendbuf 发送消息缓冲区的起始地址
IN sendcount 发送消息缓冲区中的数据个数
IN sendtype 发送消息缓冲区中的数据类型
OUT recvbuf 接收消息缓冲区的起始地址
IN recvcounts 接收数据的个数整型数组
IN displs 接收数据的偏移整型数组
IN recvtype 接收消息缓冲区的数据类型
IN comm 通信组

4.5.6　全互换

　　MPI_Alltoall() 是组内进程之间完全的消息交换，其中每一个进程都向其他所有的进程发送消息，同时每一个进程都从其他所有的进程接收消息。MPI_Allgather() 每个进程散发一个相同的消息给所有的进程，MPI_Alltoall() 散发给不同进程的消息是不同的。因此，它的发送缓冲区也是一个数组。MPI_Alltoall() 的每个进程可以向每个接收者发送数目不同的数据，第 i 个进程发送的第 j 块数据将被第 j 个进程接收，并存放在其接收消息缓冲区 recvbuf 的第 i 块。每个进程的 sendcount 和 sendtype 的类型必须和所有其他进程的 recvcount 和 recvtype 相同。这就意味着在每个进程和根进程之间发送的数据量必须和接收的数据量相等。调用 MPI_Alltoall() 相当于每个进程依次将它的发送缓冲区的第 i 块数据发送给第 i 个进程，同时每个进程又都依次从第 j 个进程接收数据放到各自接收缓冲区的第 j 块数据区的位置。MPI_Alltoall() 函数原型如下：

---

int MPI_Alltoall(void* sendbuf, int sendcount, MPI_Datatype sendtype, void* recvbuf, int recvcount,
MPI_Datatype recvtype, MPI_Comm comm);
IN sendbuf 发送消息缓冲区的起始地址
IN sendcount 发送到每个进程的数据个数
IN sendtype 发送消息缓冲区中的数据类型
OUT recvbuf 接收消息缓冲区的起始地址
IN recvcount 从每个进程中接收的元素个数
IN recvtype 接收消息缓冲区的数据类型
IN comm 通信组

正如 MPI_Allgatherv() 和 MPI_Allgather() 的关系一样，MPI_Alltoallv() 在 MPI_Alltotal() 的基础上进一步增加了灵活性，它可以由 sdispls 指定待发送数据的位置，在接收方则由 rdispls 指定接收的数据存放在缓冲区的偏移量。所有参数对每个进程都是有意义的，并且所有进程中的 comm 值必须一致。MPI_Alltoallv() 函数原型如下：

---

int MPI_Alltoallv(void* sendbuf, int *sendcounts, int *sdispls, MPI_Datatype sendtype, void* recvbuf,
int *recvcounts, int *rdispls, MPI_Datatype recvtype, MPI_Comm comm);
IN sendbuf 发送消息缓冲区的起始地址
IN sendcounts 向每个进程发送的数据个数
IN sdispls 向每个进程发送数据的位移整型数组
IN sendtype 发送数据的数据类型
OUT recvbuf 接收消息缓冲区的起始地址
IN recvcounts 从每个进程中接收的数据个数
IN rdispls 从每个进程接收的数据在接收缓冲区的位移整型数组
IN recvtype 接收数据的数据类型
IN comm 通信组

4.5.7　同　步

MPI_Barrier() 阻塞所有的调用者直到所有的组成员都调用了它，各个进程中这个调用才可以返回。MPI_Barrier() 函数原型如下：

---

int MPI_Barrier(MPI_Comm comm);
IN comm 通信组

4.5.8　归　约

MPI 归约函数 MPI_Reduce() 将组内每个进程输入缓冲区中的数据按给定的操作 op 进行运算，并将其结果返回到序列号为 root 的进程的输出缓冲区中。输入缓冲区由参数 sendbuf、count 和 datatype 定义，输出缓冲区由参数 recvbuf、count 和 datatype 定义，要求两者的元素数目和类型都必须相同。因为所有组成员都用同样的参数 count、datatype、op、root 和 comm 来调用此例程，故而所有进程都提供长度相同元素类型，相同的输入和输出缓冲区。每个进程可能提供一个元素或一系列元素。组合操作依次针对每个元素进行，操作 op 始终被认为是可结合的，并且所有 MPI 定义的操作被认为是可交换的。MPI_Reduce() 函数的原型如下：

---

int MPI_Reduce(void* sendbuf, void* recvbuf, int count, PI_Datatype datatype, MPI_Op op, int root, MPI_Comm comm);
IN sendbuf 发送消息缓冲区的起始地址
OUT recvbuf 接收消息缓冲区的起始地址
IN count 发送消息缓冲区的数据个数
IN datatype 发送消息缓冲区的元素类型
IN op 归约操作符
IN root 根进程标号
IN comm 通信组

MPI 中已经定义好的一些操作，它们是为函数 MPI_Reduce() 和一些其他的相关函数，如 MPI_Allreduce()、MPI_Reduce_scatter() 和 MPI_Scan() 而定义的。这些操作用来设定相应的 op。表4.3 列出了 MPI 预定义的归约操作。

表4.3　MPI预定义的归约操作

名字	含义	允许的数据类型
MPI_MAX	最大值	C/C++整数型
MPI_MIN	最小值	C/C++整数型
MPI_SUM	求和	C/C++整数型
MPI_PROD	求积	C/C++整数型
MPI_LAND	逻辑与	C/C++整数型
MPI_BAND	按位与	C/C++整数型及字节型
MPI_LOR	逻辑或	C/C++整数型
MPI_BOR	按位或	C/C++整数型及字节型
MPI_LXOR	逻辑异或	C/C++整数型
MPI_BXOR	按位异或	C/C++整数型及字节型
MPI_MAXLOC	最大值且相应位置	数据对
MPI_MINLOC	最小值且相应位置	数据对

[例4.1] 利用 $\pi = \int_0^1 4\sqrt{1-x^2}\,dx$ ，使用归约操作，计算 π 的近似值。

求数值积分 $S = \int_a^b f(x)\,dx$ 的常见算法有矩形法、梯形法和抛物线法。

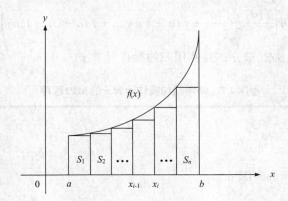

图 4.1　定积分近似计算方法示意图

根据定积分几何意义，如果我们 n 等分区间 $[a, b]$，$S = \int_a^b f(x) = \sum_{i=1}^n S_i$，如图 4.1 所示。

令 $\Delta x_i = h = \dfrac{b-a}{n}$，

则 $x_i = a + ih, i = 1, 2, \ldots, n$

在矩形法中，使用左点法，则

$$S = \int_a^b f(x) \approx \sum_{i=1}^n f(x_{i-1}) \Delta x_i = h \sum_{i=1}^n f(x_{i-1}) = h\big[f(a) + f(a+h) + \ldots + f(a+(n-1)h)\big]$$

在矩形法中，使用右点法，则

$$S = \int_a^b f(x) \approx \sum_{i=1}^n f(x_i) \Delta x_i = h \sum_{i=1}^n f(x_i) = h\big[f(a+h) + f(a+2h) + \ldots + f(b)\big]$$

在矩形法中，使用中点法，则

$$S = \int_a^b f(x) \approx \sum_{i=1}^n f\big(\frac{x_{i-1} + x_i}{2}\big) \Delta x_i = h \sum_{i=1}^n f\big(\frac{x_{i-1} + x_i}{2}\big)$$

$$= h\big[f(a + 0.5h) + f(a + 1.5h) + \ldots + f(a + (n - 0.5)h)\big]$$

如果使用梯形法，则

$$S_i \approx \frac{y_{i-1} + y_i}{2} \Delta x_i$$

$$y_i = f(x_i), i = 1, 2, \ldots, n$$

$$S = \int_a^b f(x)\mathrm{d}x = \sum_{i=1}^n S_i \approx \sum_{i=1}^n \frac{y_{i-1} + y_i}{2} = h \sum_{i=1}^n \frac{y_{i-1} + y_i}{2}$$

$$= h\left(\frac{f(a) + f(x_1)}{2} + \frac{f(x_1) + f(x_2)}{2} + \ldots + \frac{f(x_{n-1}) + f(b)}{2}\right)$$

$$= h\left(\frac{f(a) + f(b)}{2} + f(x_1) + f(x_2) + \ldots + f(x_{n-1})\right)$$

$$= h\left(\frac{f(a)+f(b)}{2} + f(a+h) + ... + f(a+(n-1)h)\right)$$

程序4.7采用中点法求积分，并使用归约操作计算 π。

程序4.7　使用归约操作计算 π 的 MPI 程序

```
1    #include "stdio.h"
2    #include "math.h"
3    #include "mpi.h"
4    int main( int argc, char *argv[] )
5    {
6        long int n, i;
7        double sum, pi, mypi, x, h;
8        int myid, numprocs;
9        MPI_Init( &argc, &argv);
10       MPI_Comm_rank(MPI_COMM_WORLD, &myid);
11       MPI_Comm_size(MPI_COMM_WORLD, &numprocs);
12       n=10000000;
13       h= 1.0/(double) n;
14       sum = 0.0;
15       for (i = myid + 1; i <= n; i += numprocs)
16       {
17           x =(i−0.5)* h;
18           sum = sum + 4.0 * sqrt(1.0 − x*x);
19       }
20       mypi = h*sum;
21       MPI_Reduce(&mypi, &pi, 1, MPI_DOUBLE, MPI_SUM, 0, MPI_COMM_WORLD);
22       if(myid == 0)
23           printf("Approximation of pi:%15.13f\n", pi);
24       MPI_Finalize();
25       return 0;
26   }
```

每一个进程计算一部分矩形的面积。若进程总数 numprocs 为 4，将 0-1 区间划分为 10000000 个矩形，则各个进程计算矩形块分别为：

0 进程：1，5，9，13，...，9999997

1 进程：2，6，10，14，...，9999998

2 进程：3，7，11，15，...，9999999

3 进程：4，8，12，16，...，10000000

在程序21行通过归约操作将其他进程部分和累加得到进程0，执行累加的进程 0 将近似值打印出来。

[例4.2] 蒙特·卡罗方法（Monte Carlo method），也称统计模拟方法，是一种以概率统计理论为指导的一类非常重要的数值计算方法。蒙特·卡罗方法是使用随机数（或更常见的伪随机数）来解决很多计算问题的方法。与它对应的是确定性算法。蒙特·卡罗方法在金融工程学、宏观经济学、计算物理学（如粒子输运计算、量子热力学计算、空气动力学计算）等领域应用广泛。蒙特·卡罗方法估计 π 值的基本思想是利用圆与其外接正方形面积之比为 π/4 的关系，如图4.2所示，通过产生大量均匀分布的二维点，计算落在单位圆和单位正方形的数量之比再乘以4便得到 π 的近似值，如图4.2所示。编写一个采用蒙特·卡罗方法的MPI 程序估计 π 值。

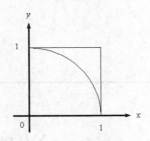

图4.2　蒙特·卡罗方法估计 π 值

程序4.8　使用蒙特·卡罗方法估计 π 的MPI程序

```
1    #include "stdio.h"
2    #include "stdlib.h"
3    #include "time.h"
4    #include "mpi.h"
5    int main(int argc, char *argv[])
6    {
7      long int num_point, mynum_in_cycle, total_num_in_cycle;
8      double pi, x, y, distance_point;
9      int i, myid, numprocs;
10     MPI_Init( &argc, &argv );
11     MPI_Comm_rank(MPI_COMM_WORLD, &myid);
12     MPI_Comm_size(MPI_COMM_WORLD, &numprocs);
13     num_point =100000000;
14     mynum_in_cycle=0;
15     srand(time(NULL));
16     for (i = myid + 1; i <= num_point ; i += numprocs)
17     {
18       x=(double)rand()/(double)RAND_MAX;
```

```
19        y=(double)rand()/(double)RAND_MAX;
20        distance_point =x*x+y*y;
21        if(distance_point <=1.0)
22            mynum_in_cycle +=1;
23        }
24     MPI_Reduce(&mynum_in_cycle, & total_num_in_cycle , 1, MPI_LONG, MPI_SUM, 0,
25        MPI_COMM_WORLD);
26     if(myid == 0)
27     {
28        pi=4*((double)total_num_in_cycle/(double)num_point);
29        printf("The estimate value of pi:%15.13f\n",pi);
30     }
31     MPI_Finalize();
32     return 0;
33  }
```

[例4.3] 利用如下公式：

$$\ln(1+x) = \left[x - \frac{x^2}{2} + \frac{x^3}{3} - \frac{x^4}{4} + ... \right] = \sum_{k=0}^{\infty}(-1)^k \frac{x^{k+1}}{k+1}(-1 < x \leqslant 1) \tag{4.1}$$

编写一个MPI程序计算ln2值。

根据式（4.1）可知，

$$\ln2 = \left[1 - \frac{1}{2} + \frac{1}{3} - \frac{1}{4} + ... \right] = \sum_{k=0}^{\infty} \frac{(-1)^k}{k+1} \tag{4.2}$$

利用式（4.2）计算ln2值串行程序如下：

程序4.9　计算ln2值串行程序

```
1   #include "stdio.h"
2   static long int n = 1000000;
3   int main()
4   {
5      int k;
6      double factor = 1.0;
7      double ln2 = 0.0;
8      for (k=0; k< n; k++)
9      {
10        ln2 += factor/(k+1);
11        factor = -factor;
12     }
```

```
13      printf("Approxmation of ln2:%15.13f\n",ln2);
14      return 0;
15    }
```

现在并行化计算 ln2 值串行程序，将 for 循环分块后交给各个进程处理，并将 ln2 设为全局变量。假设进程数为 numprocs，整个任务数为 n，每个进程的任务为 $l=n/$ numprocs。因此，对于进程 0，循环变量 i 的范围是 $0\sim l-1$。进程 1 循环变量的范围是 $l\sim 2l-1$。更一般化地，对于进程 q，循环变量的范围是 $ql\sim(q+1)l-1$，而且第一项 ql 如果是偶数，符号为正，否则符号为负。

程序 4.10   计算 ln2 值的 MPI 程序

```
1    #include"stdio.h"
2    #include"stdlib.h"
3    #include"mpi.h"
4    int main( int argc, char *argv[] )
5    {
6        long int n, i;
7        double ln2, my_ln2, factor;
8        int myid, numprocs;
9        long int my_n;
10       long int my_first_i;
11       long int my_last_i;
12       MPI_Init(&argc, &argv);
13       MPI_Comm_rank(MPI_COMM_WORLD, &myid);
14       MPI_Comm_size(MPI_COMM_WORLD, &numprocs);
15       n =100000000;
16       my_ln2=0.0;
17       my_n=n/numprocs ;
18       my_first_i=my_n*myid;
19       my_last_i=my_first_i+my_n;
20       if(my_first_i % 2 == 0)
21          factor=1.0;
22       else
23          factor=-1.0;
24       for(i=my_first_i; i<my_last_i; i++, factor=-factor)
25       {
26          my_ln2 += factor/(i+1);
27       }
```

```
28    MPI_Reduce(&my_ln2, &ln2, 1, MPI_DOUBLE, MPI_SUM, 0, MPI_COMM_WORLD);
29    if(myid==0)
30    {
31        printf("Approxmation of ln2:%15.13f\n", ln2);
32    }
33    MPI_Finalize();
34    return 0;
35  }
```

4.5.9 组归约

只要理解了归约操作就可以很容易地掌握组归约操作。组归约 MPI_Allreduce() 相当于组中每一个进程都作为根进程分别进行了一次归约操作，即归约的结果不只是某一个进程拥有，而是所有的进程都拥有。在某种程度上和组收集与收集的关系很相似。MPI_Allreduce() 函数原型如下：

```
int MPI_Allreduce(void* sendbuf, void* recvbuf, int count, MPI_Datatype datatype, MPI_Op op,
MPI_Comm comm);
IN sendbuf 发送消息缓冲区的起始地址
OUT recvbuf 接收消息缓冲区的起始地址
IN recvcounts 接收数据个数整型数组
IN datatype 发送缓冲区中的数据类型
IN op 操作
IN comm 通信组
```

MPI_Reduce_scatter() 操作可以认为是 MPI 对每个归约操作的变形，将归约结果分散到组内的所有进程中去，而不是仅仅归约到根进程。MPI_Reduce_scatter() 函数原型如下：

```
int MPI_Reduce_scatter(void* sendbuf, void* recvbuf, int *recvcounts MPI_Datatype datatype, MPI_Op op,
MPI_Comm comm);
IN sendbuf 发送消息缓冲区的起始地址
OUT recvbuf 接收消息缓冲区的起始地址
IN count 发送消息缓冲区中的数据个数
IN datatype 发送消息缓冲区中的数据类型
IN op 操作
IN comm 通信组
```

4.5.10 扫 描

可以将扫描看作是一种特殊的归约，即每一个进程都对排在它前面的进程进行归约操作。对于每一个进程 P_i，扫描函数 MPI_Scan() 对进程 $P_0, ...,$ 进程 P_i 的发送缓冲区的数据进行指定的归约操作，结果存入进程 i 的接收缓冲区。即扫描操作是每一个进程 P_i 发送缓冲区中的数据与它前面的进程 P_{i-1} 接收缓冲区中的数据进行指定的归约操作后，将结果存入进程 P_i 的接收缓冲区，而进程 P_i 接收缓冲区中的数据用来和进程 P_{i+1} 发送缓冲区中的数据进行归约。进程 P_0 接收缓冲区中的数据就是发送缓冲区的数据。MPI_Scan() 函数原型如下：

---

int MPI_Scan(void* sendbuf, void* recvbuf, int count, MPI_Datatype datatype, MPI_Op
op, MPI_Comm comm);
IN sendbuf 发送消息缓冲区的起始地址
OUT recvbuf 接收消息缓冲区的起始地址
IN count 输入缓冲区中元素的个数
IN datatype 输入缓冲区中元素的类型
IN op 操作
IN comm 通信组

4.5.11　用户自定义归约操作

MPI 的归约调用不仅可以使用 MPI 预定义的归约操作，而且也允许使用用户自己定义的归约操作。MPI_Op_create() 将用户自定义的函数 function 和操作 op 联系起来，这样的操作 op 可以像 MPI 预定义的归约操作一样用于各种 MPI 的归约函数中。MPI_Op_create() 函数原型如下：

---

int MPI_Op_create(MPI_User_function *function,int commute,MPI_Op *op);
IN function 用户自定义的函数
IN commute 可交换则为true，否则为false
OUT op 操作

4.6　对等模式和主从模式

MPI 的两种最基本的并行程序设计模式是对等模式和主从模式，绝大部分 MPI 的程序都是这两种模式之一，或二者的组合。掌握了这两种模式就掌握了 MPI 并行程序设计的基本方法。MPI 程序一般是 SPMD 程序，当然也可以用 MPI 来编写 MPMD 程序，但是所有的 MPMD 程序都可以用 SPMD 程序来表达，二者的表达能力是相同的。对于 MPI 的 SPMD 程序实现对等模式的问题是比较容易理解和接受的，因为各个部分地位相同，功能和代码基本一致，只不过是处理的数据或对象不同，也容易用同样的程序来实现。主从模式的问题是完全可以用 SPMD 程序来高效解决的，即 SPMD 程序有很强的表达能力，SPMD 只是形式上的表现，其内容可以是十分丰富的。

如果每一个进程都要向相邻的进程发送数据，同时从相邻的进程接收数据，MPI提供了捆绑发送和接收操作，可以在一条 MPI 语句中同时实现向其他进程的数据发送和从其他进程接收数据操作。捆绑发送和接收操作把发送一个消息到一个目的地和从另一个进程接收一个消息合并到一个调用中，源和目的可以是相同的捆绑发送接收操作虽然在语义上等同于一个发送操作和一个接收操作的结合，但是它可以有效地避免由于单独书写发送或接收操作时由于次序的错误而造成的死锁。这是因为该操作由通信系统来实现，系统会优化通信次序，从而有效地避免不合理的通信次序，最大限度避免死锁的产生。捆绑发送和接收 MPI_Sendrecv() 函数原型如下：

---

int MPI_Sendrecv(void *sendbuf, int sendcount,MPI_Datatype sendtype, int dest, int sendtag, void *recvbuf, int recvcount, MPI_Datatype recvtype, int source, int recvtag, MPI_Comm comm, MPI_Status *status);
IN sendbuf 发送缓冲区起始地址
IN sendcount 发送数据的个数
IN sendtype 发送数据的数据类型
IN dest 目标进程标识
IN sendtag 发送消息标识
OUT recvbuf 接收缓冲区初始地址
IN recvcount 最大接收数据个数
IN recvtype 接收数据的数据类型
IN source 源进程标识
IN recvtag 接收消息标识
IN comm 通信组
OUT status 返回的状态

捆绑发送接收操作是不对称的，即一个由捆绑发送接收调用发出的消息可以被一个普通接收操作接收，一个捆绑发送接收调用可以接收一个普通发送操作发送的消息。该操作执行一个阻塞的发送和接收，接收和发送使用同一个通信组，但是可能使用不同的标识。发送缓冲区和接收缓冲区必须分开，它们可以是不同的数据长度和不同的数据类型。一个与 MPI_Sendrecv()类似的操作是 MPI_Sendrecv_replace()。MPI_Sendrecv_replace()与 MPI_Sendrecv() 的不同就在于它只有一个缓冲区，该缓冲区同时作为发送缓冲区和接收缓冲区。这一调用的执行结果是发送前缓冲区中的数据被传递给指定的目的进程，该缓冲区被从指定进程接收到的相应类型的数据所取代。MPI_Sendrecv_replace() 函数原型如下：

---

int MPI_Sendrecv_replace(void *buf, int count, MPI_Datatype datatype, int dest, int sendtag, int source,int recvtag, MPI_Comm comm, MPI_Status *status);
INOUT buf 发送和接收缓冲区初始地址
IN count 发送和接收缓冲区中的数据的个数
IN datatype 发送和接收缓冲区中数据的数据类型
IN dest 目标进程标识
IN sendtag 发送消息标识
IN source 源进程标识
IN recvtag 接收消息标识
IN comm 发送进程和接收进程所在的通信组
OUT status 状态目标

4.7 非阻塞通信

4.7.1 非阻塞发送和接收

  非阻塞通信主要用于实现计算与通信的重叠，从而提高整个程序执行的效率。由于通信经常需要较长的时间，在阻塞通信还没有结束的时候，处理机只能等待，这样就浪费了处理机的计算资源。对于非阻塞通信，不必等到通信操作完全完成，便可以返回。该通信操作可以交给特定的通信硬件去完成。在该通信硬件完成该通信操作的同时，处理机可以同时进行计算操作，这样便实现了计算与通信的重叠。通过计算与通信的重叠可以大大提高程序执行的效率。

  由于当非阻塞通信调用返回时一般该通信操作还没有完成，因此，对于非阻塞的发送操作，发送缓冲区必须等到发送完成后才能释放，这样便需要引入新的手段让程序员知道什么时候该消息已成功发送。同样，对于非阻塞的接收操作，该调用返回后并不意味着接收消息已全部到达，必须等到消息到达后才可以引用接收到的消息数据。

  非阻塞通信有四种消息通信模式，分别是非阻塞标准通信模式、非阻塞缓存通信模式、非阻塞同步通信模式和非阻塞接收就绪通信模式。

  MPI_Isend() 的功能是启动一个标准的非阻塞发送操作，调用后立即返回。MPI_Isend() 的调用返回，并不意味着消息已经成功发送，只表示该消息可以被发送。和阻塞发送调用相比它多了一个参数 request，这个参数是用来描述非阻塞通信状况的对象。通过对这一对象的查询就可以知道与之相应的非阻塞发送是否完成。MPI_Isend() 函数原型如下：

---

int MPI_Isend(void* buf, int count, MPI_Datatype datatype, int dest, int tag, MPI_Comm comm, MPI_Request *request);
IN buf 发送缓冲区的起始地址
IN count 发送数据的个数
IN datatype 发送数据的数据类型
IN dest 目的进程号
IN tag 消息标志
IN comm 通信域
OUT request 返回的非阻塞通信对象

  MPI_Irecv() 的功能是启动一个标准的非阻塞接收操作，调用后立即返回。MPI_Irecv() 调用的返回并不意味着已经接收到了相应的消息，只表示符合要求的消息可以被接收。和阻塞接收调用相比多了一个参数 request，这一参数的功能用来描述非阻塞接收的完成状况，通过对这一对象的查询就可以知道与之相应的非阻塞接收是否完成。MPI_Irecv() 函数原型如下：

---

int MPI_Irecv(void* buf, int count, MPI_Datatype datatype, int source, int tag, MPI_Comm comm, MPI_Request *request);
OUT buf 接收缓冲区的起始地址
IN count 接收数据的最大个数
IN datatype 每个数据的数据类型
IN source 源进程标识
IN tag 消息标志
IN comm 通信域
OUT request 非阻塞通信对象

MPI_Issend() 开始一个同步模式的非阻塞发送，返回只是意味着相应的接收操作已经启动，并不表示消息发送的完成。MPI_Issend() 函数原型如下：

---

int MPI_Issend(void* buf, int count, MPI_Datatype datatype, int dest, int tag, MPI_Comm comm, MPI_Request *request);
IN buf 发送缓冲区的起始地址
IN count 发送数据的个数
IN datatype 发送数据的数据类型
IN dest 目的进程标识
IN tag 消息标志
IN comm 通信组
OUT request 非阻塞通信完成对象

MPI_Ibsend() 开始一个缓存模式的非阻塞发送，与阻塞发送一样也需要程序员主动为该发送操作提供发送缓冲区。MPI_Ibsend() 函数原型如下：

---

int MPI_Ibsend(void* buf, int count, MPI_Datatype datatype, int dest, int tag, MPI_Comm comm, MPI_Request *request);
IN buf 发送缓冲区的起始地址
IN count 发送数据的个数
IN datatype 每个数据的数据类型
IN dest 目的进程标识
IN tag 消息标志
IN comm 通信组
OUT request 非阻塞通信完成对象

MPI_Irsend() 开始一个接收就绪通信模式，非阻塞发送与阻塞通信一样，也要求当这一调用启动之前相应的接收操作必须已经启动，否则会出错。MPI_Irsend() 函数原型如下：

int MPI_Irsend(void* buf, int count, MPI_Datatype datatype, int dest, int tag, MPI_Comm comm, MPI_Request *request);
IN buf 发送缓冲区的起始地址
IN count 发送数据的个数
IN datatype 发送数据的数据类型
IN dest 目的进程标识
IN tag 消息标志
IN comm 通信组
OUT request 非阻塞通信对象

4.7.2　非阻塞通信的完成

由于非阻塞通信通信调用的返回并不意味着通信的完成，因此需要专门的通信语句来完成或检查该非阻塞通信。不管非阻塞通信是什么样的形式，对于完成调用是不加区分的。当非阻塞完成调用结束后，就可以保证该非阻塞通信已经正确完成了。

MPI 提供两个调用 MPI_Wait() 和 MPI_Test() 用于这一目的。MPI_Wait() 以非阻塞通信对象为参数，一直等到与该非阻塞通信对象相应的非阻塞通信完成后才返回，同时释放该阻塞通信对象。因此，程序员就不需要再显式释放该对象。与该非阻塞通信完成有关的信息放在返回的状态参数 status 中。MPI_Wait() 函数原型如下：

int MPI_Wait(MPI_Request *request, MPI_Status *status);
INOUT request 非阻塞通信对象
OUT status 返回的状态

与 MPI_Wait() 类似，MPI_Test() 也以非阻塞通信对象为参数。但是返回不一定等到与非阻塞通信对象相联系的非阻塞通信的结束。若在调用 MPI_Test() 时该非阻塞通信已经结束，则它和 MPI_Wait() 的效果完全相同，完成标志 flag 为 true。若在调用 MPI_Test() 时该非阻塞通信还没有完成，则它和 MPI_Wait() 不同，不必等待该非阻塞通信的完成，可以直接返回，但是完成标志 flag 为 false，同时也不释放相应的非阻塞通信对象。MPI_Test() 函数原型如下：

int MPI_Test(MPI_Request*request, int *flag, MPI_Status *status);
INOUT request 非阻塞通信对象
OUT flag 操作是否完成标志
OUT status 返回的状态

除了一次完成一个非阻塞通信的调用外，MPI 还提供其他的调用，可以一次完成多个已经启动的非阻塞通信调用。与一次完成一个非阻塞通信的 MPI_Wait() 相对应，MPI_Waitany() 用于等待非阻塞通信对象表中任何一个非阻塞通信对象的完成，释放已完成的非阻塞通信对象然后返回。MPI_Waitany() 函数原型如下：

---

int MPI_Waitany(int count, MPI_Request *array_of_requests, int *index, MPI_Status *status);
IN count 非阻塞通信对象的个数
INOUT array_of_requests 非阻塞通信完成对象数组
OUT index 完成对象对应的句柄索引
OUT status 返回的状态

　　MPI_Waitall() 必须等到非阻塞通信对象表中所有的非阻塞通信对象相应的非阻塞操作都完成后才返回。MPI_Waitall() 函数原型如下:

---

int MPI_Waitall(int count, MPI_Request *array_of_requests,MPI_Status *array_of_statuses)
IN count 非阻塞通信对象的个数
INOUT array_of_requests 非阻塞通信完成对象数组
OUT array_of_statuses 状态数组

　　MPI_Waitsome() 只要有一个或多个非阻塞通信完成,则该调用就返回。完成非阻塞通信的对象的个数记录在 outcount 中, 相应的对象在 array_of_requests 中的下标记录在下标数组 array_of_indices 中, 完成对象的状态记录在状态数组 array_of_statuses 中。MPI_Waitsome() 函数原型如下:

---

int MPI_Waitsome(int incount,MPI_Request *array_of_request, int *outcount, int *array_of_indices,
MPI_Status *array_of_statuses)
IN incount 非阻塞通信对象的个数
INOUT array_of_requests 非阻塞通信对象数组
OUT outcount 已完成对象的数目
OUT array_of_indices 已完成对象的下标数组
OUT array_of_statuses 已完成对象的状态数组

　　MPI_Testany() 用于测试非阻塞通信对象表中是否有任何一个对象已经完成,若有对象完成(若有多个非阻塞通信对象完成则从中任取一个)则令 flag 为 true, 释放该对象后返回,若没有任何一个非阻塞通信对象完成,则令 flag 为 false 返回。MPI_ Testany() 函数原型如下:

---

int MPI_Testany(int count, MPI_Request *array_of_requests, int *index, int *flag, MPI_Status *status)
IN count 非阻塞通信对象的个数
INOUT array_of_requests 非阻塞通信对象数组
OUT index 非阻塞通信对象的索引
OUT flag 是否有对象完成
OUT status 状态

　　MPI_Testall() 只有当所有的非阻塞通信对象都完成时才使得 flag 为 true 返回,并且释放所有的查询对象。只要有一个非阻塞通信对象没有完成,则令 flag 为 false 立即返回。MPI_Testall()函数原型如下:

```
int MPI_Testall(int count, MPI_Request *array_of_requests, int *flag, MPI_Status *array_of_statuses);
IN count 非阻塞通信对象的个数
INOUT array_of_requests 非阻塞通信对象数组
OUT flag 所有非阻塞通信对象是否都完成
OUT array_of_statuses 状态数组
```

　　MPI_ Testsome() 和 MPI_ Waitsome() 类似，只不过它可以立即返回。有几个非阻塞通信已经完成，则 outcount 就等于几，而且完成对象在 array_of_requests 中的下标依次记录在完成对象下标数组 array_of_indices 中，完成状态记录在相应的状态数组 array_of_statuses 中。若没有非阻塞通信完成则返回值 outcount 为 0。MPI_ Testsome() 函数原型如下：

```
int MPI_Testsome(int incount, MPI_Request *array_of_request, int *outcount, int *array_of_indices,
MPI_Status *array_of_statuses);
IN incount 非阻塞通信对象的个数
INOUT array_of_requests 非阻塞通信对象数组
OUT outcount 已完成对象的数目
OUT array_of_indices 已完成对象的下标数组
OUT array_of_statuses 已完成对象的状态数组
```

4.7.3　非阻塞通信对象

　　由于非阻塞通信在该调用返回后并不保证通信的完成，因此，需要提供一些手段来查询通信的状态。MPI 调用通过提供给程序员一个非阻塞通信对象，程序员可以通过对这一对象的查询得到非阻塞通信的相关信息。所有的非阻塞发送或接收通信都会返回一个非阻塞通信对象，使用非阻塞通信对象可以识别各种通信操作，并判断相应的非阻塞操作是否完成。非阻塞通信对象是 MPI 内部的对象，通过一个句柄存取使用非阻塞通信对象，可以识别非阻塞通信操作的各种特性，例如发送模式和它联结的通信缓冲区。通信上下文用于发送的标识和目的参数，或用于接收的标识和源参数。此外，非阻塞通信对象还存储关于这个挂起通信操作状态的信息。

　　MPI_Cancel() 调用允许取消已调用的非阻塞通信，用取消命令来释放发送或接收操作所占用的资源。该调用立即返回，取消调用并不意味着相应的通信一定会被取消。若取消操作调用时相应的非阻塞通信已经开始，则它会正常完成，不受取消操作的影响。若取消操作调用时相应的非阻塞通信还没有开始，则可以释放通信占用的资源，取消该非阻塞通信。对于非阻塞通信即使调用了取消操作，也必须调用非阻塞通信的完成操作，或查询对象的释放操作来释放查询对象。MPI_Cancel() 函数原型如下：

```
int MPI_Cancel(MPI_Request *request);
IN request 非阻塞通信对象
```

　　一个通信操作是否被取消可以通过调用测试函数 MPI_Test_cancelled() 来检查。如果 MPI_Test_cancelled() 返回结果 flag 等于 true，则表明该通信已经被成功取消，否则说明该通信还没有被取消。MPI_Test_cancelled() 函数原型如下：

```
int MPI_Test_cancelled(MPI_Status status, int *flag);
IN status 状态
OUT flag 是否取消标志
```

当程序员能够确认一个非阻塞通信操作完成时，可以直接调用非阻塞通信对象释放语句 MPI_Request_free() 将该对象所占用的资源释放，而不是通过调用非阻塞通信完成操作来间接地释放。一旦执行了释放操作，非阻塞通信对象就无法再通过其他任何的调用访问。但是如果与该非阻塞通信对象相联系的通信还没有完成，则该对象的资源并不会立即释放，将等到该非阻塞通信结束后再释放。因此非阻塞通信对象的释放并不影响该非阻塞通信的完成。MPI_Request_free() 函数原型如下：

```
int MPI_Request_free(MPI_Request * request);
INOUT request 非阻塞通信对象
```

4.7.4 消息到达的检查

MPI 提供 MPI_Probe() 和 MPI_Iprobe() 调用，允许程序员在不实际执行接收操作的情况下检查给定的消息是否到达，程序员可以根据返回的信息决定如何接收该消息，根据被检查消息的长度分配缓冲区大小。当非阻塞的消息到达检查函数 MPI_Iprobe() 被调用时，如果存在一个消息可被接收，并且该消息的消息信封和 MPI_Iprobe() 的消息信封 <source, tag, comm> 相匹配，则该调用返回 flag 等于 true。若没有消息到达，或到达的消息的消息信封和 MPI_Iprobe 的消息信封不匹配，则 MPI_Iprobe() 调用立即返回，返回结果 flag 为 false，并且不对 status 定义。如果 MPI_Iprobe() 返回结果 flag 等于 true，则可以从返回的状态 status 中获取 source、tag 和检查消息的长度，然后就可以使用相匹配的接收语句接收该消息。MPI_Iprobe() 函数原型如下：

```
int MPI_Iprobe(int source,int tag,MPI_Comm comm,int *flag, MPI_Status *status);
IN source 源进程标识或任意进程标识 MPI_ANY_SOURCE
IN tag 特定 tag 值或任意 tag 值 MPI_ANY_TAG
IN comm 通信组
OUT flag 是否有消息到达标志
OUT status 返回的状态
```

MPI_Probe() 和 MPI_Iprobe() 相似，只不过它是一个阻塞调用只有找到一个匹配的消息到达之后它才会返回。MPI_Probe() 函数原型如下：

```
int MPI_Probe(int source,int tag,MPI_Comm comm,MPI_Status *status);
IN source 源进程标识或任意进程标识 MPI_ANY_SOURCE
IN tag 特定 tag 值或任意 tag 值 MPI_ANY_TAG 整型
IN comm 通信组
OUT status 返回的状态
```

对于非阻塞通信和阻塞通信一样也有有序接收的语义约束，两者的含义是类似的。进程 A 向进程 B 发送的消息，只能被进程 B 第一个匹配的接收语句接收。下面的接收语句即使匹配也不能超前接收消息。

阻塞通信还是非阻塞通信都保持顺序接收的语义约束，即根据程序的书写顺序先发送的消息一定被先匹配的接收调用接收。若在实际运行过程中后，发送的消息先到达它也只能等待。

非阻塞通信操作可以和相应的阻塞通信操作相配。例如，进程可以用非阻塞通信发送消息，此消息可以由其他进程用阻塞通信接收操作接收。使用非阻塞通信操作可以消除阻塞通信操作相关的死锁。例如下面代码是不安全的。

```
1   int a[10], b[10], my rank;
2   MPI_Status status;
3   …
4   MPI_Comm_rank(MPI_COMM_World, &myrank);
5   if(myid ==0)
6   {
7     MPI_Send(a, 10, MPI_INT, 1, 1, MPI_COMM_WORLD);
8     MPI_Send(b, 10, MPI_INT, 1, 2, MPI_COMM_WORLD);
9   }
10  else if(myid == 1)
11  {
12    MPI_Recv(b, 10, MPI_INT, 0, 2, MPI_COMM_WORLD,&status);
13    MPI_Recv(a, 10, MPI_INT, 0, 1, MPI_COMM_WORLD,&status);
14  }
```

然而，如果将发送和接收操作中的任一个用它们对应的非阻塞通信操作代替，代码就将是安全的。例如下面代码是安全的。

```
1   int a[10], b[10], my rank;
2   MPI_Status status;
3   MPI_Request requests[2];
4   …
5   MPI_Comm_rank(MPI_COMM_World, &myrank);
```

```
6    if(myid ==0)
7    {
8        MPI_Send(a, 10, MPI_INT, 1, 1, MPI_COMM_WORLD);
9        MPI_Send(b, 10, MPI_INT, 1, 2, MPI_COMM_WORLD);
10   }
11   else if(myid == 1)
12   {
13       MPI_Irecv(b, 10, MPI_INT, 0, 2, MPI_COMM_WORLD,&requests[0]);
14       MPI_Irecv(a, 10, MPI_INT, 0, 1, MPI_COMM_WORLD,& requests[1]);
15   }
```

由任意进程启动的非阻塞通信操作，可以按相应消息传送或接收所确定的任意顺序完成。

程序 4.11 阻塞通信中检查状态的 MPI 程序，在当数据传输已完成，检查状态指示进程是否可以继续安全地读/写数据。使用 MPI_Wait(&request, &status) 等待传输完成，并指示传输是否成功。

程序4.11　阻塞通信中检查状态的 MPI 程序

```
1    #include "stdio.h"
2    #include"stdlib.h"
3    #include "mpi.h"
4    int main( int argc, char *argv[] )
5    {
6        int myid , numprocs;
7        int tag, source ,destination ,count;
8        int buffer;
9        MPI_Status status;
10       MPI_Request request;
11       MPI_Init (&argc, & argv);
12       MPI_Comm_size(MPI_COMM_WORLD ,& numprocs);
13       MPI_Comm_rank(MPI_COMM_WORLD ,&myid);
14       tag =2312;
15       source =0;
16       destination =1;
17       count =1;
18       request=MPI_REQUEST_NULL;
19       if(myid == source)
20       {
```

```
21        buffer =2015;
22        MPI_Isend (&buffer ,count ,MPI_INT ,destination , tag ,MPI_COMM_WORLD ,& request);
23      }
24    if(myid == destination)
25      {
26        MPI_Irecv (&buffer ,count ,MPI_INT ,source ,tag , MPI_COMM_WORLD ,& request);
27      }
28    MPI_Wait (&request ,& status);
29    if(myid == source)
30      {
31        printf("processor %d sent %d\n",myid ,buffer);
32      }
33    if(myid == destination)
34      {
35        printf("processor %d received %d\n",myid , buffer);
36      }
37    MPI_Finalize();
38    return 0;
39  }
```

4.8　重复非阻塞通信

如果一个通信会被重复执行，比如循环结构内的通信调用，MPI 提供了特殊的实现方式，对这样的通信进行优化，以降低不必要的通信开销。将通信参数和 MPI 的内部对象建立固定的联系，然后通过该对象完成重复通信的任务，这样的通信方式在 MPI 中都是非阻塞通信。

重复非阻塞通信需要如下步骤：

（1）通信的初始化，比如 MPI_ Send_init()。

（2）启动通信，MPI_Start()。

（3）完成通信，MPI_Wait()。

（4）释放查询对象，MPI_Request_free()。

重复通信时通信的初始化操作并没有启动消息，通信消息真正开始通信是由 MPI_Start() 触发的消息的。完成操作并不释放相应的非阻塞通信对象，只是将其状态置为非活动状态。当不需要再进行通信时，必须通过显式的语句 MPI_Request_free() 将非阻塞通信对象释放掉。

根据通信模式的不同，重复非阻塞通信也有四种不同的形式：标准模式、同步模式、缓存模式和就绪模式。

MPI_Send_init() 创建一个标准模式重复非阻塞发送对象，该对象和相应的发送操作的所有参数捆绑到一起。MPI_Send_init() 函数原型如下：

```
int MPI_Send_init(void* buf, int count, MPI_Data type, int dest, int tag, MPI_Comm comm, MPI_Request *request);
IN buf 发送缓冲区起始地址
IN count 发送数据个数
IN datatype 发送数据的数据类型
IN dest 目标进程标识
IN tag 消息标识
IN comm 通信组
OUT request 非阻塞通信对象
```

MPI_Bsend_init() 创建一个缓冲模式重复非阻塞发送对象，该对象和相应的发送操作的所有参数捆绑到一起。MPI_Bsend_init() 函数原型如下：

```
int MPI_Bsend_init(void* buf,int count,MPI_Datatype datatype,int dest, int tag, MPI_Comm comm, MPI_Request *request);
IN buf 发送缓冲区初始地址
IN count 发送数据个数
IN datatype 发送数据的数据类型
IN dest 目标进程标识
IN tag 消息标识
IN comm 通信组
OUT request 非阻塞通信完成
```

MPI_Ssend_init() 创建一个同步模式非阻塞重复发送对象，该对象和相应的发送操作的所有参数捆绑到一起。MPI_Ssend_init() 函数原型如下：

```
int MPI_Ssend_init(void* buf,int count,MPI_Datatype datatype,int dest, int tag, MPI_Comm comm,MPI_Request *request);
IN buf 发送缓冲区初始地址
IN count 发送数据的个数
IN datatype 发送数据的数据类型
IN dest 目标进程标识
IN tag 消息标识
IN comm 通信域
OUT request 非阻塞通信对象)
```

MPI_Rsend_init() 创建一个接收就绪模式非阻塞重复发送对象，该对象和相应的发送操作的所有参数捆绑到一起。MPI_Rsend_init() 函数原型如下：

```
int MPI_Rsend_init(void* buf, int count, MPI_Datatype datatype,int dest, int tag, MPI_Comm comm,
MPI_Request *request);
IN buf 发送缓冲区初始地址
IN count 发送数据的个数
IN datatype 发送数据的数据类型
IN dest 目标进程标识
IN tag 消息标识
IN comm 通信域
OUT request 非阻塞通信对象
```

　　MPI_Recv_init() 创建一个标准模式非阻塞重复接收对象，该对象和相应的接收操作的所有参数捆绑到一起。参数 buf 标为 OUT 是因为用户通过传递该参数给 MPI_Recv_init() 给予接收缓冲区写权限。MPI_Recv_init() 函数原型如下：

```
int MPI_Recv_init(void* buf,int count,MPI_Datatype datatype, int source, int tag, MPI_Comm comm,
MPI_Request *request);
OUT buf 接收缓冲区初始地址
IN count 接收数据的最大个数
IN datatype 接收数据的数据类型
IN source 发送进程的标识或任意进程MPI_ANY_SOURCE
IN tag 消息标识或任意标识MPI_ANY_TAG
IN comm 通信域
OUT request 非阻塞通信对象
```

　　一个重复非阻塞通信在创建后处于非活动状态，没有活动的通信附在该对象中。一个使用重复非阻塞通信的对象（发送或接收）使用 MPI_Start() 将其激活。MPI_Start() 函数原型如下：

```
int MPI_Start(MPI_Request *request);
INOUT request 非阻塞通信对象
```

　　一个 MPI_Startall() 调用等价于对 array_of_request 表中的每一个非阻塞重复通信对象用 MPI_Start() 调用。一个由 MPI_Start() 或 MPI_Startall() 调用开始的通信，如同非阻塞通信一样由 MPI_Wait() 或 MPI_Test() 调用来完成。这些调用的成功完成将使非阻塞通信对象处于非激活状态，但是该对象并未被释放，可以被 MPI_Start() 或 MPI_Startall()重新激活。一个重复非阻塞通信对象可以用 MPI_Request_free() 来释放。MPI_Request_free() 可以在重复非阻塞通信被创建以后的任何地方被调用。可是，只有当该对象成为非活动状态时才可以被取消。一个用 MPI_Start() 初始化的发送操作可以被任何接收操作匹配。类似地，一个用 MPI_Start() 初始化的接收操作可以接收任何发送操作产生的消息。MPI_Startall() 函数原型如下：

```
int MPI_Startall(int count, MPI_Request *array_of_requests);
IN count 开始非阻塞通信对象的个数
IN array_of_requests 非阻塞通信对象数组
```

4.9　进程组的管理

MPI 中对进程组维护这些操作执行不要求进程间通信。MPI_Group_size() 返回指定进程组中所包含的进程的个数。MPI_Group_size() 函数原型如下：

```
int MPI_Group_size(MPI_Group group, int *size);
IN group 进程组
OUT size 组内进程数
```

MPI_Group_rank() 返回调用进程在给定进程组中的编号 rank，类似于 MPI_Comm_rank()。若调用进程不在给定的进程组内，则返回 MPI_UNDEFINEDMPI。MPI_Group_rank() 函数原型如下：

```
int MPI_Group_rank(MPI_Group group, int *rank);
IN group 进程组
OUT rank 调用进程的序列号
```

MPI_Group_translate_ranks() 返回进程组 group1 中的 n 个进程由 rank1 指定在进程组 group2 中对应的编号，相应的编号放在 rank2 中。若进程组 group2 中不包含进程组 group1 中指定的进程，则相应的返回值为 MPI_UNDEFINED。此函数可以检测两个不同进程组中相同进程的相对编号。MPI_Group_translate_ranks() 函数原型如下：

```
int MPI_Group_translate_ranks(MPI_Group group1, int n, int *ranks1, MPI_Group group2, int *ranks2);
IN group1 进程组 1
IN n 数组 rank1 和 rank2 的大小
IN ranks1 进程标识数组整数数组在进程组 group1 中的标识
IN group2 进程组 2
OUT ranks2 ranks1 在进程组 group2 中对应的标识数组整型数组
```

MPI_Group_compare() 对两个进程组 group1 和 group2 进行比较，如果两个进程组 group1 和 group2 所包含的进程，以及相同进程的编号都完全相同，则返回 MPI_IDENT。如果两个进程组 group1 和 group2 所包含的进程完全相同，但是相同进程的编号在两个组中并不相同，则返回 MPI_SIMILAR，否则返回 MPI_UNEQUAL。MPI_Group_compare() 函数原型如下：

```
int MPI_Group_compare(MPI_Group group1, MPI_Group group2, int *result)
IN group1 进程组 1
IN group2 进程组 2
OUT result 比较结果
```

　　MPI_Comm_group() 返回指定的通信组所包含的进程组。MPI_Comm_group() 函数原型如下：

```
int MPI_Comm_group(MPI_Comm comm, MPI_Group * group)
IN comm 通信组
OUT group 和 comm 对应的进程组
```

　　MPI_Group_union() 返回的新进程组 newgroup 是第一个进程组 group1 中的所有进程加上进程组 group2 中不在进程组 group1 中出现的进程，该并集中的元素次序是第一组中的元素次序后跟第二组中出现的元素。MPI_Group_union() 函数原型如下：

```
int MPI_Group_union(MPI_Group group1, MPI_Group group2, MPI_Group *newgroup);
IN group1 进程组句柄
IN group2 进程组句柄
OUT newgroup 求并后得到的进程组
```

　　MPI_Group_intersection() 返回的新进程组 newgroup，同时在进程组 group1 和进程组 group2 中出现的进程该交集中的元素。MPI_Group_intersection() 函数原型如下：

```
int MPI_Group_intersection(MPI_Group group1, MPI_Group group2, MPI_Group *newgroup);
IN group1 进程组 1
IN group2 进程组 2
OUT newgroup 求交后得到的进程组
```

　　MPI_Group_difference() 返回的新进程组 newgroup 是在第一个进程组 group1 中出现，但是又不在第二个进程组 group2 中出现的进程。MPI_Group_difference() 函数原型如下：

```
int MPI_Group_difference(MPI_Group group1, MPI_Group group2, MPI_Group *newgroup);
IN group1 进程组 1
IN group2 进程组 2
OUT newgroup 求差后得到的进程组
```

　　MPI_Group_incl() 将已有进程组中的 n 个进程 rank[0] ... rank[n−1] 形成一个新的进程组 newgroup。如果 n 等于 0，则 newgroup 是 MPI_GROUP_EMPTY。此函数可用于对一个组中的元素进行重排序。MPI_Group_incl() 函数原型如下：

```
int MPI_Group_incl(MPI_Group group, int n, int *ranks, MPI_Group *newgroup);
IN group 进程组
IN n ranks数组的大小
IN ranks 进程标识数组
OUT newgroup 新的进程组
```

  Group_excl() 将已有进程组 group 中的 n 个进程 ranks[0],...,ranks[n-1] 删除后形成新的进程组 newgroup，ranks 中 n 个元素中的每一个必须是 group 中的有效序列号，且所有的元素都必须是不同的。如果 n 等于 0, 则 newgroup 与 group 相同。Group_excl()函数原型如下：

```
int MPI_Group_excl(MPI_Group group, int n , int *ranks, MPI_Group *newgroup);
IN group 进程组
IN n 数组ranks的大小
IN ranks 不出现在newgroup中的进程标识数组
OUT newgroup 新进程组
```

  MPI_Group_range_incl() 将已有进程组 group 中的 n 组由 ranges 指定的进程形成一个新的进程组 newgroup。MPI_Group_range_incl() 函数原型如下：

```
int MPI_Group_range_incl(MPI_Group group, int n, int ranges[][3],MPI_Group*newgroup);
IN group 进程组
IN n 数组ranges的大小
IN ranges 三元组整数数组
OUT newgroup 新的进程组
```

  MPI_Group_range_excl() 从已有进程组 group 中除去 n 个三元组rangs所指定的进程后形成新的进程组 newgroup。MPI_Group_range_excl() 函数原型如下：

```
int MPI_Group_range_excl(MPI_Group group,int n, int ranges[][3], MPI_Group *newgroup);
IN group 进程组
IN n 数组ranges的大小
IN ranges 三元组整数数组
OUT newgroup 新的进程组
```

  MPI_Group_free() 释放一个已有的进程组，然后置句柄 group 为 MPI_GROUP_NULL，任何正在使用此组的操作将正常完成。MPI_Group_free() 函数原型如下：

```
int MPI_Group_free(MPI_Group *group);
IN/OUT group 进程组
```

4.10　通信组的管理

对通信组的访问不要求进程间通信。创建通信组的操作有时求进程间通信。MPI_Comm_size() 返回给定的通信域中包含的进程的个数。MPI_Comm_size() 函数原型如下：

```
int MPI_Comm_size(MPI_Comm comm, int *size);
IN comm 通信组
OUT size comm 组内的进程数
```

MPI_Comm_rank() 返回调用进程在给定的通信域中的编号 rank。MPI_Comm_rank() 函数原型如下：

```
int MPI_Comm_rank(MPI_Comm comm, int *rank);
IN comm 通信组
OUT rank 调用进程的标识号
```

MPI_Comm_compare() 对两个给定的通信域进行比较，当 comm1 和 comm2 是同一对象的句柄时，结果为 MPI_IDENT。如果仅仅是各进程组的成员和序列编号都相同，则结果为 MPI_CONGRUENT。如果两个通信域的组成员相同但序列编号不同则结果是 MPI_SIMILAR，否则结果是 MPI_UNEQUAL。

MPI 通信组的预定义通信组 MPI_COMM_WORLD 是在 MPI 的外部被定义的。MPI_Comm_compare() 函数原型如下：

```
int MPI_Comm_compare(MPI_Comm comm1, MPI_Comm comm2, int *result);
IN comm1 第一个通信组
IN comm2 第二个通信组
OUT result 比较结果
```

MPI_Comm_dup() 对已有的通信组 comm 进行复制，得到一个新的通信组 newcomm。在 newcomm 中除一个新的上下文外，要返回一个具有同样组的新通信组，及任何复制的缓冲信息。MPI_Comm_dup() 函数原型如下：

```
int MPI_Comm_dup(MPI_Comm comm,MPI_Comm *newcomm);
IN comm 通信组
OUT newcomm comm 的拷贝
```

MPI_Comm_create() 根据 group 所定义的进程组，创建一个新的通信组。该通信组具有新的上下文。对于不在 group 中的进程，返回 MPI_COMM_NULL。所有的 group 参数都必须具有同样的值，而且 group 必须是与 comm 对应进程组的一个子集。
MPI_Comm_create() 函数原型如下：

---

int MPI_Comm_create(MPI_Comm comm, MPI_Group group, MPI_Comm *newcomm);
IN comm 通信组
IN group 进程组
OUT newcomm 返回的新通信组

MPI_Comm_split() 对于通信组 comm. 中的进程都要执行，每一个进程都要指定一个
color 值，根据 color 值的不同，首先将具有相同 color 值的进程形成一个新的进程组，新
产生的通信组与这些进程组一一对应，而新通信组中各个进程的顺序编号是根据 key 的
大小决定的，即 key 越小，则该进程在新通信组中的进程编号也越小。若一个进程中的
key 相同，则根据这两个进程在原来通信域中的顺序编号决定新的编号。一个进程可能
提供color 值 MPI_UNDEFINED，在这种情况下 newcomm 返回 MPI_COMM_NULL。实质
上，将相同 color 内的所有进程中的关键字的值置为同一个值导致的结果是在新通信域
中进程的相对先后次序和原来的相同。MPI_Comm_split() 函数原型如下：

---

int MPI_Comm_split(MPI_Comm comm,int color, int key,MPI_Comm *newcomm);
IN comm 通信组
IN color 标识所在的子集
IN key 对进程标识号的控制
OUT newcomm 新的通信组

MPI_Comm_free() 释放给定的通信组，该句柄被置为 MPI_COMM_NULL。任何使用
此通信组的挂起操作都会正常完成，仅当没有对此对象的活动引用时它才会被实际撤
销。MPI_Comm_free() 函数原型如下：

---

int MPI_Comm_free(MPI_Comm *comm);
INOUT comm 将被释放的通信组

程序 4.12 为创建新的通信组 MPI 程序。

程序4.12　创建新的通信组MPI程序

```
1   #include"stdio.h"
2   #include"stdlib.h"
3   #include"mpi.h"
4   #define NPROCS 8
5   int main( int argc, char *argv[] )
6   {
7      int *ranks1 [4]={0 ,1 ,2 ,3} , ranks2 [4]={4 ,5 ,6 ,7};
```

```
8    MPI_Group orig_group , new_group;
9    MPI_Comm new_comm
10   MPI_Init (&argc , &argv);
11   MPI_Comm_rank(MPI_COMM_WORLD , &rank);
12   sendbuf = rank;
13   MPI_Comm_group(MPI_COMM_WORLD , &orig_group);
14   if (rank < NPROCS /2)
15     MPI_Group_incl(orig_group , NPROCS/2, ranks1 , &new_group);
16   else
17     MPI_Group_incl(orig_group , NPROCS/2, ranks2 , &new_group);
18   MPI_Comm_create(MPI_COMM_WORLD , new_group , &new_comm);
19   MPI_Allreduce (&sendbuf , &recvbuf , 1, MPI_INT, MPI_SUM , new_comm);
20   MPI_Group_rank (new_group , &new_rank);
21   printf("rank= %d newrank= %d recvbuf= %d\n", rank , newrank , recvbuf);
22   MPI_Finalize();
23   return 0;
24 }
```

4.11　虚拟进程拓扑

　　简单的 MPI 通信不要求参加通信的进程具有特殊的拓扑结构，但是在一些应用中对进程具有一定的拓扑有很强的要求。定义不同的进程拓扑结构可以使程序设计更自然，更易于理解。同时这样的逻辑拓扑也为在相近的物理拓扑上的高效实现提供支持。

　　在许多并行应用程序中，进程的线性排列不能充分地反映进程间在逻辑上的通信模型，通常由问题几何和所用的算法决定。进程经常被排列成二维或三维网格形式的拓扑模型，而且，通常用一个图来描述，这种逻辑进程排列为虚拟拓扑。拓扑是组内通信域上的额外、可选的属性，不能附加在组间通信组（inter-communicator）。拓扑能够提供一种方便的命名机制，对于有特定拓扑要求的算法使用起来直接、自然而方便。拓扑还可以辅助运行时系统将进程映射到实际的硬件结构之上。

　　一个进程集合的通信模型可以由一个图表示，结点代表进程，边用来连接彼此之间通信的进程。用图来说明虚拟拓扑对于所有的应用是足够的，然而在许多应用中，图结构是规则的，而且详细的图的建立对于用户是不方便的，在运行时可能缺乏有效性。并行应用程序中的大部分使用象环、二维或更高维的网格，圆环那样的进程拓扑。这些结构完全由在每一相应坐标方向的维数和进程数来定义，可以用简单方便的笛卡尔坐标来表示。

　　MPI 提供两种拓扑，即笛卡儿拓扑和图拓扑，分别用来表示简单规则的拓扑和更通用的拓扑。

4.11.1　笛卡尔拓扑

　　MPI_Cart_create() 用于描述任意维的笛卡尔结构。对于每一维，说明进程结构是否是周期性的。MPI_Cart_create() 返回一个指向新的通信组的句柄，这个句柄与笛卡尔拓扑信息相联系。如果 reorder 等于 false，那么在新的进程组中每一进程的标识数就与在旧进程组中的标识数相一致；否则该调用会重新对进程编号。该调用得到一个 ndims 维的处理器阵列，每一维分别包含 dims[0] dims[1] ... dims[ndims−1] 个处理器。如果虚拟处理器阵列包含的总的处理器个数 dims[1]*dims[1]*...*dims[ndims−1] 小于旧的通信组 comm_old 包含的进程的个数，则有些进程返回的通信组为 MPI_COMM_NULL。如果虚拟处理器阵列说明的处理器个数大于旧的通信组 comm_old 包含的进程的个数，则该调用出错。MPI_Cart_create() 函数原型如下：

```
int MPI_Cart_create(MPI_Comm comm_old, int ndims, int *dims, int *periods, int reorder, MPI_Comm
*comm_cart);
IN comm_old 输入通信组
IN ndims 笛卡尔网格的维数整数
IN dims 大小为 ndims 的整数数组定义每一维的进程数整数数组
IN periods 大小为 ndims 的逻辑数组定义在一维上网格的周期性逻辑数组
IN reorder 标识数是否可以重排序逻辑型
OUT comm_cart 带有新的笛卡尔拓扑的通信组
```

　　MPI_Dims_create() 根据用户指定的总维数 ndims 和总的进程数 nnodes，帮助用户在每一维上选择进程的个数，返回结果放在 dims 中。它可以作为 MPI_Cart_create 的输入参数。但是，用户也可以根据需要指定特定某一维 i 的进程数。比如置 dims[i]>0，则不会修改 dims[i] 的值。只有对于 dims[i]=0 的维，才会根据合适的划分算法，重新赋值。MPI_Cart_create() 调用不允许 dims[i] 的初始值为负。MPI_Dims_create() 函数原型如下：

```
int MPI_Dims_create(int nnodes, int ndims, int *dims);
IN nnodes 网格中的结点数
IN ndims 笛卡尔维数
INOUT dims 大小为 ndims 的整数数组定义每一维的结点数
```

　　MPI_Topo_test() 调用返回给定通信组进程的拓扑类型，输出值 status 为 MPI_GRAPH 即为图拓扑，MPI_CART 即为笛卡尔拓扑和 MPI_UNDEFINED 即没有定义拓扑。MPI_Topo_test() 函数原型如下：

```
int MPI_Topo_test(MPI_Comm comm, int *status);
IN comm 通信组
OUT status 通信域 comm 的拓扑类型
```

MPI_Cart_get() 返回给定通信域的拓扑信息包括每一维的进程数 dims 每一维的周期性 periods 和当前调用进程的笛卡尔坐标 coords。MPI_Cart_get() 函数原型如下：

```
int MPI_Cart_get(MPI_Comm comm, int maxdims, int *dims, int *periods, int *coords);
IN comm 带有笛卡尔结构的通信组
IN maxdims 最大维数
OUT dims 返回各维的进程数整数数组
OUT periods 返回各维的周期特性逻辑数组
OUT coords 调用进程的笛卡尔坐标整数数组
```

MPI_Cart_rank() 将给定拓扑的笛卡尔坐标，转换成同一进程的用 MPI_Cmm_rank() 调用得到的顺序编号。MPI_Cart_rank() 函数原型如下：

```
int MPI_Cart_rank(MPI_Comm comm, int *coords, int *rank);
IN comm 带有笛卡尔结构的通信组
IN coords 笛卡尔坐标
OUT rank 笛卡尔坐标对应的一维线性坐标
```

MPI_Cartdim_get() 返回 comm 对应的笛卡尔结构的维数 ndims。MPI_Cartdim_get() 函数原型如下：

```
int MPI_Cartdim_get(MPI_Comm comm, int *ndims);
IN comm 带有笛卡尔结构的通信组
OUT ndims 笛卡尔网格的维数
```

MPI_Cart_shift() 将有拓扑结构的通信域 comm 中的一个笛卡尔坐标 rank_source 沿着指定的维 direction，以偏移量 disp 进行平移，得到的是调用进程的笛卡尔坐标值。而调用进程的笛卡尔坐标经过同样的平移后得到的是 rank_dest。MPI_Cart_shift() 函数原型如下：

```
int MPI_Cart_shift(MPI_Comm comm, int direction, int disp, int *rank_source, int *rank_dest);
IN comm 带有笛卡尔结构的通信组
IN direction 需要平移的坐标维
IN disp 偏移量
OUT rank_source 源进程的笛卡尔坐标
OUT rank_dest 目标进程的笛卡尔坐标
```

MPI_Cart_coords 将进程 rank 的顺序编号转换为笛卡尔坐标 coords，其中 maxdims 是维数。MPI_Cart_coords() 函数原型如下：

---

int MPI_Cart_coords(MPI_Comm comm, int rank, int maxdims, int *coords);
IN comm 带有笛卡尔结构的通信组
IN rank 一维线性坐标
IN maxdims 最大维数
OUT coords 返回该一维线性坐标对应的笛卡尔坐标

MPI_Cart_sub() 用于将通信组进行划分成不同的子通信组，remain_dims 指出保留的维。若 remain_dims[i] 是 true，则保留该维。若 remain_dims[i] 是 false，则该维将划分为不同的通信组。MPI_Cart_sub() 函数原型如下：

---

int MPI_Cart_sub(MPI_Comm com, int *remain_dims, MPI_Comm *newcomm);
IN comm 带有笛卡尔结构的通信组
IN remain_dims 定义保留的维逻辑向量
OUT newcomm 包含子网格的通信域这个子网格包含了调用进程

在由 ndims 和 dims 构成的拓扑上，MPI_Cart_map() 尽可能为当前进程计算一个优化的映射位置。并进行进程重排序，返回当前进程排序后的坐标 newrank。若当前进程不在网格上，则返回 MPI_UNDEFINED。MPI_Cart_map() 函数原型如下：

---

int MPI_Cart_map(MPI_comm comm, int ndims, int * dims, int * periods, int *newrank);
IN comm 输入通信组
IN ndims 笛卡尔结构的维数
IN dims 大小为 ndims 的整数数组定义每一维的进程数
IN periods 大小为 ndims 的逻辑数组定义每一维的周期性
OUT newrank 调用进程优化后的坐标

4.11.2　图拓扑

MPI_Graph_create() 返回一个指向新的通信组的句柄，这个通信组包含的进程的拓扑结构是一个由参数 nnodes、index 和 edges 定义的图。如果 reorder 等于 false，那么在新进程组中每一进程的标识数就与在旧进程组中的标识数相一致；否则会对进程赋以新的编号。如果图包含的结点数 nnodes 小于 comm 内进程的个数，那么有些进程返回 MPI_COMM_NULL。MPI_Graph_create() 函数原型如下：

---

int MPI_Graph_create(MPI_Comm comm_old, int nnodes, int *index, int *edges, int reorder, MPI_Comm *comm_graph);
IN comm_old 没有定义拓扑的通信组
IN nnodes 图中包含的结点数
IN index 结点的度数整数数组
IN edges 图的边数 整数数组
IN reorder 标识数是否可以重排序
OUT comm_graph 定义了图拓扑的通信组

MPI_Graph_get() 返回给定通信域对应图的定义，参数 index edges 其含义同创建图拓扑时一样。MPI_Graph_get() 函数原型如下：

---

int MPI_Graph_get(MPI_Comm comm, int maxindex, int maxedges, int *index,int *edges);
IN comm 带有图结构的通信组
IN maxindex index 数组的大小
IN maxedges edges 数组的大小
OUT index 度数累计和数组
OUT edges 边列表数组

MPI_Graph_neighbors_count() 返回给定进程 rank 所连接边的个数 nneighbors。MPI_Graph_neighbors_count() 函数原型如下：

---

int MPI_Graph_neighbors_count(MPI_Comm comm, int rank, int *nneighbors)
IN comm 带有图结构的通信域
IN rank comm 组中一个进程的标识数
OUT nneighbors 指定进程的相邻结点数

MPI_Graphdims_get() 返回 comm 上定义的图的结点数 nnodes 和边数 nedges。MPI_Graphdims_get() 函数原型如下：

---

int MPI_Graphdims_get(MPI_Comm comm, int *nnodes, int *nedges);
IN comm 带有图结构的组通信组
OUT nnodes 图中结点数
OUT nedges 图中边数

4.12　本章小结

MPI（消息传递接口）用于分布式存储器并行计算机的标准编程环境中。MPI 的核构造是消息传递，一个进程将信息打包成消息，并将该消息发送给其他进程。MPI 包含一些例程，这些例程可以同步进程、求分布在进程集中的数值总和、在同一个进程集中分配数据，以及实现更多的功能。当前，MPI 由于其丰富的功能，已广泛应用到机群和其他消息传递系统中。在本章中，我们介绍了 MPI 基本概念、重要函数及它们之间的关系、基本程序设计方法。

习　题

1. 利用如下公式：

$$\pi = 4\left[1 - \frac{1}{3} + \frac{1}{5} - \frac{1}{7} + ...\right] = 4\sum_{k=0}^{\infty}\frac{(-1)^k}{2k+1}$$

编写一个MPI程序计算π的近似值。

2. 利用如下公式：

$$e = 1 + \frac{1}{1!} + \frac{1}{2!} + ... + \frac{1}{n!} + ...$$

编写一个MPI程序计算e值。

3. 编写一个MPI程序计算下列二重积分的近似值。

$$I = \int_0^2 dx \int_{-1}^1 (x + y^2) dy$$

4. 编写一个MPI程序计算下列三重积分的近似值。

$$I = \int_0^4 dx \int_0^3 dy \int_0^2 (4x^2 + xy^2 + 5y + yz + 6z) dz$$

5. 考虑线性方程组

$$Ax = b$$

其中A是$n \times n$非奇异矩阵，右端向量$b \neq 0$，因而方程组有唯一的非零解向量。设系数矩阵A严格行对角占优，即

$$\left| a_{i,i} \right| > \sum_{\substack{j=1 \\ j \neq i}}^n \left| a_{i,j} \right|, i = 1, 2, ..., n$$

解$Ax = b$的Jacobi迭代法的计算公式为

$$\begin{cases} x^{(0)} = \left(x_1^{(0)}, x_2^{(0)}, ..., x_n^{(0)} \right)^{\mathrm{T}} \\ x_i^{(k+1)} = \frac{1}{a_{i,i}} \left(b_i - \sum_{\substack{j=1 \\ j \neq i}}^n a_{i,j} x_j^{(k)} \right) \\ i = 1, 2, ..., n \text{示迭代次数} \end{cases}$$

Jacobi迭代法很适合并行化，使用n个进程，每个进程处理矩阵的一行。如果进程数$p<n$，则每个进程处理矩阵n/p相邻行。编写一个MPI程序实现Jacobi迭代法。

6. Fox算法是一种著名矩阵乘法并行算法。假设A，B和C为$n \times n$的矩阵，使用$p=m \times m$个进程计算$C=A \times B$。Fox乘法算法为了使两矩阵下标满足相乘的要求，让A的各行块进行一对多播送，而B的各列块则施行循环移位，从而实现对C的子块的计算。将矩阵A和B分成$p=m \times m$个方块$A_{i,j}$和$B_{i,j}$，其中$0 \leqslant i, j \leqslant m$，每块大小为$(n/m) \times (n/m)$，并将它们分配给$p=m \times m$个进程$(P_{0,0}, P_{0,1}, \cdots, P_{m-1,m-1})$。开始时进程$P_{i,j}$存放块$A_{i,j}$和$B_{i,j}$，并负责计算块$C_{i,j}$，算法执行过程如下：

（1）$A_{i,i}$向所在行的其他$m-1$个处理器进行一对多播送；

（2）处理器将收到的A块与原有的B块进行乘-加运算；

（3）B块向上循环移动1步；

（4）如果$A_{i,j}$是上次第i行播送的块，本次选择$A_{i,(j+1) \bmod m}$向所在行的其他$m-1$个处理

器进行一对多播送；

（5）转（2）执行 $m-1$ 次。

图4.3示例了16个进程计算 $A_{4\times4}\times B_{4\times4}$ 的Fox算法执行的过程。

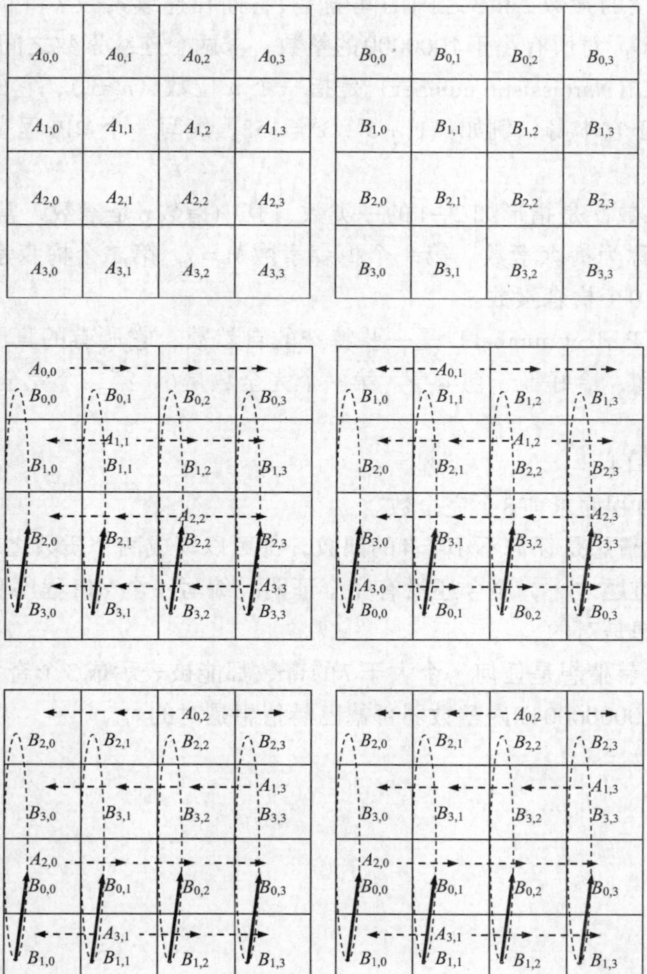

图4.3　16个进程计算 $A_{4\times4}\times B_{4\times4}$ 的Fox乘法执行过程

编写一个MPI程序使用Fox算法实现两个 $n\times n$ 矩阵相乘。

7.一个素数是一个只能被正数1和它本身整除的正整数。求素数的一个方法是筛选法。筛选法计算过程是创建一自然数2，3，5，…，n 的列表，其中所有的自然数都没有被标记。令 $k=2$，它是列表中第一个未被标记的数。在 k^2 和 n 之间的是 k 倍数的数都标记出来，找出比 k 大得未被标记的数中最小的那个，令 k 等于这个数，重复上述过程直到 $k^2>n$ 为止。列表中未被标记的数就是素数。使用筛选法编写一个MPI程序求小于

1000000的所有素数。

8. 最小的5个素数是2、3、5、7、11。有时两个连续的奇数都是素数。例如，在3、5、11后面的奇数都是素数，但是7后面的奇数不是素数。编写一个MPI程序，对所有小于1000000的整数，统计连续奇数都是素数的情况的次数。

9. 在两个连续的素数2和3之间的间隔是1，而在连续素数7和11之间的间隔是4。编写一个MPI程序，对所有小于1000000的整数，求两个连续素数之间间隔的最大值。

10. 水仙花数（Narcissistic number）是指一个 n 位数（$n \geqslant 3$），它的每个位上的数字的 n 次幂之和等于它本身，例如：$1^3 + 5^3 + 3^3 = 153$。编写一个MPI程序求 $3 \leqslant n \leqslant 24$ 所有水仙花数。

11. 所谓梅森数，是指形如 $2^p - 1$ 的一类数，其中指数 p 是素数，常记为 M_p。如果梅森数是素数，就称为梅森素数。第一个梅森素数 $M_2 = 3$，第二个梅森素数 $M_3 = 7$。编写一个MPI程序求前10个梅森素数。

12. 完全数（Perfect number）是一些特殊的自然数，它所有的真因子（即除了自身以外的约数）的和，恰好等于它本身。第一个完全数是6，第二个完全数是28。

6=1+2+3

28=1+2+4+7+14

编写一个MPI程序求前8个完全数。

13. 哥德巴赫猜想是任何不小于4的偶数，都可以写成两个质数之和的形式。它是世界近代三大数学难题之一，至今还没有完全证明。编写一个MPI程序验证10000000以内整数哥德巴赫猜想是对的。

14. 弱哥德巴赫猜想是任何一个大于7的奇数都能被表示成3个奇素数之和。编写一个MPI程序验证10000000以内整数弱哥德巴赫猜想是对的。

第5章

POSIX 并行程序设计

POSIX（Portable Operating System Interface，可移植操作系统接口）是由 IEEE 和 ISO/IEC 开发的一簇标准。该标准是基于现有的 UNIX 实践和经验，描述了操作系统的调用服务接口，用于保证编制的应用程序可以在源代码一级上在多种操作系统上移植运行。POSIX 线程（POSIX threads，Pthreads）是线程的 POSIX 标准，该标准定义了创建和操纵线程的一整套 API。在类 Unix 操作系统（Unix、Linux、Mac OS X 等）中，都使用 Pthreads 作为操作系统的线程。Windows 操作系统也有其移植版 pthreads-win32。

Pthreads 具有很好的可移植性，属于共享存储器并行技术。程序调用 API 启动多个线程，同步方式有互斥量、信号量、条件变量，用于所有线程的同步。函数库的接口被定义在 pthread.h 头文件中。

5.1 进程、线程和 Pthreads

线程是进程的一个实体，是 CPU 调度和分派的基本单位，它是比进程更小的能独立运行的基本单位。线程是进程的一部分，一个进程至少有一个线程作为程序的执行体，一个进程可以有多个线程。线程自己基本上不拥有系统资源，只拥有一点在运行中必不可少的资源(如程序计数器，一组寄存器和栈)，但是它可与同属一个进程的其他的线程共享进程所拥有的全部资源。

操作系统在进行进程切换时要对前一个进程进行现场保护操作，对后一个进程进行还原现场的操作，CPU 必须为此分配一定的时钟周期，反复的上下文切换会给系统带来极大的开销。在操作系统中引入线程的主要目的是更好地支持多处理器并且减少上下文切换的开销。线程与进程相似，不同的是线程比进程小，进程管理计算机资源，而将线程分配到某个 CPU 上执行。

线程的特点：

（1）线程是进程内的一个相对独立的可执行的单元。若把进程称为任务的话，那么线程则是应用中的一个子任务的执行。

（2） 由于线程是被调度的基本单元，而进程不是调度单元。所以，每个进程在创建时，至少需要同时为该进程创建一个线程。即进程中至少要有一个或一个以上的线程，否则该进程无法被调度执行。

（3） 进程是被分给并拥有资源的基本单元。同一进程内的多个线程共享该进程的资源，但线程并不拥有资源，只是使用它们。

（4） 线程是操作系统中基本调度单元，因此线程中应包含有调度所需要的必要信息，且在生命周期中有状态的变化。

（5） 由于共享资源（包括数据和文件），所以线程间需要通信和同步机制，且需要时线程可以创建其他线程，但线程间不存在父子关系。

线程和进程的区别：

（1） 调度。在传统的操作系统中，CPU 调度和分派的基本单位是进程。而在引入线程的操作系统中，则把线程作为 CPU 调度和分派的基本单位，进程则作为资源拥有的基本单位，从而使传统进程的两个属性分开，线程编程轻装运行，这样可以显著地提高系统的并发性。同一进程中线程的切换不会引起进程切换，从而避免了昂贵的系统调用，但是在由一个进程中的线程切换到另一进程中的线程，依然会引起进程切换。

（2） 并发性。在引入线程的操作系统中，不仅进程之间可以并发执行，而且在一个进程中的多个线程之间也可以并发执行，因而使操作系统具有更好的并发性，从而更有效地提高系统资源和系统的吞吐量。例如，在一个为引入线程的单 CPU 操作系统中，若仅设置一个文件服务进程，当它由于某种原因被封锁时，便没有其他的文件服务进程来提供服务。在引入线程的操作系统中，可以在一个文件服务进程设置多个服务线程。当第一个线程等待时，文件服务进程中的第二个线程可以继续运行；当第二个线程封锁时，第三个线程可以继续执行，从而显著地提高了文件服务的质量以及系统的吞吐量。

（3） 拥有资源。不论是引入了线程的操作系统，还是传统的操作系统，进程都是拥有系统资源的一个独立单位，它可以拥有自己的资源。一般地说，线程自己不能拥有资源（也有一点必不可少的资源），但它可以访问其隶属进程的资源，亦即一个进程的代码段、数据段以及系统资源（如已打开的文件、I/O 设备等），可供同一个进程的其他所有线程共享。

（4） 独立性。在同一进程中的不同线程之间的独立性要比不同进程之间的独立性低得多。这是因为为防止进程之间彼此干扰和破坏，每个进程都拥有一个独立的地址空间和其他资源，除了共享全局变量外，不允许其他进程的访问。但是同一进程中的不同线程往往是为了提高并发性以及进行相互之间的合作而创建的，它们共享进程的内存地址空间和资源，如每个线程都可以访问它们所属进程地址空间中的所有地址，如一个线程的堆栈可以被其他线程读、写，甚至完全清除。

（5） 系统开销。由于在创建或撤销进程时，系统都要为之分配或回收资源，如内存空间、I/O 设备等。因此，操作系统为此所付出的开销将显著地大于在创建或撤销线程时的开销。类似的，在进程切换时，涉及整个当前进程 CPU 环境的保存环境的设置以及新被调度运行的 CPU 环境的设置，而线程切换只需保存和设置少量的寄存器的内容，并不涉及存储器管理方面的操作，可见，进程切换的开销也远大于线程切换的开销。此外，由于同一进程中的多个线程具有相同的地址空间，致使它们之间的同步和通信的实现也变得比较容易。在有的系统中，线程的切换、同步、和通信都无需操作系统内核的干预。

（6）支持多处理机系统。在多处理机系统中，对于传统的进程，即单线程进程，不管有多少处理机，该进程只能运行在一个处理机上。但对于多线程进程，就可以将一个进程中的多个线程分配到多个处理机上，使它们并行执行，这无疑将加速进程的完成。因此，现代处理机操作系统都无一例外地引入了多线程。

POSIX 表示可移植操作系统接口（Portable Operating System Interface of UNIX），POSIX 标准定义了操作系统应该为应用程序提供的接口标准，是 IEEE 为要在各种 UNIX 操作系统上运行的软件而定义的一系列 API 标准的总称，其正式称呼为 IEEE 1003，而国际标准名称为 ISO/IEC 9945。POSIX 并不局限于 UNIX。许多其他的操作系统，例如 DEC OpenVMS 支持 POSIX 标准。POSIX 线程不是编程语言，而是与 MPI 一样，它拥有一个可以链接到 C/C++程序中的库。与 MPI 不同的是，Pthreads 的 API 只有在支持 POSIX 的系统上才有效。广泛使用的多线程编程还有很多，如 Java 多线程、Windows 多线程、Solaris 多线程。所有的线程库标准都支持一个基本的概念。

5.2　创建线程

Pthreads 是线程的 POSIX 标准。该标准定义了创建和操纵线程的一整套 API。在类 Unix 操作系统（Unix、Linux、Mac OS X 等）中，都使用 Pthreads 作为操作系统的线程。Windows 操作系统也有其移植版 pthreads-win32。函数库的接口被定义在 pthread.h 头文件中。pthread_create() 函数是类 Unix 操作系统（Unix、Linux、Mac OS X 等）的创建线程的函数。它的功能是创建线程（实际上就是确定调用该线程函数的入口点），在线程创建以后，就开始运行相关的线程函数。程序 5.1 为显示 Hello 的 Pthreads 程序。

程序 5.1　显示 Hello 的 Pthreads 程序

```
1   #include "stdio.h"
2   #include "std1ib.h"
3   #include "pthread.h"
4   #define NUM_THREADS 4
5   long int thread_count;
6   void* Hello(void* rank);
7   int main(int argc,char* argv[])
```

```
8   {
9       long int thread;
10      pthread_t* thread_handles;
11      thread_count = NUM_THREADS;
12      thread_handles=( pthread_t* ) malloc (thread_count*sizeof(pthread_t));
13      for (thread=0; thread< thread_count; thread++)
14          pthread_create(&thread_handles[thread], NULL, Hello, (void*)thread);
15      printf( "Hello from the main thread\n" );
16      for (thread=0; thread< thread_count; thread++)
17          pthread_join(thread_handles[thread], NULL);
18      free(thread_handles);
19      return 0;
20  }
21  void* Hello(void* rank)
22  {
23      long int my_rank =(long int)rank;
24      printf( "Hello from thread %ld of %ld\n" , my_rank, thread_count);
25      return NULL;
26  }
```

程序5.1输出以下结果:

```
Hello from the main thread
Hello from thread 1 of 4
Hello from thread 0 of 4
Hello from thread 2 of 4
Hello from thread 3 of 4
```

第5行定义了一个全局变量thread_count。在Pthreads程序中,全局变量被所有线程所共享,而在函数中声明的局部变量则由执行该函数的线程所私有。如果多个线程都要运行同一个函数,则每个线程都拥有自己的私有局部变量和函数参数的副本。但是,应该限制使用全局变量,除了确实需要用到的情况外,比如线程之间共享变量。

程序中的第11行指定了需要生成的线程数目。不同于MPI,Pthreads程序和普通串行程序一样,是编译完再运行。当然需要生成的线程数目也可以从命令行参数得到,命令行参数作为输入值传入程序。

Pthreads不是由脚本来启动的,而是直接由可执行程序启动,需要在程序中添加相应的代码来显式地启动线程,并构造能够存储线程信息的数据结构。

代码第12行为每个线程的pthread_t对象分配内存,pthread_t数据结构用来存储线程的专有信息,它由pthread.h声明。pthread_t对象是一个不透明对象。对象中存储的数据都是系统绑定的，用户级代码无法直接访问到里面的数据。Pthreads标准保证pthread_t对象中必须存有足够多的信息，足以让pthread_t对象来确定对它所从属的线程进行唯一标识。

在第14行的代码中，调用pthread_create() 函数来生成线程。pthread_create() 函数原型如下：

int pthread_create(pthread_t *thread_p, const pthread_attr_t *attr_p, (void*)(*start_routine)(void*), void *arg);

第一个参数是一个指针，指向对应的phread_t对象。pthread-t对象不是由pthread_create() 函数分配的，必须在调用phread_create() 函数前就为pthread_t对象分配内存空间。第二个参数不用，所以只是在函数调用时把NULL传递给参数。第三个参数表示该线程将要运行的函数。最后一个参数也是一个指针，指向传给函数start_routine() 的参数。pthread_create() 函数的返回0表示成功，返回表示-1表示出错。

main() 函数为每一个线程赋予了唯一的int型参数rank，表示线程的编号。既然线程函数可以接收void *类型的参数，就可以在main() 函数中为每个线程分配一个int类型的整数，并为这些整数赋予不同的数值。当启动线程时，把指向该int型参数的指针传递给thread_create() 函数。不是在main函数中生成int型的线程号，而是把循环变量thread转化为void * 类型，然后在线程函数Hello() 中，把这个参数的类型转换为long型。

pthread_create() 函数创建线程时没有要求必须传递线程号，也没有要求必须要分配线程号给一个线程。

主线程调用pthread_create()函数后就创建了主函数的一条分支派生，多次调用pthread_create() 函数就会出现多条分支或派生。当pthread_create()函数创建的线程结束时，这些分支最后又合并（join)）主线程中，如图5.1所示。

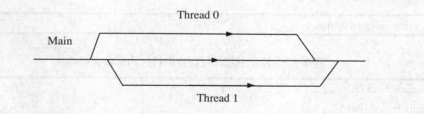

图5.1   主线程派生与合并两个线程

在任何一个时间点上，线程是可结合的（joinable）或者是分离的（detached）。一个可结合的线程能够被其他线程收回其资源和杀死。在被其他线程回收之前，它的存储器资源（例如栈）是不释放的。相反，一个分离的线程是不能被其他线程回收或杀死的，它的存储器资源在它终止时由系统自动释放。

与编写MPI程序的方法类似，Pthreads程序也采用SPMD并行模式，即每个线程都执行同样的线程函数，但可以在线程内用条件转移来获得不同线程有不同功能的效果。

运行 main 函数的线程一般称为主线程。pthread_create () 函数中，没有参数用于指定在哪个核上运行线程。线程的调度是由操作系统来控制的。在负载很重的系统上，所有线程可能都运行在同一核上。事实上，如果线程个数大于核的个数，就会出现多个线程运行在一个核上。如果某个核处于空闲状态，操作系统就会将一个新线程分配给这个核。

程序的第 16 行和第 17 行为每个线程调用一次 pthread_join() 函数。调用一次 pthread_join() 函数将等待 pthread_t 对象所关联的那个线程结束。pthread_join() 的函数原型如下：

```
int pthread_join(pthread_t thread, void **ret_val_p);
```

pthread_join() 函数以阻塞的方式等待 thread 指定的线程结束。当函数返回时，被等待线程的资源被收回。如果线程已经结束，那么该函数会立即返回。如果程序中没有调用 pthread_join()，主线程会很快结束从而使整个进程结束，从而使创建的线程没有机会开始执行就结束了。调用 pthread_join() 后，主线程会一直等待，直到等待的线程结束自己才结束，使创建的线程有机会执行。

线程结束时可以调用 pthread_exit() 函数，pthread_exit() 函数原型如下：

```
void pthread_exit(void *retval);
```

所有线程都有一个线程号，也就是线程标识符，即线程 ID，标识唯一线程。其类型为 pthread_t。通过调用 pthread_self() 函数可以获得自身的线程号。pthread_t 的类型为 unsigned long int，所以在打印的时候要使用 %lu 方式，否则显示结果出问题。pthread_t pthread_self() 函数原型如下：

```
pthread_t pthread_self(void);
```

程序 5.2　显示进程和线程标识符的 Pthreads 程序

```
1    #include "stdio.h"
2    #include "std1ib.h"
3    #include "pthread.h"
4    void*  Thread_func(void* rank);
5    int main(int argc,char* argv[])
6    {
7        pid_t pid;
8        pthread_t tid;
9        pid = getpid();
```

```
10      printf("Process id=%d\n", pid);
11      pthread_create(&tid, NULL, Thread_func, NULL);
12      pthread_join(tid,NULL);
13      return 0;
14  }
15  void* Thread_func(void* rank)
16  {
17      printf(" Thread id=%lu\n", pthread_self());
18      return NULL;
19  }
```

[例5.1] 假设A为$n \times n$整数矩阵，编写一个Pthreads的程序计算矩阵所有元素之和。这个问题可以通过使用线程的并发算法来解决。首先创建n个线程，每个线程计算不同行的部分和，并存储部分和在全局数组的相应行中。当所有的线程都完成时，主线程将线程产生的部分和相加来计算总和，并输出。程序5.3为计算矩阵元素之和的Pthreads程序。

程序5.3　计算矩阵元素之和的Pthreads程序

```
1   #include "stdio.h"
2   #include"std1ib.h"
3   #include"pthread.h"
4   #define N 4
5   int A[N][N], sum[N];
6   void *func(void *arg);
7   int main(int argc,char* argv[])
8   {
9       pthread_t thread[N];
10      int i, j, r, total = 0;
11      void *status;
12      printf("Main: initialize A matrix\n");
13      for (i=0; i<N; i++)
14          sum[i] = 0;
15          for (j=0; j<N; j++)
16              A[i][j] = i*N + j + 1;
17          printf("%4d ", A[i][j]);
18      printf("\n");
19      printf("Main: create %d threads\n", N);
20      for(i=0; i<N; i++)
```

105

```
21          pthread_create(&thread[i], NULL, func, (void *)i);
22      printf("Main: try to join with threads\n");
23      for(i=0; i<N; i++)
24      {
25          pthread_join(thread[i], &status);
26          printf("Main: joined with %d [%lu]: status=%d\n", i, thread[i], (int)status);
27      }
28      printf("Main: compute and print total sum: ");
29      for (i=0; i<N; i++)
30          total += sum[i];
31      printf("tatal = %d\n", total);
32      pthread_exit(NULL);
33      return 0;
34  }
35  void *func(void *arg)
36  {
37      int j, row;
38      pthread_t tid = pthread_self();
39      row = (int)arg;
40      printf("Thread %d [%lu] computes sum of row %d\n", row, tid, row);
41      for (j=0; j<N; j++)
42      sum[row] += A[row][j];
43      printf("Thread %d [%lu] done: sum[%d] = %d\n", row, tid, row, sum[row]);
44      pthread_exit((void*)0);
45      return NULL;
46  }
```

[**例 5.2**] 快速排序（Quick Sort）是由 C.A.R.Hoare 在 1962 年发现的，直到现在它也是实际使用中最快的算法之一。快速排序是一种分而治之算法，它的基本思想是在当前无序区 $A[1..n]$ 中取一个记录作为比较的"基准"，用此基准将当前的无序区 $A[1..n]$ 划分成左右两个无序的子区 $A[1..i-1]$ 和 $A[i..n]$ $(1 \leqslant i \leqslant n)$，且左边的无序子区中记录的所有关键字均小于等于基准的关键字，右边的无序子区中记录的所有关键字均大于等于基准的关键字。当 $A[1..i-1]$ 和 $A[i..n]$ 非空时，分别对它们重复上述的划分过程，直到所有的无序子区中的记录均排好序为止。

快速排序算法并行化的一个简单思想是对每次划分过后所得到的两个序列分别使用两个线程完成递归排序。而后进一步划分得到四个序列，再分别交给四个线程处理。如此递归下去最终得到排序好的序列。程序 5.4 为快速并行排序的 Pthreads 程序。

程序5.4　快速并行排序的Pthreads程序

```
1    #include "stdio.h"
2    #include"std1ib.h"
3    #include"pthread.h"
4    typedef struct{
5        int upperbound;
6        int lowerbound;
7    }PARM;
8    #define N 10
9    int A[N] = {8, 5, 6, 2, 7, 3, 0, 1, 4, 9};
10   int print()
11   {
12       int i;
13       printf("[ ");
14       for (i=0; i<N; i++)
15       printf("%d ", a[i]);
16       printf("]\n");
17   }
18   void *qsort(void *aptr);
19   int main(int argc, char *argv[])
20   {
21       PARM arg;
22       int i, *array;
23       pthread_t me, thread;
24       me = pthread_self();
25       printf("main %lu: unsorted array = ", me);
26       print();
27       arg.upperbound = N−1;
28       arg.lowerbound = 0;
29       printf("main %lu create a thread to do QS\n", me);
30       pthread_create(&thread, NULL, qsort, (void *)&arg);
31       pthread_join(thread, NULL);
32       printf("main %lu sorted array = ", me);
33       print();
34   }
35   void *qsort(void *aptr)
36   {
37       PARM *ap, aleft, aright;
38       int pivot, pivotIndex, left, right, temp;
```

```
39    int upperbound, lowerbound;
40    pthread_t me, leftThread, rightThread;
41    me = pthread_self();
42    ap = (PARM *)aptr;
43    upperbound = ap->upperbound;
44    lowerbound = ap->lowerbound;
45    pivot = a[upperbound];
46    left = lowerbound - 1;
47    right = upperbound;
48    if (lowerbound >= upperbound)
49        pthread_exit(NULL);
50    while (left < right)
51    {
52        do { left++;} while (a[left] < pivot);
53        do { right--;} while (a[right] > pivot);
54        if (left < right )
55        {
56            temp = a[left];
57            a[left] = a[right];
58            a[right] = temp;
59        }
60    }
61    print();
62    pivotIndex = left;
63    temp = a[pivotIndex];
64    a[pivotIndex] = pivot;
65    a[upperbound] = temp;
66    aleft.upperbound = pivotIndex - 1;
67    aleft.lowerbound = lowerbound;
68    aright.upperbound = upperbound;
69    aright.lowerbound = pivotIndex + 1;
70    printf("%lu: create left and right threads\n", me);
71    pthread_create(&leftThread, NULL, qsort, (void *)&aleft);
72    pthread_create(&rightThread, NULL, qsort, (void *)&aright);
73    pthread_join(leftThread, NULL);
74    pthread_join(rightThread, NULL);
75    printf("%lu: joined with left & right threads threads\n", me);
76 }
```

POSIX 定义的数据类型如表 5.1 所示，表 5.2 列出了主要操纵函数，表 5.3 给出了主要工具函数。

表 5.1　数据类型

数据类型	功能
pthread_t	线程句柄
pthread_attr_t	线程属性
pthread_barrier_t	同步屏障数据类型
pthread_mutex_t	互斥锁数据类型
pthread_cond_t	条件变量数据类型

表 5.2　操纵函数

函数原型	功能
int pthread_create(pthread_t *tidp, const pthread_attr_t *attr, (void*)(*start_rtn)(void*), void *arg)	创建一个线程
void pthread_exit(void *retval)	终止当前线程
int pthread_cancel(pthread_t thread)	中断另外一个线程的运行
int pthread_join(pthread_t tid, void**thread_return)	阻塞当前的线程,直到另外一个线程运行结束
int pthread_attr_init(pthread_attr_t *attr)	初始化线程的属性
int pthread_attr_setdetachstate(pthread_attr_t *attr, int detach-state)	设置脱离状态的属性(决定这个线程在终止时是否可以被结合)
int pthread_attr_getdetachstate(const pthread_attr_t *attr,int *de-tachstate)	获取脱离状态的属性
int pthread_attr_destroy(pthread_attr_t *attr)	删除线程的属性
int pthread_kill(pthread_t thread, int sig)	向线程发送一个信号

表 5.3　工具函数

函数原型	功能
int pthread_equal(pthread_t threadid1, pthread_t thread2)	对两个线程的线程标识号进行比较
Int pthread_detach(pthread_t tid)	分离线程
pthread_t pthread_self()	查询线程自身线程标识号

5.3　线程同步

所谓线程同步就是当有一个线程在对共享资源进行访问时，其他线程都不可以对这个共享资源进行访问，直到该线程完成，其他线程才能对该共享资源进行访问，而其他线程又处于等待状态。目前实现线程同步的方法和机制主要有临界区（Critical Section）、互斥（Mutex）、信号量（Semaphore）等方式。

109

Pthreads 同步函数如表5.4所示。

表5.4　同步函数

函数原型	功能
int pthread_mutex_init(pthread_mutex_t *restrict mutex, const pthread_mutexattr_t *restrict attr)	初始化互斥锁
int pthread_mutex_destroy(pthread_mutex_t *mutex)	删除互斥锁
int pthread_mutex_lock(pthread_mutex_t *mutex)	占有互斥锁(阻塞操作)
int pthread_mutex_trylock(pthread_mutex_t *mutex)	试图占有互斥锁(不阻塞操作),即当互斥锁空闲时,将占有该锁;否则,立即返回
int pthread_mutex_unlock(pthread_mutex_t *mutex)	释放互斥锁
int pthread_cond_init(pthread_cond_t *cv, const pthread_condattr_t *cattr)	初始化条件变量
int pthread_cond_destroy(pthread_cond_t *cv)	删除条件变量
int pthread_cond_signal(pthread_cond_t *cv)	唤醒第一个调用pthread_cond_wait()而进入睡眠的线程
int pthread_cond_wait(pthread_cond_t *cv,pthread_mutex_t *mutex)	等待条件变量的特殊条件发生
int pthread_cond_timedwait(pthread_cond_t *cv, pthread_mutex_t *mp, const structtimespec * abstime)	到了一定的时间,即使条件未发生也会解除阻塞
int pthread_cond_broadcast(pthread_cond_t *cv)	释放阻塞的所有线程
int pthread_key_create(pthread_key_t *key, void (*destructor) (void*))	分配用于标识进程中线程特定数据的键
int pthread_barrier_init(pthread_barrier_t *restrict barrier, const pthread_barrierattr_t *restrict attr, unsigned count)	初始化路障
int pthread_barrier_wait(pthread_barrier_t *barrier)	在路障上等待,直到直到所需的线程数调用了指定路障
int pthread_barrier_destroy(pthread_barrier_t *barrier)	删除路障变量
int pthread_rwlock_init(pthread_rwlock_t *rwlock, const pthread_rwlockattr_t *attr)	初始化读写锁
int pthread_rwlock_rdlock(pthread_rwlock_t *rwlock)	阻塞式获取读锁
int pthread_rwlock_tryrdlock(pthread_rwlock_t *rwlock)	非阻塞式获取读锁
int pthread_rwlock_wrlock(pthread_rwlock_t *rwlock)	阻塞式获取写锁
int pthread_rwlock_trywrlock(pthread_rwlock_t *rwlock)	非阻塞式获取写锁
int pthread_rwlock_unlock(pthread_rwlock_t *rwlock)	释放读写锁
int pthread_rwlock_destroy(pthread_rwlock_t *rwlock)	删除读写锁
int pthread_setspecific(pthread_key_t key, const void *value)	为指定线程特定数据键设置线程特定绑定
void *pthread_getspecific(pthread_key_t key)	获取调用线程的键绑定,并将该绑定存储在 value 指向的位置中
int pthread_key_delete(pthread_key_t key)	销毁现有线程特定数据键

函数原型	功能
int pthread_attr_getschedparam(pthread_attr_t *attr, struct sched_param *param)	获取线程优先级
int pthread_attr_setschedparam(pthread_attr_t *attr, const struct sched_param *param)	设置线程优先级

5.3.1　临界区

临界区指的是每个线程中访问共享资源的那段代码，而这些共用资源又无法同时被多个线程访问。当有线程进入临界区段时，其他线程必须等待，可通过对多线程的串行化来访问临界区。如果有多个线程试图访问公共资源，那么在有一个线程进入后，其他试图访问公共资源的线程将被挂起，并一直等到进入临界区的线程离开，临界区在被释放后，其他线程才可以抢占。

[例 5.3] 利用如下公式：

$$\ln(1+x) = \left[x - \frac{x^2}{2} + \frac{x^3}{3} - \frac{x^4}{4} + \ldots \right] = \sum_{k=0}^{\infty} (-1)^k \frac{x^{k+1}}{k+1} \quad (-1 < x \leqslant 1) \tag{5.1}$$

编写一个 Pthreads 的程序计算 ln2 值。

根据式（5.1）可知，

$$\ln2 = \left[1 - \frac{1}{2} + \frac{1}{3} - \frac{1}{4} + \ldots \right] = \sum_{k=0}^{\infty} \frac{(-1)^k}{k+1} \tag{5.2}$$

程序 5.5 为利用式（5.2）计算 ln2 值串行程序。

程序 5.5　计算 ln2 值串行程序

```
1    #include "stdio.h"
2    static long int n = 1000000;
3    int main()
4    {
5      int k;
6      double factor = 1.0;
7      double ln2 = 0.0;
8      for (k=0; k< n; k++)
9      {
10        ln2 += factor/(k+1);
11        factor = −factor;
12      }
13      printf("Approxmation of ln2:%15.13f\n",ln2);
14      return 0;
15    }
```

现在并行化计算ln2值串行程序，将for循环分块后交给各个线程处理，并将ln2设为全局变量。假设线程数thread_count，整个任务数为n，每个线程的任务为$l=n/thread\_count$。因此，对于线程0，循环变量i的范围是0~$l-1$。线程1循环变量的范围是l~$2l-1$。更一般化地，对于线程q，循环变量的范围是ql~$(q+1)l-1$，而且第一项ql如果是偶数，符号为正，否则符号为负。当多个线程尝试更新一个共享资源，需要保证一旦某个线程开始执行更新共享资源操作，其他线程在它未完成前不能执行此操作。临界区就是一个更新共享资源的代码段，一次只允许一个线程执行该代码段。一种控制临界区访问称为忙等待的方法是设标志flag。flag是一个共享的int型变量，主线程将其初始化为0。如果flag的值为my_rank时，线程my_rank才能进入临界区，更新ln2的值。线程my_rank更新ln2的值后，修改flag的值，退出临界区，好让其他线程进入临界区。程序5.6为使用忙等待计算ln2值的Pthreads程序。

程序5.6　使用忙等待计算ln2值的Pthreads程序

```
1    #include"stdio.h"
2    #include" stdlib.h"
3    #include"pthread.h"
4    #define NUM_THREADS 8
5    long int thread_count;
6    long int n=1000000;
7    double ln2=0.0;
8    long int flag=0;
9    void* Compute_ln2(void *rank);
10   int main(int argc, char* argv[])
11   {
12     long int thread;
13     thread_count = NUM_THREADS;
14     pthread_t thread_handles[NUM_THREADS ];
15     for(thread=0; thread<thread_count; thread++)
16     {
17        pthread_create(&thread_handles[thread], NULL, Compute_ln2, (void *)thread);
18     }
19     for(thread=0; thread<thread_count; thread++)
20     {
21        pthread_join(thread_handles[thread], NULL);
22     }
23     printf("Approxmation of ln2:%15.13f\n", ln2);
24     pthread_exit(NULL);
25     return 0;
26   }
```

```
27   void* Compute_ln2(void* rank)
28   {
29      long int my_rank=(long int) rank;
30      double factor;
31      double my_ln2=0.0;
32      long int i;
33      long int my_n=n/thread_count;
34      long int my_first_i=my_n*my_rank;
35      long int my_last_i=my_first_i+my_n;
36      if(my_first_i % 2 == 0)
37         factor=1.0;
38      else
39         factor=-1.0;
40      for(i=my_first_i; i<my_last_i; i++, factor=-factor)
41      {
42         my_ln2 += factor/(i+1);
43      }
44      while (flag != my_rank);
45      ln2 +=my_ln2;
46      flag =(flag+1)% thread_count;
47      return NULL;
48   }
```

　　忙等待不是控制临界区最好的方法。假设用两个来执行这个程序，线程1在进入临界区前，要进行循环条件测试。如果线程0由于操作系统的原因出现延迟，那么线程1只会浪费CPU周期，不停地进行循环条件测试，这对性能有极大的影响。

　　因为临界区中的代码一次只能由一个线程运行，所以对临界区访问控制，都必须串行地执行其中的代码。为了提高性能执行临界区的次数应该最小化。一个方法是给每个线程配置私有变量来存储各自的部分和，然后用for循环一次性将所有部分和加在一起算出总和，这样能够大幅度提高性能。

5.3.2　互斥锁

　　访问临界区更好的方法是互斥锁和信号量。互斥量是互斥锁的简称，它是一个特殊类型的变量，通过某些特殊类型的函数，互斥量可以用来限制每次只有一个线程能进入临界区。互斥量保证了一个线程独享临界区，其他线程在有线程已经进入该临界区的情况下，不能同时进入。

　　互斥锁用来保证一段时间内只有一个线程在执行一段代码。必要性显而易见：假设各个线程向同一个文件顺序写入数据，最后得到的结果一定是灾难性的。

　　Pthreads 标准为互斥量提供了一个特殊类型：pthread_mutex_t。在使用 pthread_mu-tex_t 类型的变量前，必须对其进行初始化。有静态和动态两种初始化方式，静态方式使用 PTHREAD_MUTEX_INITIALIZER 常量进行初始化：

```
pthread_ mutex _t mutex = PTHREAD_MUTEX_INITIALIZER;
```

　　动态方式由 pthread_mutex_init() 函数对其进行初始化，pthread_mutex_init() 函数原型如下：

```
int pthread_mutex_init(pthread_ mutex_t* mutex_p,const pthread_mutexattr_t* attr_p);
```

　　第二个参数赋值 NULL 即可。当一个 Pthreads 程序使用完互斥量后，应调用 pthread_mutex_destroy()函数删除互斥锁。pthread_mutex_destroy() 函数原型如下：

```
int pthread_mutex_destroy(pthread_mutex_t* mutex_p);
```

　　pthread_mutex_destroy()函数在执行成功后返回 0，否则返回错误码。
　　要获得临界区的访问权，线程需调用pthread_mutex_lock()函数。pthread_mutex_lock()函数原型如下：

```
int pthread_mutex_lock(pthread_mutex_t* mutex_p);
```

　　当线程退出临界区后，应该调用pthread_mutex_unlock()函数。pthread_mutex_unlock()函数如下：

```
int pthread_mutex_unlock(pthread_ mutex _t* mutex _p);
```

　　调用 pthread_mutex_lock() 函数会使线程等待，直到没有其他线程进入临界区。调用 pthread_mutex_unlock() 则通知系统该线程已经完成了临界区中代码的执行。
　　通过声明一个全局的互斥锁，可以在求全局和的程序中用互斥锁代替忙等待方法。主线程对互斥锁进行初始化。在线程进入临界区前调用 pthread_mutex_lock() 函数，在执行完临界区中的所有操作后再调用 pthread_ mutex_unlock() 函数。
　　第一个调用 pthread_ mutex_lock() 的线程会为临界区"锁区"，其他线程如果也想要进入临界区，也需要先调用 pthread_ mutex_lock()，这些调用了 pthread_mutex_lock() 的线程都会阻塞并等待，直到第一个线程离开临界区。所以只有当第一个线程调用了 pthread_ mutex_unlock() 后，系统才会从那些阻塞的线程中选取一个线程使其进入临界区。这个过程反复执行，直到所有的线程都完成临界区的操作。
　　在使用互斥锁的多线程程序中，多个线程进入临界区的顺序是随机的，第一个调用

pthread_mutex_lock() 的线程率先进入临界区，接下去的线程顺序则由系统负责分配。Pthreads无法保证线程按其调用 pthread_ mutex_lock() 函数的顺序获得进入临界区的锁。只有有限个线程在尝试获得锁的所有权，最终每一个线程都会获得锁。

需要提出的是在使用互斥锁的过程中很有可能会出现死锁。两个线程试图同时占用两个资源，并按不同的次序锁定相应的互斥锁。此时可以使用 函数 pthread_mutex_try-lock()，它是函数 pthread_mutex_lock() 的非阻塞版本，当它发现死锁不可避免时，它会返回相应的信息，程序员可以针对死锁做出相应的处理。pthread_mutex_trylock() 函数原型如下：

```
int pthread_mutex_trylock( pthread_mutex_t *mutex );
```

[例5.4] 利用如下公式：

$$\ln 2 = \left[1 - \frac{1}{2} + \frac{1}{3} - \frac{1}{4} + ... \right] = \sum_{k=0}^{\infty} \frac{(-1)^k}{k+1}$$

编写一个Pthreads程序，使用互斥锁计算ln2值。

程序5.7为使用互斥锁计算ln2值的Pthreads程序。

程序5.7　使用互斥锁计算ln2值的Pthreads程序

```
1   #include"stdio.h "
2   #include"stdlib.h "
3   #include"pthread.h"
4   #define NUM_THREADS 8
5   long int thread_count;
6   pthread_mutex_t mutex;
7   long int n=1000000;
8   double ln2=0.0;
9   void* Compute_ln2(void *rank);
10  int main(int argc, char* argv[])
11  {
12    long int thread;
13    pthread_t thread_handles[NUM_THREADS ];
14    thread_count= NUM_THREADS;
15    pthread_mutex_init(&mutex, NULL);
16    for(thread=0; thread<thread_count; thread++)
17    {
18      pthread_create(&thread_handles[thread], NULL, Compute_ln2 , (void *)thread);
19    }
20    for(thread=0;thread<thread_count;thread++)
```

```
21    {
22        pthread_join(thread_handles[thread], NULL);
23    }
24    printf("Approxmation of ln2:%15.13f\n", ln2);
25    pthread_mutex_destroy(&mutex);
26    pthread_exit(NULL);
27    return 0;
28  }
29  void* Compute_ln2(void* rank)
30  {
31    long int my_rank=(long int) rank;
32    double factor;
33    long int i;
34    long int my_n=n/thread_count;
35    long int my_first_i=my_n*my_rank;
36    long int my_last_i=my_first_i+my_n;
37    double my_ln2=0.0;
38    if(my_first_i % 2 == 0)
39        factor=1.0;
40    else
41        factor=-1.0;
42    for(i=my_first_i; i<my_last_i; i++, factor=-factor)
43    {
44        my_ln2 +=factor/(i+1);
45    }
46    pthread_mutex_lock(&mutex);
47    ln2 += my_ln2;
48    pthread_mutex_unlock(&mutex);
49    return NULL;
50  }
```

程序 5.7 第 6 行声明一个全局互斥锁 mutex，第 15 行主线程对互斥锁 mutex 进行初始化。各线程计算完自己的 my_ln2 值后，在第 46 行更新全局变量 ln2 前调用 pthread_mutex_lock()。如果没有其他线程在临界区内，线程立即进入临界区，并更新 ln2 变量，否则线程阻塞并等待。进入临界区的线程更新完 ln2 变量后，在第 48 行调用 pthread_mutex_unlock()，并离开临界区。如果有其他线程在临界区前阻塞，系统会从那些阻塞的线程中选取一个线程使其进入临界区。

[例 5.5] 编写一个使用互斥锁蒙特·卡罗方法的 Pthreads 程序估计 π 值。蒙特·卡

罗方法估计π值的基本思想是利用圆与其外接正方形面积之比为π/4的关系，通过产生大量均匀分布的二维点，计算落在单位圆和单位正方形的数量之比再乘以4便得到π的近似值。程序5.8为使用互斥锁的蒙特·卡罗方法估计π值Pthreads程序。

程序5.8　使用互斥锁的蒙特·卡罗方法估计π值Pthreads程序

```
1   #include"stdio.h"
2   #include"stdlib.h"
3   #include"time.h"
4   #include"pthread.h"
5   #define NUM_THREADS 8
6   long int thread_count;
7   long int num_in_circle, num_point;
8   pthread_mutex_t mutex;
9   void* Compute_pi(void* rank);
10  int main(int argc, char* argv[])
11  {
12      double pi;
13      long int thread;
14      pthread_t* thread_handles;
15      thread_count= NUM_THREADS;
16      num_point=10000000;
17      srand(time(NULL));
18      thread_handles=(pthread_t*)malloc(thread_count*sizeof(pthread_t));
19      pthread_mutex_init(&mutex, NULL);
20      for(thread=0; thread<thread_count; thread++)
21      {
22          pthread_create(&thread_handles[thread], NULL, Compute_pi, (void*)thread);
23      }
24      for(thread=0; thread<thread_count; thread++)
25      {
26          pthread_join(thread_handles[thread], NULL);
27      }
28      pthread_mutex_destroy(&mutex);
29      pi=4*(double)num_in_circle/(double) num_point;
30      printf("The esitimate value of pi is %lf\n", pi);
31      pthread_exit(NULL);
32      return 0;
33  }
34  void* Compute_pi(void* rank)
```

```
35   {
36       long int i, local_num_point, local_ num_in_circle=0;
37       local_num_point=num_point/thread_count;
38       double x, y, distance;
39       for(i=0; i<local_num_point; i++)
40       {
41           x=(double)rand()/(double)RAND_MAX;
42           y=(double)rand()/(double)RAND_MAX;
43           distance =x*x+y*y;
44           if(distance <=1)
45           {
46               local_ num_in_circle++;
47           }
48       }
49       pthread_mutex_lock(&mutex);
50       num_in_circle+= local_ num_in_circle ;
51       pthread_mutex_unlock(&mutex);
52       return NULL;
53   }
```

程序 5.8 第 7 行定义了两个全局变量 num_in_circle 和 num_point。num_in_circle 变量用来对落在圆内的点进行计数，而 num_point 变量表示产生点的个数。由于全局变量被所有线程所共享，因此，在程序第 49 行线程对 num_in_circle 变量更新前必须获得互斥锁。线程更新完 num_in_circle 变量后释放所获得的互斥锁，使其他线程能够获得互斥锁更新 num_in_circle 变量。

5.3.3 条件变量

条件变量是利用线程间共享的全局变量进行同步的一种机制。互斥锁一个明显的缺点是它只有两种状态：锁定和非锁定。而条件变量通过允许线程阻塞和等待另一个线程发送信号的方法弥补了互斥锁的不足，它常和互斥锁一起使用。条件变量被用来阻塞一个线程，当条件不满足时，线程往往解开相应的互斥锁并等待条件发生变化。一旦其他的某个线程改变了条件变量，它将通知相应的条件变量唤醒一个或多个正被此条件变量阻塞的线程。这些线程将重新锁定互斥锁并重新测试条件是否满足。一般说来，条件变量被用来进行线程间的同步。

条件变量类型为 pthread_cond_t。条件变量和互斥锁一样，都有静态和动态两种创建方式，静态方式使用 PTHREAD_COND_INITIALIZER 常量进行初始化：

```
pthread_cond_t cond = PTHREAD_COND_INITIALIZER;
```

动态方式调用 pthread_cond_init() 函数进行初始化。pthread_cond_init() 函数原型如下：

```
int pthread_cond_init ((pthread_cond_t *_cond, _const pthread_condattr_t *_cond_attr));
```

其中 cond 是一个指向结构 pthread_cond_t 的指针，cond_attr 是一个指向结构 pthread_condattr_t 的指针。结构 pthread_condattr_t 是条件变量的属性结构。和互斥锁一样，我们可以用它来设置条件变量是进程内可用还是进程间可用，默认值是 PTHREAD_PROCESS_PRIVATE，即此条件变量被同一进程内的各个线程使用。注意初始化条件变量只有未被使用时才能重新初始化或被释放。

释放一个条件变量的函数为 pthread_cond_destroy()，只有没有线程在该条件变量上等待的时候，才能注销这个条件变量，否则返回 EBUSY。pthread_cond_destroy() 函数原型如下：

```
int pthread_cond_destroy(pthread_cond_t *cond)
```

条件变量允许线程在某个特定条件或事件发生前都处于挂起状态。当事件或条件发生时，另一个线程可以通过信号来唤醒挂起的线程。一个条件变量总是与一个互斥锁相关联。

函数 pthread_cond_signal() 的作用是解锁一个阻塞的线程。pthread_cond_signal() 函数原型如下：

```
int pthread_cond_signal(othread_cond_t* cond_var_p);
```

而函数 pthread_cond_broadcast() 用来唤醒所有被阻塞在条件变量 cond_var_p 上的线程。这些线程被唤醒后将再次竞争相应的互斥锁，所以必须小心使用这个函数。pthread_cond_broadcast() 函数原型如下：

```
int pthread_cond_broadcast(pthread_cond_t* cond_var_p);
```

函数 pthread_cond_wait() 的作用是通过互斥量 mutex_p 来阻塞线程，直到其他线程调用 pthread_cond_signal() 或者 pthread_cond_broadcast() 来解锁它。当线程解锁后，它重新获得互斥量。pthread_cond_wait() 函数原型如下：

```
int pthread_cond_wait(pthread_cond_t* cond_var_p,pthread_cond_t* mutex_p);
```

线程可以被函数 pthread_cond_signal() 和函数 pthread_cond_broadcast() 唤醒。但是要注意的是，条件变量只是起阻塞和唤醒线程的作用，具体的判断条件还需程序员具体给出。线程被唤醒后，它将重新检查判断条件是否满足，如果还不满足，一般说来线程应该仍阻塞，等待被下一次唤醒。

另一个用来阻塞线程的函数是 pthread_cond_timedwait()。pthread_cond_timedwait() 函数原型如下：

```
int pthread_cond_timedwait((pthread_cond_t *_cond, pthread_mutex_t *_mutex, _const struct timespec
*_abstime));
```

pthread_cond_timedwait() 函数比 pthread_cond_wait() 函数多了一个时间参数，经历 abstime 段时间后，即使条件变量不满足，阻塞也被解除。

函数 pthread_cond_signal()函数用来释放被阻塞在条件变量 cond 上的一个线程。多个线程阻塞在此条件变量上时，哪一个线程被唤醒是由线程的调度策略所决定的。要注意的是，必须用保护条件变量的互斥锁来保护这个函数，否则条件满足信号又可能在测试条件和调用 pthread_cond_wait() 函数之间被发出，从而造成无限制的等待。函数 pthread_cond_signal() 的原型如下：

```
int pthread_cond_signal (pthread_cond_t *_cond);
```

程序 5.9 为使用条件变量的 Pthreads 程序。在第 9 行定义了全局变量 i，线程 Thread1 和线程 Thread2 共享资源 i。在第 5 行和第 6 行分别声明了互斥变量和条件变量并初始化。线程 Thread1 对 i 进行循环加 1 操作，并输出所有非 3 倍数的 i 值。在第 46 行当 i 的值不为 3 的倍数时线程 Thread2 被阻塞。当 i 的值为 3 的倍数时，在第 31 行线程 Thread1 通过条件变量机制，通知线程 Thread2，线程 Thread2 被唤醒，并输出此时的 i 值。

程序 5.9　使用条件变量的 Pthreads 程序

```
1    #include"stdio.h"
2    #include"stdlib.h"
3    #include"pthread.h"
4    #include "unistd.h"
5    pthread_mutex_t mutex = PTHREAD_MUTEX_INITIALIZER;
6    pthread_cond_t cond = PTHREAD_COND_INITIALIZER;
7    void *Thread1(void *rank);
8    void *Thread2(void *rank);
9    int i = 1;
10   int main(int argc, char*argv[])
11   {
12       long int thread;
13       pthread_t thread_handles[2];
14       pthread_create(&thread_handles[0], NULL, Thread1, NULL);
```

```
15      pthread_create(&thread_handles[1], NULL, Thread2, NULL);
16      for (thread = 0; thread<2; thread++)
17      {
18          pthread_join(thread_handles[thread], NULL);
19      }
20      pthread_mutex_destroy(&mutex);
21      pthread_cond_destroy(&cond);
22      pthread_exit(NULL);
23      return 0;
24  }
25  void *Thread1(void *rank)
26  {
27      for (i = 1; i <= 9; i++)
28      {
29          pthread_mutex_lock(&mutex);
30          if (i % 3 == 0)
31              pthread_cond_signal(&cond);
32          else
33              printf("Thread1, i=%d\n", i);
34          pthread_mutex_unlock(&mutex);
35          sleep(1);
36      }
37      return NULL;
38  }
39  void *Thread2(void *rank)
40  {
41      while (i<9)
42      {
43          pthread_mutex_lock(&mutex);
44          if (i % 3 != 0)
45          {
46              pthread_cond_wait(&cond, &mutex);
47              printf("Thread2, i=%d\n", i);
48          }
49          pthread_mutex_unlock(&mutex);
50          sleep(1);
51      }
52      return NULL;
53  }
```

程序5.9输出结果如下：

```
Thread1, i=1
Thread1, i=2
Thread2, i=3
Thread1, i=4
Thread1, i=5
Thread2, i=6
Thread1, i=7
Thread1, i=8
Thread2, i=9
```

从程序输出结果可以看出，在 $i=3$，6，9时线程Thread2满足条件，产生输出。

[例5.6] 假设系统有一个输入线程，两个输出线程。输入线程随机产生整数，并放入只能容纳一个数的缓冲区。如果缓冲区放入是一个奇数，由输出奇数的输出线程输出，否则由输出偶数的输出线程输出。编写一个Pthreads程序使用条件变量实现输出奇数和偶数功能。

程序5.10 为使用条件变量输出奇数和偶数的Pthreads程序。

程序5.10　使用条件变量输出奇数和偶数的Pthreads程序

```
1    #include"stdio.h"
2    #include"stdlib.h"
3    #include"time.h"
4    #include"unistd.h"
5    #include"pthread.h"
6    int num_odd=0;
7    int num_even=0;
8    int buffer;
9    pthread_mutex_t mutex;
10   pthread_cond_t is_empty, is_odd, is_even;
11   void * Producer(void * rank);
12   void* Consumer_odd(void * rank);
13   void* Consumer_even(void * rank);
14   int main(int argc, char * argv[])
15   {
16       long int thread;
17       srand(time(NULL));
18       pthread_t thread_handles[3];
19       pthread_mutex_init(&mutex, NULL);
20       pthread_cond_init(&is_empty, NULL);
```

```
21      pthread_cond_init(&is_odd, NULL);
22      pthread_cond_init(&is_even, NULL);
23      pthread_create(&thread_handles[0], NULL, Producer, NULL);
24      pthread_create(&thread_handles[1], NULL, Consumer_odd, NULL);
25      pthread_create(&thread_handles[2], NULL, Consumer_even, NULL);
26      for(thread=0; thread<3; thread++)
27      {
28          pthread_join(thread_handles[thread], NULL);
29      }
30      pthread_mutex_destroy(&mutex);
31      pthread_cond_destroy(&is_odd);
32      pthread_cond_destroy(&is_even);
33      pthread_cond_destroy(&is_empty);
34      pthread_exit(NULL);
35      return 0;
36  }
37  void * Producer(void * rank)
38  {
39      int k;
40      for(int i=0; i<10; i++)
41      {
42          pthread_mutex_lock(&mutex);
43          if((num_odd+num_even)!=0)
44              pthread_cond_wait(&is_empty, &mutex);
45          k = rand()%100;
46          printf("Producer puts %d\n", k);
47          buffer = k;
48          if(k %2 != 0)
49          {
50              num_odd++;
51              pthread_cond_signal(&is_odd);
52          }
53          else
54          {
55              num_even++;
56              pthread_cond_signal(&is_even);
57          }
58          pthread_mutex_unlock(&mutex);
59          sleep(1);
```

```
60       }
61       printf("Producer has finished.\n");
62       return NULL;
63   }
64   void* Consumer_odd(void * rank)
65   {
66       int k;
67       while(1)
68       {
69           pthread_mutex_lock(&mutex);
70           if(num_odd==0)
71               pthread_cond_wait(&is_odd, &mutex);
72           num_odd--;
73           k=buffer;
74           printf("Consumer_odd gets %d\n", k);
75           pthread_cond_signal(&is_empty);
76           pthread_mutex_unlock(&mutex);
77           sleep(1);
78       }
79       return NULL;
80   }
81   void* Consumer_even(void * rank)
82   {
83       int k;
84       while(1)
85       {
86           pthread_mutex_lock(&mutex);
87           if(num_odd==0)
88               pthread_cond_wait(&is_even, &mutex);
89           num_even--;
90           k=buffer;
91           printf("Consumer_odd gets %d\n",k);
92           pthread_cond_signal(&is_empty);
93           pthread_mutex_unlock(&mutex);
94           sleep(1);
95       }
96       return NULL;
97   }
```

程序5.10输出结果如下：

```
Producer puts 42
Consumer_even gets 42
Producer puts 54
Consumer_even gets 54
Producer puts 83
Consumer_odd gets 83
Producer puts 64
Consumer_even gets 64
Producer puts 12
Consumer_even gets 12
Producer puts 16
Consumer_even gets 16
Producer puts 32
Consumer_even gets 32
Producer puts 37
Consumer_odd gets 37
Producer puts 88
Consumer_even gets 88
Producer puts 59
Consumer_odd gets 59
Producer has finished.
```

5.3.4　信号量

信号量（Semaphore）是由计算机科学家 Edsger Dijkstra 提出的，被用来控制对共享资源的访问。信号量不是Pthreads线程库的一部分，线程中使用的信号量函数都声明在头文件semaphore.h中。信号量有两种：未命名（内存）信号量和命名信号量。

sem_init() 函数用于初始化非命名信号量，sem_init() 函数原型如下：

```
#include"semaphore.h"
int sem_init(sem_t *sem , int pshared, unsigned int value);
```

sem_init() 函数初始化由 sem 指向的信号量，value 参数指定信号量的初始值，pshared 参数指明信号量是由进程内线程共享，还是由进程之间共享。如果 pshared 的值为 0，那么信号量将被进程内的线程共享，否则信号量就可以在多个进程之间共享。

sem_wait() 函数用于以原子操作的方式将信号量的值减 1。sem_wait() 函数的原型如下：

```
#include "semaphore.h"
int sem_wait(sem_t *sem);
```

sem 指向的对象是由 sem_init()调用初始化的信号量。调用成功时返回 0，失败返回 -1。

sem_post() 函数用于以原子操作的方式将信号量的值加 1。sem_post()函数的原型如下：

```
#include"semaphore.h"
int sem_post(sem_t *sem);
```

与 sem_wait()函数一样，sem 指向的对象是由 sem_init() 调用初始化的信号量。调用成功时返回 0，失败返回 -1。

sem_destroy() 函数用于对用完的信号量的清理。sem_destroy() 函数的原型如下：

```
#include "semaphore.h"
int sem_destroy(sem_t *sem);
```

sem_destroy() 函数调用成功时返回 0，失败时返回 -1。

函数 sem_trywait() 是函数 sem_wait() 函数的非阻塞版本。如果信号量的当前值为 0，则调用 sem_wait()函数的线程被阻塞，直到信号量的值大于 0。sem_trywait()函数和 sem_wait()有一点不同，即如果信号量的当前值为 0，则返回错误而不是阻塞调用。sem_trywait() 函数原型如下：

```
#include "semaphore.h"
int sem_sem_trywait(sem_t *sem);
```

sem_timedwait() 函数与 sem_wait() 函数类似，只不过 abs_timeout 指定一个阻塞的时间上限。sem_timedwait() 函数原型如下：

```
#include "semaphore.h"
int sem_timedwait(sem_t *sem, const struct timespec *abs_timeout);
```

sem_getvalue() 函数把 sem 指向的信号量当前值放置在 sval 指向的整数上。但是信号量的值可能在 sem_getvalue() 函数返回时已经被更改。sem_getvalue() 函数原型如下：

```
#include"semaphore.h"
int sem_getvalue(sem_t *sem, int *sval);
```

信号量数据类型和信号量函数如表 5.5、5.6 所示。

表5.5　信号量数据类型 （#include"semaphore.h"）

数据类型	功能
sem_t	信号量数据类型

表5.6　信号量函数（#include"semaphore.h"）

函数原型	功能
int sem_init(sem_t *sem , int pshared, unsigned int value)	初始化未命名(内存)信号量
int sem_wait(sem_t *sem)	将信号量的值减1
int sem_post(sem_t *sem)	将信号量的值加1
int sem_destroy(sem_t *sem)	撤销信号量
int sem_sem_trywait(sem_t *sem)	将信号量的值减1,但非阻塞
int sem_timedwait(sem_t *sem, const struct timespec *abs_timeout)	将信号量的值减1,但是指定阻塞的时间上限
int sem_getvalue(sem_t *sem, int *sval)	取信号量值
sem_t *sem_open(const char *name,int oflag,mode_t mode,un-signed int value)	创建并初始化命名信号量
int sem_close(sem_t *sem)	关闭命名信号量
int sem_unlink(const char *name)	从系统中删除命名信号量

[例5.7] 利用 $\pi = \int_0^1 \frac{4}{1+x^2} \, \mathrm{d}x$ ，使用信号量法计算 π 的近似值。

程序5.11为使用信号量法计算 π 值的 Pthreads 程序。

程序5.11　使用信号量法计算 π 值的 Pthreads 程序

```
1    #include "stdio.h"
2    #include "stdlib.h"
3    #include"pthread.h"
4    #include "semaphore.h"
5    #define NUM_THREADS 8
6    long int thread_count;
7    long int n=10000000;
8    double pi=0.0;
9    sem_t bin_sem;
10   void* Compute_pi(void *rank);
11   int main(int argc, char* argv[])
12   {
13      long int thread;
14      pthread_t thread_handles[NUM_THREADS ];
15      thread_count= NUM_THREADS;
16      sem_init(&bin_sem, 0, 1);
17      for(thread=0; thread<thread_count; thread++)
18      {
19         pthread_create(&thread_handles[thread], NULL, Compute_pi, (void *)thread);
```

127

```
20      }
21      for(thread=0; thread<thread_count; thread++)
22      {
23          pthread_join(thread_handles[thread], NULL);
24      }
25      printf("Approxmation of pi:%15.13f\n", pi);
26      sem_destroy(&bin_sem);
27      pthread_exit(NULL);
28      return 0;
29  }
30  void* Compute_pi(void *rank)
31  {
32      long int my_rank =(long int)rank;
33      long int i ;
34      long int my_n = n/thread_count ;
35      long int my_first_i = my_n*my_rank;
36      long int my_last_i = my_first_i + my_n;
37      double my_pi = 0.0;
38      double h=1.0/(double)n;
39      double x;
40      for(i = my_first_i; i<my_last_i; i++)
41      {
42          x=(i+0.5)*h;
43          my_pi += 4.0/(1.0+x*x);
44      }
46      sem_wait(&bin_sem);
47      pi += my_pi*h;
48      sem_post(&bin_sem);
49      return NULL;
50  }
```

并行化计算 π 值的方法是将 for 循环分块后交给各个线程处理，程序 5.8 第 8 行并将 pi 设为全局变量。假设线程数 thread_count，整个任务数为 n，每个线程的任务为 l=n/thread_count。因此，对于线程 0，循环变量 i 的范围是 0~l-1。线程 1 循环变量的范围是 l~2l-1。更一般化地，对于线程 q，循环变量的范围是 ql~(q+1)l-1。第 9 行声明一个全局信号量 bin_sem，第 15 行主线程对信号量 bin_sem 进行初始化。各线程计算完自己的 my_pi 值后，在第 46 行更新全局变量 pi 前调用 sem_wait ()。如果没有其他线程在临界区内，线程立即进入临界区，并更新 pi 变量，否则线程阻塞并等待。进入临界区的线程更新完 pi 变量后，在第 48 行调用 sem_post()，并离开临界区。如果有其他线程在临界区前阻塞，系统会从那些阻塞的线程中选取一个线程使其进入临界区。

　　[例 5.8] 假设系统中有一个输入线程，两个输出线程。输入线程随机产生整数，并放入只能容纳一个数的缓冲区。如果缓冲区放入是一个奇数，由输出奇数的输出线程输出，否则由输出偶数的输出线程输出。编写一个 Pthreads 程序使用信号量实现输出奇数和偶数功能。

　　程序 5.12 为使用信号量输出奇数和偶数的 Pthreads 程序。

程序 5.12　使用信号量输出奇数和偶数的 Pthreads 程序

```
1   #include"stdio.h"
2   #include"stdlib.h"
3   #include"time.h"
4   #include"unistd.h"
5   #include"pthread.h"
6   #include"semaphore.h"
7   int thread_finished=0;
8   long int buffer;
9   sem_t empty,odd_full,even_full;
10  void * Producer(void * rank);
11  void* Consumer_odd(void * rank);
12  void* Consumer_even(void * rank);
13  int main(int argc, char * argv[])
14  {
15    long int thread;
16    srand(time(NULL));
17    pthread_t thread_handles[3];
18    sem_init(&empty,0,1);
19    sem_init(&odd_full,0,0);
20    sem_init(&even_full,0,0);
21    pthread_create(&thread_handles[0], NULL, Producer, NULL);
22    pthread_create(&thread_handles[1], NULL,Consumer_odd, NULL);
23    pthread_create(&thread_handles[2], NULL, Consumer_even, NULL);
24    for(thread=0; thread<3; thread++)
25    {
26      pthread_join(thread_handles[thread], NULL);
27    }
28    sem_destroy(&empty);
29    sem_destroy(&odd_full);
30    sem_destroy(&even_full);
```

```
31      pthread_exit(NULL);
32      return 0;
33   }
34   void * Producer(void * rank)
35   {
36      int k;
37      for(int i=0; i<10; i++)
38      {
39         k = rand()%100;
40         sem_wait(&empty);
41         printf("Producer puts %d\n",k);
42         buffer = k;
43         if(k %2 != 0)
44            sem_post(&odd_full);
45         else
46            sem_post(&even_full);
47      sleep(1);
48      }
49      thread_finished=1;
50      sem_post(&odd_full);
51      sem_post(&even_full);
52      printf("Producer is finished.\n");
53      return NULL;
54   }
55   void* Consumer_odd(void * rank)
56   {
57      int k;
58      while(1)
59      {
60         sem_wait(&odd_full);
61         if(thread_finish==1)
62            break;
63         k=buffer;
64         printf("Consumer_odd gets %d\n",k);
65         sem_post(&empty);
66         sleep(1);
67      }
68      printf("Consumer_odd has finished.\n");
69      return NULL;
```

```
70  }
71  void* Consumer_even(void * rank)
72  {
73      int k;
74      while(1)
75      {
76          sem_wait(&even_full);
77          if(thread_finished==1)
78              break;
79          k=buffer;
80          printf("Consumer_even gets %d\n",k);
81          sem_post(&empty);
82          sleep(1);
83      }
84      printf("Consumer_even has finished.\n");
85      return NULL;
86  }
```

程序 5.12 输出结果如下：

```
Producer puts 46
Consumer_even gets 46
Producer puts 52
Consumer_even gets 52
Producer puts 34
Consumer_even gets 34
Producer puts 4
Consumer_even gets 4
Producer puts 35
Consumer_odd gets 35
Producer puts 39
Consumer_odd gets 39
Producer puts 56
Consumer_even gets 56
Producer puts 87
Consumer_odd gets 87
Producer puts 21
Consumer_odd gets 21
Producer puts 42
Consumer_even gets 42
Producer has finished.
Consumer_even has finished.
Consumer_odd has finished.
```

5.3.5 路 障

通过保证所有线程在程序中处于同一个位置来同步线程。这个同步点又称为路障（Barrier），只有所有线程都抵达此路障，线程才能继续运行下去，否则会阻塞在路障处。

pthread_barrier_t 是路障数据类型，是一个计数锁。通过函数 pthread_barrier_init()初始化，参数 count 指定的等待个数。 pthread_barrier_init() 函数原型如下：

```
int pthread_barrier_init(pthread_barrier_t *restrict barrier, const pthread_barrierattr_t *restrict attr, unsigned count);
```

pthread_barrier_wait () 函数将在路障上同步参与线程。调用线程将阻塞，直到所需的线程数调用了指定屏障路障。pthread_barrier_wait () 函数原型如下：

```
int pthread_barrier_wait(pthread_barrier_t *barrier);
```

pthread_barrier_destroy() 函数用于对用完的路障变量的清理。pthread_barrier_destroy()函数的原型如下：

```
int pthread_barrier_destroy(pthread_barrier_t *barrier);
```

程序 5.13 为两个任务使用路障进行等待的 Pthreads 程序。

程序5.13　两个任务使用路障进行等待的 Pthreads 程序

```
1    #include "stdio.h"
2    #include"stdlib.h"
3    #include "unistd.h"
4    #include "pthread.h"
5    #include "time.h"
6    pthread_barrier_t barrier;
7    void *Task1(void *rank);
8    void *Task2(void *rank);
9    int main(int argc, char *argv[])
10   {
11       pthread_t thread_handles[2];
12       pthread_barrier_init(&barrier, NULL, 2);
13       pthread_create(&thread_handles[0], NULL, Task1, NULL);
14       pthread_create(&thread_handles[1], NULL, Task2, NULL);
15       for(thread=0; thread<2; thread++)
16       {
```

```
17        pthread_join(thread_handles[thread], NULL);
18    }
19    pthread_barrier_destroy(&barrier);
20    pthread_exit(NULL);
21    return 0;
22 }
23 void *Task1(void *rank)
24 {
25    printf("Task1 is blocked.\n");
26    pthread_barrier_wait(&barrier);
27    printf("Task1 is running.\n");
28    sleep(1);
29    return NULL;
30 }
31 void *Task2(void *rank)
32 {
33    printf("Task2 is blocked.\n");
34    pthread_barrier_wait(&barrier);
35    printf("Task2 is running.\n");
36    sleep(1);
37    return NULL;
38 }
```

程序 5.13 输出结果如下:

```
Task1 is blocked.
Task2 is blocked.
Task2 is running.
Task1 is running.
```

在 Pthreads 中条件变量可以实现路障。程序 5.14 为用条件变量实现路障的 Pthreads 程序。

程序5.14　条件变量实现路障的 Pthreads 程序

```
1   /* Shared */
2   int counter = 0;
3   pthread_mutex_ mutex;
4   pthread_cond_t cond_var;
5   ...
```

```
6    void* Thread_work(...)
7    {
8        ...
9        /* Barrier */
10       pthread_mutex_lock(&mutex);
11       counter++;
12       if(counter == thread_count)
13       {
14           counter = 0;
15           pthread_cond_brocast(&cond_var);
16       }
17       else
18       {
19           while(pthread_cond_wait(&cond_var, &mutex) != 0);
20       }
21       pthread_mutex_unlock(&mutex);
22       ...
23   }
```

　　除了调用 pthread_cond_broadcast 函数，其他的某些事件也可能将挂起的线程解锁。因此，函数 pthredd_cond_wait 一般被放置于 while 循环内，如果线程不是被 pthread_cond_broadcast 或 pthread_cond_signal 函数，而是被其他事件解除阻塞，那么能检查到 pthread_cond_waitt 函数的返回值不为 0，被解除阻塞的线程还会再次执行该函数。

　　如果一个线程被唤醒，那么在继续运行后面的代码前最好能检查一下条件是否满足。在我们的例子中，如果调用 pthread_cond_signal 函数从路障中解除阻塞的线程后，在继续运行之前，应该首先查看 counter 是否等于 0。使用广播唤醒线程，某些先被唤醒的线程会运行超前并改变竞争条件的状态。如果每个线程在唤醒后都能检查条件，它就能发现条件已经不再满足，然后又进入睡眠状态。

　　为了路障的正确性，必须调用 pthread_cond_wait 来解锁。如果没有用这个函数对互斥量进行解锁，那么只有一个线程能进入路障，所有其他的线程将阻塞在对 pthread_mu-tex_ lock 的调用上，而第一个进入路障的线程将阻塞在对 pthread_cond_wait 的调用上，从而程序将挂起。

　　互斥量的语义要求从 pthread_cond_wait 调用返回后，互斥量要被重新加锁。当从 pthread_mutex_lock 调用中返回，就能获得锁。因此，应该在某一时刻通过调用 pthread_mutex_unlock 释放锁。

　　在 Pthreads 中信号量也可以实现路障。程序 5.15 为使用信号量实现路障的 Pthreads 程序。

程序5.15　使用信号量实现路障的 Pthreads 程序

```
1   /* shared variables */
2   int counter;    /*Initialize to 0*/
3   int count_sem;  /*Initialize to 1*/
4   int barrier_sem; /*Initialize to 2*/
5   ...
6   void Thread_work(...)
7   {
8       ...
9       /* Barrier */
10      sem_wait(&count_sem);
11      if(counter == thread_count−1)
12      {
13          counter = 0;
14          sem_post(&count_sem);
15          for(j = 0; j < thread_count−1; j++)
16          sem_post(&barrier_sem);
17      }
18      else
19      {
20          counter++;
21          sem_post(&count_sem);
22          sem_wait(&barrier_sem);
23      }
24      ...
25  }
```

在忙等待的路障中，使用一个计数器来判断有多少线程进入了路障。在这里，我们采用两个信号量：count_sem，用于保护计数器；barrier_sem，用于阻塞已经进入路障的线程。Counter_sem 信号量初始化为1（开锁状态），第一个到达路障的线程调用sem_wait函数，则随后的线程会被阻塞直到获取访问计数器的权限。当一个线程被允许访问计数器时，它检查 counter<thread_count−1 是否成立，如果成立，线程对计数器的值加1并"释放锁"（sem_post(&count_sem)），然后在调用 sem_wait(&barrier_sem)后阻塞。另一个方面，若 counter == thread_count−1，最后一个进入路障的线程重置计数器的值为0，并通过调用 sem_post(&count_sem)来"解锁"count_sem。接着，它需要通知所有的线程继续运行，所以它为 pthread_count−1 个阻塞在 sem_wait(barrier_sem)的线程分别执行一次 sem_post(&barrier_sem)。

如果出现这种情况：线程开始循环执行 sem_post(barrier_sem)，在其他线程还未调用

sem_wait(&barrier_sem)解锁前，就已经多次调用sem_post，这种情况是不要紧的。信号量是unsigned int类型的变量，调用sem_post会对它的值加1，调用sem_wait时只要它的值不为0就减1，当值为0时，调用该函数的线程会被阻塞直到信号量的值为正数。所以，在其他线程因调用sem_wait(&barrier_sem)而阻塞前，循环执行sem_post(&count_sem)并不会影响程序的正确性，因为最终被阻塞的线程会发现barrier_sem的值为正数，然后它们会递减该值并继续运行下去。

线程被阻塞在sem_wait不会消耗CPU周期，所以用信号量实现路障的方法比用忙等待实现的路障性能更佳。

counter是可以重用的，因为在所有线程离开路障前，已经小心重置它了。另外，count_sem也可以重用，因为线程离开路障前，它已经重置为1了。剩下的barrier_sem，既然一个sem_post对应一个sem_wait，则当线程开始执行第二个路障时，barrier_sem的值应该为0。假设有两个线程，线程0在第一个路障处因调用sem_wait(&barrier_sem)而阻塞，此时线程1正循环执行sem_post。假设操作系统发现线程0处于空闲状态便将其挂起，接着线程1继续执行至第二个路障，因为counter == 0，所以它会执行else后面的语句。在递增counter值后，它执行sem_post(&barrier_sem)，然后执行sem_wait(&barrier_sem)。

如果线程0仍然处于挂起状态，那么它就不会递减barrier_sem值，因此当线程1抵达sem_wait(&barrier_sem)时，barrier_sem的值仍然为1，它只会简单地将barrier_sem减1并继续运行下去。这会导致不幸的结果发生：线程0被重新调度运行时，会被阻塞在第一个sem_wait(&barrier_sem)处，而线程1在线程0进入第二个路障前就已经通过了该路障。可见重用barrier_sem导致了一个竞争条件。

[**例5.9**] 设$Ax=b$。其中，A是$n×n$矩阵，b是$n×1$向量，x是$n×1$未知向量，编写一个Pthreads使用Gaussian消元法求解线性方程组。Gaussian消元法算法由两个主要步骤组成：第一步将组合矩阵[A|b]转换为上三角形式，然后通过回代法计算解向量x。下面是并行Gaussian消元法算法。

```
for i=0 to n
    // barrier
    forall j=i+1 to n in parallel
        temp=A[j, i]/A[i, i]
        for k=i+1 to n
            A[j, k]=A[j, k]−A[j, k]×temp
        endfor
    endforall
    A[j, i]=0;
    // barrier
endfor
```

　　在并行 Gaussian 消元法中，外层顺序 for 循环只有当上一次迭代完成，下一次迭代才能开始。即在当次迭代中的所有线程必须完成其计算才能开始下次迭代。因此，必须在此插入路障，使得当次迭代中的所有线程必须完成其计算才能开始下次迭代。程序 5.16 为高斯消去解方程的 Pthreads 程序。

程序 5.16　高斯消去解方程的 Pthreads 程序

```
1    #include <stdio.h>
2    #include <stdlib.h>
3    #include <math.h>
4    #include <pthread.h>
5    #define N 4
6    double A[N][N+1];
7    pthread_barrier_t barrier;
8    int print_matrix()
9    {
10       int i, j;
11       printf("--------------------------------------\n");
12       for(i=0; i<N; i++)
13       {
14          for(j=0;j<N+1;j++)
15          printf("%6.2f ", A[i][j]) ;
16          printf("\n");
17       }
18   }
19   void *ge(void *arg)
20   {
21       int i, j, prow;
22       int myid = (int)arg;
23       double temp, factor;
24       for(i=0; i<N-1; i++)
25       {
26          if (i == myid)
27          {
28             printf("partial pivoting by thread %d on row %d: ", myid, i);
29             temp = 0.0;
30             prow = i;
31             for (j=i; j<=N; j++)
32             {
33                if (fabs(A[j][i]) > temp)
```

137

```
34              {
35                  temp = fabs(A[j][i]);
36                  prow = j;
37              }
38          }
39          printf("pivot_row=%d pivot=%6.2f\n", prow, A[prow][i]);
40          if (prow != i)
41          {
42              for (j=i; j<N+1; j++)
43              {
44                  temp = A[i][j];
45                  A[i][j] = A[prow][j];
46                  A[prow][j] = temp;
47              }
48          }
49      }
50      // wait for partial pivoting done
51      pthread_barrier_wait(&barrier);
52      for(j=i+1; j<N; j++)
53      {
54          if (j == myid)
55          {
56              printf("thread %d do row %d\n", myid, j);
57              factor = A[j][i]/A[i][i];
58              for (k=i+1; k<=N; k++)
59                  A[j][k] -= A[i][k]*factor;
60              A[j][i] = 0.0;
61          }
62      }
63      // wait for current row reductions to finish
64      pthread_barrier_wait(&barrier);
65      if (i == myid)
66          print_matrix();
67  }
68  }
69  int main(int argc, char *argv[])
70  {
71      int i, j;
72      double sum;
```

```
73        pthread_t threads[N];
74        printf("main: initialize matrix A[N][N+1] as [A|B]\n");
75        for (i=0; i<N; i++)
76            for (j=0; j<N; j++)
77                A[i][j] = 1.0;
78        for (i=0; i<N; i++)
79            A[i][N−i−1] = 1.0*N;
80        for (i=0; i<N; i++)
81        {
82            A[i][N] = 2.0*N − 1;
83        }
84        print_matrix(); // show initial matrix [A| B]
85        pthread_barrier_init(&barrier, NULL, N);
86        printf("main: create N=%d working threads\n", N);
87        for (i=0; i<N; i++)
88        {
89            pthread_create(&threads[i], NULL, ge, (void *)i);
90        }
91        printf("main: wait for all %d working threads to join\n", N);
92        for (i=0; i<N; i++)
93        {
94            pthread_join(threads[i], NULL);
95        }
96        printf("main: back substitution : ");
97        for (i=N−1; i>=0; i−−)
98        {
99            sum = 0.0;
100           for (j=i+1; j<N; j++)
101               sum += A[i][j]*A[j][N];
102           A[i][N] = (A[i][N]− sum)/A[i][i];
103       }
104       printf("The solution is :\n");
105       for(i=0; i<N; i++)
106       {
107           printf("%6.2f ", A[i][N]);
108       }
109       printf("\n");
110   }
```

5.3.6 读写锁

读写锁实际是一种特殊的自旋锁，它把对共享资源的访问者划分成读者和写者，读者只对共享资源进行读访问，写者则需要对共享资源进行写操作。这种锁相对于自旋锁而言，能提高并发性，因为在多处理器系统中，它允许同时有多个读者来访问共享资源，最大可能的读者数为实际的逻辑 CPU 数。写者是排他性的，一个读写锁同时只能有一个写者或多个读者，但不能同时既有读者又有写者。

如果读写锁当前没有读者，也没有写者，那么写者可以立刻获得读写锁，否则它必须自旋在那里，直到没有任何写者或读者。如果读写锁没有写者，那么读者可以立即获得该读写锁，否则读者必须自旋在那里，直到写者释放该读写锁。

一次只有一个线程可以占有写模式的读写锁，但是可以有多个线程同时占有读模式的读写锁。正是因为这个特性，当读写锁是写加锁状态时，在这个锁被解锁之前，所有试图对这个锁加锁的线程都会被阻塞。当读写锁在读加锁状态时，所有试图以读模式对它进行加锁的线程都可以得到访问权，但是如果线程希望以写模式对此锁进行加锁，它必须等到所有的线程释放锁。

通常，当读写锁处于读模式锁住状态时，如果有另外线程试图以写模式加锁，读写锁通常会阻塞随后的读模式锁请求，这样可以避免读模式锁长期占用，而等待的写模式锁请求长期阻塞。

读写锁适合于对数据结构的读次数比写次数多得多的情况。因为，读模式锁定时可以共享，以写模式锁住时意味着独占，所以读写锁又叫共享−独占锁。

读写锁类型为 pthread_rwlock_t。读写锁变量和互斥锁一样，都有静态和动态两种创建方式，静态方式使用 PTHREAD_RWLOCK_INITIALIZER 常量进行初始化：

---

pthread_rwlock_t rwlock=PTHREAD_RWLOCK_INITIALIZER;

动态方式使用 pthread_rwlock_init() 函数进行初始化。pthread_rwlock_init() 函数原型如下：

---

int pthread_rwlock_init(pthread_rwlock_t *rwlock, const pthread_rwlockattr_t *attr);

参数 rwlock 是一个指向读写锁的指针，参数 attr 是一个读写锁属性对象的指针。如果将 NULL 传递给它，则使用默认属性来初始化一个读写锁。如果成功，pthread_rwlock_init() 函数就返回 0；否则就返回一个非零的错误码。

销毁读写锁使用 pthread_rwlock_destroy() 函数。pthread_rwlock_destroy() 函数原型如下：

---

int pthread_rwlock_destroy(pthread_rwlock_t *rwlock);

获取读写锁的读锁操作分为阻塞式获取和非阻塞式获取。如果读写锁由一个写者持有，则读线程会阻塞直至写入者释放读写锁。

阻塞式获取读锁为 pthread_rwlock_rdlock() 函数。pthread_rwlock_rdlock() 函数原型如下：

---
int pthread_rwlock_rdlock(pthread_rwlock_t *rwlock);

非阻塞式获取读锁为 pthread_rwlock_tryrdlock() 函数。pthread_rwlock_tryrdlock() 函数原型如下：

---
int pthread_rwlock_tryrdlock(pthread_rwlock_t *rwlock);

获取读写锁的写锁操作：分为阻塞和非阻塞，如果对应的读写锁被其他写者持有，或者读写锁被读者持有，该线程都会阻塞等待。

阻塞式获取写锁为 pthread_rwlock_wrlock() 函数。pthread_rwlock_wrlock() 函数原型如下：

---
int pthread_rwlock_wrlock(pthread_rwlock_t *rwlock);

非阻塞式获取写锁为 pthread_rwlock_trywrlock() 函数。pthread_rwlock_trywrlock() 函数原型如下：

---
int pthread_rwlock_trywrlock(pthread_rwlock_t *rwlock);

成功则返回0,出错则返回错误编号。

释放读写锁是 pthread_rwlock_unlock() 函数。pthread_rwlock_unlock()函数原型如下：

---
int pthread_rwlock_unlock(pthread_rwlock_t *rwlock);

[例5.10] 读者写者问题。读写的文件为一个字符串，读者线程一次可以将该字符串全部读出，然后打印读取信息。写者线程一次只能写入一个字符，该字符从一个字符串中取出，并打印写入信息。允许多个读者同时读取数据，只有一个写者可以写数据，写者在写时读者不能读，反之亦然。

程序5.17为读者写者问题的Pthreads程序。

程序5.17　读者写者问题的Pthreads程序

```
1    #include"stdio.h"
2    #include"stdlib.h"
```

```
3   #include"unistd.h"
4   #include"pthread.h"
5   #define NUM_READER 2
6   #define NUM_WRITER 3
7   #define SIZE_PAPER 6
8   char paper[SIZE_PAPER]="";
9   char string[]="Hello!";
10  int read_index=0;
11  int write_index = 0;
12  int thread_finished=0;
13  pthread_rwlock_t rwlock;
14  void *Reader(void *rank);
15  void *Writer(void *rank);
16  int main(int argc, char *argv[])
17  {
18      long int thread;
19      pthread_t thread_readers[NUM_READER];
20      pthread_t thread_writers[NUM_WRITER];
21      pthread_rwlock_init(&rwlock, NULL);
22      for(thread=0; thread< NUM_READER; thread++)
23      {
24          pthread_create(&thread_readers [thread], NULL, Reader, (void *)thread);
25      }
26      for(thread=0; thread< NUM_WRITER; thread++)
27      {
28          pthread_create(&thread_writers[thread], NULL, Writer, (void *)thread);
29      }
30      for(thread=0; thread< NUM_READER; thread++)
31      {
32          pthread_join(thread_readers[thread], NULL);
33      }
34      for(thread=0; thread< NUM_WRITER; thread++)
35      {
36          pthread_join(thread_writers[thread], NULL);
37      }
38      pthread_rwlock_destroy(&rwlock);
39      pthread_exit(NULL);
40      return 0;
41  }
```

```
42   void *Reader(void *rank)
43   {
44       long int my_rank =(long int)rank;
45       while(1)
46       {
47           pthread_rwlock_rdlock(&rwlock);
48           printf("Reader %ld reads %s\n", my_rank, paper);
49           pthread_rwlock_unlock(&rwlock);
50           sleep(1);
51           if(thread_finished==1)
52               break;
53       }
54       return NULL;
55   }
56   void *Writer(void *rank)
57   {
58       long int my_rank =(long int)rank;
59       int i;
60       char ch;
61       while (1)
62       {
63           pthread_rwlock_wrlock(&rwlock);
64           ch=string[write_index];
65           paper[write_index] = ch;
66           write_index++;
67           printf("Writer %ld writes %c\n", my_rank, ch);
68           pthread_rwlock_unlock(&rwlock);
69           sleep(1);
70           if(write_index==6)
71           {
72               thread_finished=1;
73               break;
74           }
75       }
76       return NULL;
77   }
```

143

程序5.17输出结果如下:

```
Writer 2 writes H
Writer 0 writes e
Writer 1 writes l
Reader 1 reads Hel
Reader 0 reads Hel
Writer 2 writes l
Writer 0 writes o
Writer 1 writes !
Reader 1 reads Hello!
Reader 0 reads Hello!
```

5.4 生产者消费者问题

生产者消费者问题(Producer-consumer problem)是一个多线程同步问题的经典案例。该问题描述了两个共享固定大小缓冲区的线程。在实际运行时会发生的问题。生产者的主要作用是生成一定量的数据放到缓冲区中,然后重复此过程。与此同时,消费者也在缓冲区消耗这些数据。该问题的关键就是要保证生产者不会在缓冲区满时加入数据,消费者也不会在缓冲区中空时消耗数据。假设系统有若干生产者、消费者,共享有 N 个数据单元的缓冲区。生产者每次产生一个数据,放入一个空缓冲区。若无空缓冲区,则阻塞。消费者每次从有数据的缓冲区取一个数据消费。若所有缓冲区皆为空,则阻塞。下面用生产者-消费者的实例来说明线程同步与互斥。

5.4.1 使用条件变量解决生产者消费者问题

这里使用两个互斥锁 mutex1 和 mutex2,以及两个条件变量 is_empty 和 is_full,其中互斥锁 mutex1 和条件变量 is_empty 用于生产者线程,而互斥锁 mutex2 和条件变量 is_fully 用于消费者线程。另设两个全局变量 num_empty 和 num_full 分别表示缓冲区空数据单元数和已放入数据的数据单元数,全局变量 num_empty 初始化为缓冲区数据单元个数,全局变量 num_full 初始化为0。

程序5.18为使用条件变量解决生产者消费者问题的Pthreads程序。

程序5.18 使用条件变量解决生产者消费者问题的 Pthreads 程序

```
1   #include"stdio.h"
2   #include"stdlib.h"
3   #include"time.h"
4   #include"unistd.h"
5   #include"pthread.h"
6   #define Max_size 10
```

```
7   #define NUM_PRODUCER 3
8   #define NUM_CONSUMER 3
9   long int buffer[Max_size];
10  int k=0;
11  int t=0;
12  int num_empty=Max_size;
13  int num_full=0;
14  pthread_mutex_t mutex1, mutex2;
15  pthread_cond_t is_empty,is_full;
16  void * Producer(void *rank);
17  void* Consumer(void *rank);
18  int main(int argc, char *argv[])
19  {
20      long int thread;
21      srand(time(NULL));
22      pthread_mutex_init(&mutex1, NULL);
23      pthread_mutex_init(&mutex2, NULL);
24      pthread_cond_init(&is_empty, NULL);
25      pthread_cond_init(&is_full, NULL);
26      pthread_t thread_producers[NUM_PRODUCER];
27      pthread_t thread_consumers[NUM_CONSUMER];
28      for(thread=0; thread<NUM_PRODUCER; thread++)
29      {
30          pthread_create(&thread_producers[thread], NULL, Producer, (void *)thread);
31      }
32      for(thread=0; thread<NUM_CONSUMER; thread++)
33      {
34          pthread_create(&thread_consumers[thread], NULL, Consumer, (void *)thread);
35      }
36      for(thread=0; thread<NUM_PRODUCER; thread++)
37      {
38          pthread_join(thread_producers[thread], NULL);
39      }
40      for(thread=0; thread<NUM_CONSUMER; thread++)
41      {
42          pthread_join(thread_consumers[thread], NULL);
43      }
44      pthread_mutex_destroy(&mutex1);
45      pthread_mutex_destroy(&mutex2);
```

```
46        pthread_cond_destroy(&is_empty);
47        pthread_cond_destroy(&is_full);
48        pthread_exit(NULL);
49        return 0;
50   }
51   void * Producer(void *rank)
52   {
53        long int my_rank=(long int)rank;
54        int item;
55        for(int i=0; i<3; i++)
56        {
57            item = rand()%100;
58            pthread_mutex_lock(&mutex1);
59            if(num_empty==0)
60                pthread_cond_wait(&is_empty,&mutex1);
61            printf("Producer %ld puts %d\n",my_rank,item);
62            buffer[k]= item;
63            k=(k+1)%Max_size;
64            num_full++;
65            pthread_cond_signal(&is_full);
66            pthread_mutex_unlock(&mutex1);
67            sleep(1);
68        }
69        return NULL;
70   }
71   void* Consumer(void * rank)
72   {
73        long int my_rank=(long int)rank;
74        int item;
75        for(int i=0; i<3; i++)
76        {
77            pthread_mutex_lock(&mutex2);
78            if(num_full==0)
79                pthread_cond_wait(&is_full,&mutex2);
80            item=buffer[t];
81            printf("Consumer %ld gets %d\n",my_rank,item);
82            t=(t+1)%Max_size;
83            pthread_cond_signal(&is_empty);
84            pthread_mutex_unlock(&mutex2);
```

```
85        sleep(1);
86      }
87      return NULL;
88    }
```

程序 5.18 输出结果如下：

```
Producer 0 puts 95
Producer 1 puts 51
Producer 2 puts 8
Consumer 0 gets 95
Consumer 1 gets 51
Consumer 2 gets 8
Producer 0 puts 97
Consumer 0 gets 0
Producer 1 puts 70
Producer 2 puts 79
Consumer 1 gets 70
Consumer 2 gets 79
Producer 2 puts 58
Producer 1 puts 99
Consumer 0 gets 0
Consumer 1 gets 99
Producer 0 puts 45
Consumer 2 gets 45
```

5.4.2　使用信号量解决生产者消费者问题

这里使用 4 个信号量，其中两个信号量 is_empty 和 is_full 分别用于解决生产者和消费者线程之间的同步问题，mutex1 用于多个生产者之间互斥问题，mutex2 是用于多个消费者之间互斥问题。其中 is_empty 初始化为缓冲区空间个数 N，is_full 初始化为 0，mutex1 和 mutex2 初始化为 1。程序 5.19 为使用信号量解决生产者消费者问题的 Pthreads 程序。

程序 5.19　使用信号量解决生产者消费者问题的 Pthreads 程序

```
1    #include"stdio.h"
2    #include"stdlib.h"
3    #include"time.h"
4    #include "unistd.h"
5    #include"pthread.h"
6    #include"semaphore.h"
7    #define Max_size 10
8    #define NUM_PRODUCER 3
```

```
9    #define NUM_CONSUMER 3
10   long int buffer[Max_size];
11   int k=0;
12   int t=0;
13   sem_t mutex1, mutex2, is_empty, is_full;
14   void* Producer(void * rank);
15   void* Consumer(void * rank);
16   int main(int argc, char * argv[])
17   {
18       long int thread;
19       srand(time(NULL));
20       pthread_t thread_producers[NUM_PRODUCER];
21       pthread_t thread_consumers[NUM_CONSUMER];
22       sem_init(&mutex1, 0, 1);
23       sem_init(&mutex2, 0, 1);
24       sem_init(&is_empty, 0, Max_size);
25       sem_init(&is_full, 0, 0);
26       for(thread=0; thread<NUM_PRODUCER; thread++)
27       {
28           pthread_create(&thread_producers[thread], NULL, Producer, (void *)thread);
29       }
30       for(thread=0; thread<NUM_CONSUMER; thread++)
31       {
32           pthread_create(&thread_consumers[thread],NULL, Consumer, (void *)thread);
33       }
34       for(thread=0; thread<NUM_PRODUCER; thread++)
35       {
36           pthread_join(thread_producers[thread], NULL);
37       }
38       for(thread=0; thread<NUM_CONSUMER; thread++)
39       {
40           pthread_join(thread_consumers[thread], NULL);
41       }
42       sem_destroy(&mutex1);
43       sem_destroy(&mutex2);
44       sem_destroy(&is_empty);
45       sem_destroy(&is_full);
46       pthread_exit(NULL);
47       return 0;
```

```
48   }
49   void *Producer(void *rank)
50   {
51       long int my_rank;
52       int item;
53       my_rank=(long int)rank;
54       for(int i=0; i<3; i++)
55       {
56           item = rand()%100;
57           sem_wait(&is_empty);
58           sem_wait(&mutex1);
59           printf("Producer %ld puts %d\n",my_rank,item);
60           buffer[k]= item;
61           k=(k+1)%Max_size;
62           sem_post(&is_full);
63           sem_post(&mutex1);
64           sleep(2);
65       }
66       return NULL;
67   }
68   void* Consumer(void * rank)
69   {
70       long int my_rank;
71       int item;
72       my_rank=(long int)rank;
73       for(int i=0; i<3; i++)
74       {
75           sem_wait(&is_full);
76           sem_wait(&mutex2);
77           item=buffer[t];
78           printf("Consumer %ld gets %d\n",my_rank,item);
79           t=(t+1)%Max_size;
80           sem_post(&is_empty);
81           sem_post(&mutex2);
82           sleep(1);
83       }
84       return NULL;
85   }
```

程序 5.19 输出结果如下：

```
Producer 0 puts 49
Producer 1 puts 11
Producer 2 puts 15
Consumer 1 gets 49
Consumer 0 gets 11
Consumer 2 gets 15
Producer 1 puts 1
Producer 2 puts 22
Producer 0 puts 49
Consumer 1 gets 1
Consumer 0 gets 22
Consumer 2 gets 49
Producer 1 puts 75
Producer 2 puts 79
Producer 0 puts 19
Consumer 1 gets 75
Consumer 0 gets 79
Consumer 2 gets 19
```

5.5 POSIX 线程优先级

Linux 内核的有四种调度策略，分别是：

（1）SCHED_OTHER 分时调度策略（默认的）；

（2）SCHED_FIFO 实时调度策略，先到先服务；

（3）SCHED_RR 实时调度策略，时间片轮转；

（4）SCHED_DEADLINE 实时调度策略，最早截止时间优先。

SCHED_FIFO、SCHED_RR 和 SCHED_DEADLINE 是实时调度策略。它们实现了 POSIX 标准指定的固定优先级实时调度。具有这些策略的任务会抢占所有其他线程 CPU。当采用 SHCED_RR 策略的线程的时间片用完，系统将重新分配时间片，并置于就绪队列尾。SCHED_FIFO 一旦占用 CPU 则一直运行，一直运行直到有更高优先级任务到达或自己放弃。SCHED_DEADLINE 策略实现了最早截止时间优先的实时调度算法。此策略下的每个线程都分配了一个截止日期，并执行最早的截止日期线程。

pthread_attr_setschedparam() 函数设置线程调度策略。pthread_attr_setschedparam() 函数原型如下：

```
int pthread_attr_setschedpolicy(pthread_attr_t *attr, int policy);
```

POSIX 提供了 pthread_attr_getschedpolicy() 函数获取当前线程使用的调度策略。pthread_attr_getschedpolicy() 函数原型如下：

```
int pthread_attr_getschedpolicy(const pthread_attr_t *attr, int *policy);
```

这两个函数具有两个参数，第 1 个参数是指向属性对象的指针，第 2 个参数是调度策略或指向调度策略的指针。调度策略的值是 SCHED_FIFO、SCHED_RR 或 SCHED_OTHER。这两个函数若调用成功，返回 0；否则返回 -1。

使用 sched_get_priority_max() 函数和 sched_get_priority_min() 函数获取系统设置的线程最大和最小的优先级值。sched_get_priority_max() 函数原型如下：

```
int sched_get_priority_max(int policy);
```

sched_get_priority_min() 函数函数原型如下：

```
int sched_get_priority_min(int policy);
```

如果调用成功，这两个函数分别返回最大和最小的优先级值，否则返回 -1。

固定优先级调度可能会导致优先级倒置问题。优先级倒置是指低优先级线程阻塞高优先级线程运行。例如一个低优先级线程获互斥资源，并且被一个随后在同样资源阻塞的高优先级线程抢占时，优先级发生倒置。

如果不是编写实时程序，不建议修改线程的优先级。因为，调度策略是一件非常复杂的事情，如果不正确使用会导致程序错误，从而导致死锁等问题。例如在多线程应用程序中为线程设置不同的优先级别，有可能因为共享资源而导致优先级倒置。

5.6　多进程编程

UNIX 操作系统可以同时运行多个进程，并且让进程共享 CPU、内存和其他的资源。多进程编程的主要优点是：一个进程发生故障不会导致所有进程死掉，因此，可以从故障中恢复。UNIX 的进程创建模型是分叉-执行（fork-exec）模型。函数 fork() 生成一个完全复制父进程内存的子进程。函数 exec() 以一个新的可执行文件替换当前进程。这两个函数通常一起使用，应用程序可以调用 fork() 创建一个新进程，然后子进程直接调用 exec() 以一个新的可执行文件替换自身。

fork() 函数的神奇之处在于它仅仅被调用一次，但是父进程和子进程都会从此调度返回。可以通过返回值来区分父子进程。返回值为 0 时，表示子进程。返回值大于 0 时，表示父进程，且返回值为新创建的子进程的标识符吧。返回值小于 0 时，表示 fork() 调用出现错误。

程序 5.20 使用 fork() 创建一个新的子进程。子进程将执行参数为 10 的 sleep 命令，使其睡眠 10 秒。父进程将等待子进程终止，然后报告退子进程的出状态。execl() 函数用于执行 sleep 命令。函数 execl() 获取可执行文件的路径以及要传递给它的参数可执行文件，第一个参数应该是可执行文件本身的名称。

程序 5.20 使用使用 fork() 创建一个新的子进程

```
1   #include"stdio.h"
2   #include" unistd.h"
3   #include" sys/wait.h"
4   int main()
5   {
6       int status;
7       pid_t f = fork();
8       if ( f == 0 )
9       { /* Child process */
10          execl( "/usr/bin/sleep", "/usr/bin/sleep", "10" );
11      }
12      else
13      {
14          waitpid( f, &status, 0 );
15          printf( "Status = %i\n", status );
16      }
17  }
```

如果 fork() 调用后面无 exec() 调用，则同一个进程有两个相同的副本。到进行 fork() 调用时这两个进程的进程状态是一样的。

5.6.1 在进程之间共享内存

共享内存是 Unix 下的多进程之间的通信方法，这种方法通常用于一个程序的多进程间通信，实际上多个程序间也可以通过共享内存来传递信息。共享内存是针对其他通信机制运行效率较低而设计的。往往与其他通信机制，如信号量结合使用，来达到进程间的同步及互斥。共享内存的使用大大降低了在大规模数据处理过程中内存的消耗，但是共享内存的使用中有很多的陷阱，一不注意就很容易导致程序崩溃。共享内存函数，包含在头文件 sys/mman.h 中。

函数 mmap() 将一个文件或者其他对象映射进内存。文件被映射到多个页上，如果文件的大小不是所有页的大小之和，最后一个页不被使用的空间将会清零。函数 mmap() 在用户空间映射调用系统中作用很大。

mmap() 函数原型如下：

```
#include "sys/mman.h"
void* mmap(void* start,size_t length,int prot,int flags,int fd,off_t offset);
```

shm_open() 创建并打开一个新的或打开一个现有的 POSIX 共享内存对象。POSIX 共享内存对象实际上是一个句柄。shm_open() 函数原型如下：

```
#include"sys/stat.h"
#include"fcntl.h"
shm_open(const char *name, int oflag, mode_t mode);
```

函数 ftruncate() 把文件大小于设置为共享内存大小。ftruncate() 函数原型如下：

```
#include"unistd.h "
int ftruncate(int fd,off_t length);;
```

函数 shm_unlink()用于删除共享内存。shm_unlink()函数原型如下：

```
#include"sys/stat.h"
#include"fcntl.h"
shm_open(const char *name, int oflag, mode_t mode);
```

其中，参数 name 为共享内存区的名字。如果调用成功返回 0；否则返回 −1。

程序5.21　创建、使用和删除共享内存

```
1   #include <sys/mman.h>
2   #include <fcntl.h>
3   #include <unistd.h>
4   int main()
5   {
6      int handle = shm_open( "/shm", O_CREAT|O_RDWR, 0777 );
7      ftruncate( handle, 1024*1024*sizeof(int) );
8      char * mem = (char*) mmap( 0, 1024*1024*sizeof(int),PROT_READ|PROT_WRITE,
                   MAP_SHARED, handle, 0 );
9      for( int i=0; i<1024*1024; i++ )
10     {
11        mem[i] = 0;
12     }
13     munmap( mem, 1024*1024*sizeof(int) );
14     shm_unlink( "/shm" );
15  }
```

共享内存可以用于存放进程间共享的互斥量。程序 5.22 说明了进程如何形成子进程，并与子进程共享互斥量。

程序 5.22　在进程之间共享互斥量

```
1    #include <sys/mman.h>
2    #include <sys/wait.h>
3    #include <fcntl.h>
4    #include <unistd.h>
5    #include <stdio.h>
6    #include <pthread.h>
7    int main()
8    {
9        pthread_mutex_t * mutex;
10       pthread_mutexattr_t attributes;
11       pthread_mutexattr_init( &attributes );
12       pthread_mutexattr_setpshared( &attributes, PTHREAD_PROCESS_SHARED );
13       int handle = shm_open( "/shm", O_CREAT|O_RD_WR, 0777 );
14       ftruncate( handle, 1024*sizeof(int) );
15       char * mem = mmap( 0, 1024*sizeof(int), PROT_READ|PROT_WRITE, MAP_SHARED, handle,0 );
16       mutex = (pthread_mutex_t*)mem;
17       pthread_mutex_init( mutex, &attributes );
18       pthread_mutexattr_destroy( &attributes );
19       int ret = 0;
20       int * pcount = (int*)( mem + sizeof(pthread_mutex_t) );
21       *pcount = 0;
22       pid_t pid = fork();
23       if (pid == 0)
24       {
25           pthread_mutex_lock( mutex );
26           (*pcount)++;
27           pthread_mutex_unlock( mutex );
28           ret = 57;
29       }
30       else
31       {
32           int status;
33           waitpid( pid, &status, 0 );
34           printf( "Child returned %i\n", WEXITSTATUS(status) );
35           pthread_mutex_lock( mutex );
36           (*pcount)++;
37           pthread_mutex_unlock( mutex );
38           printf( "Count = %i\n", *pcount );
```

```
39        pthread_mutex_destroy( mutex );
40     }
41     munmap( mem, 1024*sizeof(int) );
42     shm_unlink( "/shm" );
43     return ret;
44  }
```

5.6.2　在进程之间共享信号量

创建由多个进程共享的命名信号量，用于进程之间同步。函数 sem_open() 创建并初始化命名信号量。sem_open() 函数原型如下：

```
sem_t *sem_open(const char *name,int oflag,mode_t mode,unsigned int value);
```

函数 sem_close () 关闭命名信号量。sem_close () 函数原型如下：

```
int sem_close(sem_t *sem);
```

函数 sem_unlink()从系统中删除命名信号量。sem_unlink() 函数原型如下：

```
int sem_unlink(const char *name);
```

程序 5.23 为父进程创建子进程，父进程和子进程打开同一个信号量，此信号量确保子进程在父之前完成。

程序5.23　共享命名信号量

```
1   #include <unistd.h>
2   #include <stdio.h>
3   #include <semaphore.h>
4   int main()
5   {
6     int status;
7     pid_t f = fork();
8     sem_t * semaphore;
9     semaphore = sem_open( "/my_semaphore", O_CREAT, 0777, 1 );
10    if (f == 0)
11    {
12      printf( "Child process completed\n" );
13      sem_post( semaphore );
```

```
14          sem_close( semaphore );
15      }
16      else
17      {
18          sem_wait( semaphore );
19          printf( "Parent process completed\n" );
20          sem_close( semaphore );
21          sem_unlink( "/my_semaphore" );
22      }
23  }
```

5.6.3 消息队列

消息队列是在线程或进程之间传递消息的一种方法。消息队列可以认为是一个消息链表，某个进程往一个消息队列中写入消息之前，不需要另外某个进程在该队列上等待消息的达到。每个消息均有一个优先级，消息可置于队列中，并按先进先出优先级方式读出。

函数 mq_open() 用于创建一个新的消息队列或打开一个已存在的消息的队列。函数 mq_open() 调用成功时为消息队列描述字，出错时为−1。mq_open() 函数原型如下：

```
#include <fcntl.h>
#include <sys/stat.h>
#include <mqueue.h>
mqd_t mq_open(const char *name, int oflag, mode_t mode, struct mq_attr *attr);
```

参数 name 为消息队列的名称，消息队列名称最多 255 个字符组成，以 / 开头且不再包含 /。参数 oflag 应为 O_RDONLY、O_WRONLY 和 O_RDWR 之一，分别对应只读、只写和读写消息队列。参数 attr 为消息队列的属性结构体 mq_attr 指针。在结构体 mq_attr 中字段 mq_maxmsg 为消息队列能够保存的最多消息条数，字段 mq_msgsize 为消息队列中可存储的消息的最大字节数。

通过这种指定的方式将打开现有的消息队列，如果消息队列不存在，则打开失败。打开时如果传递了附加标志 O_CREAT，则消息队列不存在便会创建消息队列。如果希望仅当消息队列不存在时打开消息队列调用才成功，则可以传递附加标志 O_EXCL。如果传递了标志 O_CREAT，则函数 mq_open() 还需要两个参数，一个是用于设置消息队列的访问权限的模式设置参数，另一个是指向消息队列属性指针。如果属性指针为空，则消息队列属性为默认值。

另一个可以传递给 mq_open() 的标志是 O_NONBLOCK。如果设置了此标志，任何试图写入已满消息队列或读取空消息队列的尝试都将失败，并立刻返回。默认情况下，线程将被阻塞，直到消息队列有空间发送额外的消息，或者消息队列有消息。

　　函数 mq_send() 用于发送消息。函数 mq_send()调用成功时为 0，出错为-1。mq_send()
函数原型如下：

```
#include <mqueue.h>
int mq_send(mqd_t mqdes, const char *msg_ptr, size_t msg_len, unsigned int msg_prio);
```

　　函数 mq_timedsend()用于消息队列限时发送。mq_timedsend()函数原型如下：

```
#include <time.h>
#include <mqueue.h>
int mq_timedsend(mqd_t mqdes, const char *msg_ptr, size_t msg_len, unsigned int msg_prio,
const struct timespec *abs_timeout);
```

　　函数 mq_receive() 用于接受消息。函数 mq_receive()调用成功时为消息中的字节数，
出错为-1。mq_receive()函数原型如下：

```
#include <mqueue.h>
ssize_t mq_receive(mqd_t mqdes, char *msg_ptr, size_t msg_len, unsigned *msg_prio);
```

　　函数 mq_timedreceive() 用于消息队列限时接受。mq_timedreceive() 函数原型如下：

```
#include <time.h>
#include <mqueue.h>
ssize_t mq_timedreceive(mqd_t mqdes, char *msg_ptr, size_t msg_len, unsigned *msg_prio,
const struct timespec *abs_timeout);
```

　　函数 mq_notify()用于 给指定队列建立或删除异步事件通知。 函数 mq_notify()调用成
功时为 0，出错时为-1。mq_notify() 函数原型如下：

```
#include <mqueue.h>
int mq_notify(mqd_t mqdes, const struct sigevent *sevp);
```

　　函数 mq_close() 用于关闭已打开的消息队列。函数 mq_close() 调用成功时为 0，出错
时为-1。mq_close() 函数原型如下：

```
#include <mqueue.h>
int mq_close(mqd_t mqdes);
```

　　函数 mq_unlink()用于 从系统中删除消息队列。函数 mq_unlink() 调用成功时为 0，出
错时为-1。mq_unlink()函数原型如下：

```
#include <mqueue.h>
int mq_unlink(const char *name);
```

程序5.24为父进程和子进程之间传递消息。

程序5.24　在父进程和子进程之间传递消息

```
1   #include <unistd.h>
2   #include <stdio.h>
3   #include <mqueue.h>
4   #include <string.h>
5   int main()
6   {
7       int status;
8       pid_t f=fork();
9       if (f== 0)
10      {
11          mqd_t * queue;
12          char message[20];
13          queue = mq_open( "/messages", O_WRONLY+O_CREAT, 0777, 0 );
14          strncpy( message, "Hello", 6 );
15          printf( "Send message %s\n", message );
16          mq_send( queue, message, strlen(message)+1, 0 );
17          mq_close( queue );
18          printf( "Child process completed\n" );
19      }
20      else
21      {
22          mqd_t * queue;
23          char message[2000];
24          queue = mq_open( "/messages", O_RDONLY+O_CREAT, 0777, 0 );
25          mq_receive( queue, message, 2000, 0 );
26          printf( "Receive message %s\n", message );
27          mq_close( queue );
28          mq_unlink( "/messages" );
29          printf( "Parent process completed\n" );
30      }
31  }
```

5.6.4　管　道

管道是两个过程之间的连接，可以是两个进程的未命名管道，也可以是使用文件系统中的实体进行进程或线程之间通信的命名管道。管道是先进先出的流式结构。

函数 pipe() 用来创建未命名管道。管道调用创建两个文件描述符，一个用于从管道读取内容，另一个用于将内容写入管道。pipe()函数原型如下：

```
#include <unistd.h>
int pipe (int fd[2]);
```

fd 参数返回两个文件描述符，fd[0]指向管道的读端,fd[1]指向管道的写端。fd[1]的输出是 fd[0]的输入。

管道可用于具有亲缘关系进程间的通信。父进程创建管道，得到两个文件描述符指向管道的两端。父进程 fork 出子进程，子进程也有两个文件描述符指向同一管道。通常情况下，一个管道用于父进程和子进程之间的单向通信。对管道的读写可以使用将文件描述符作为参数的函。父进程可以往管道里写，子进程可以从管道里读。管道是用环形队列实现的，数据从写端流入，从读端流出，这样就实现了进程间通信。程序 5.25 显示了一个使用匿名管道在子进程和父进程。

程序 5.25　使用匿名管道在父进程和子进程之间进行通信

```
1    #include <unistd.h>
2    #include <stdio.h>
3    int main()
4    {
5        int status;
6        int pipes[2];
7        pipe( pipes );
8        pid_t f = fork();
9        if ( f == 0 )
10       {
11           close( pipes[0] );
12           write( pipes[1], "a", 1 );
13           printf( "Child sent 'a'\n" );
14           close( pipes[1] );
15       }
16       else
17       {
18           char buffer[11];
```

```
19        close( pipes[1] );
20        int len = read( pipes[0], buffer, 10 );
21        buffer[len] = 0;
22        printf( "Parent received %s\n", buffer );
23        close (pipes[0] );
24    }
25    return 0;
26 }
```

程序 5.25 在分叉之前创建了两个管道文件描述符。父进程关闭 pipes[1] 指示的描述符，然后等待从 pipes[0] 接收数据。子进程关闭描述符 pipes[0]，然后将字符发送到 pipes[1]，等待父进程读取。接着，子进程关闭其写文件描述符的副本。父进程输出子进程发送的字符，然后关闭管道并退出。

命名管道克服了未命名管道没有名字的限制，因此，除具有未命名管道所具有的功能外，它还允许无亲缘关系进程间的通信。命名管道是通过函数 mknod() 创建的。mknod() 函数原型如下：

```
#inclu de <sys/types.h>
#include <sys/stat.h>
#include <fcntl.h>
#include <unistd.h>
int mknod(const char *pathname, mode_t mode, dev_t dev);
```

参数 pathname 为用作管道的标识符的文件路径；mode 为模式，命名管道该值为 S_FIFO；dev 为文件的访问权限。函数 mknod() 调用后，两个进程就可以调用 open() 打开文件。进程使用成命名管道后，可以通过函数 unlink() 将其删除。unlink() 函数原型如下：

```
#include<unistd.h>
int unlink(const char *pathname);
```

程序 5.26 的代码实现了使用命名管道在子进程和父进程进行通信。

程序 5.26　父进程和子进程使用命名管道进行通信

```
1    #include <unistd.h>
2    #include <stdio.h>
3    #include <sys/stat.h>
4    #include <fcntl.h>
5    int main()
```

```
6   {
7        int status;
8        mknod( "/tmp/pipefile", S_IFIFO|S_IRUSR|S_IWUSR, 0 );
9        pid_t f = fork();
10       if (f== 0)
11   {
12       int mypipe = open( "/tmp/pipefile", O_WRONLY );
13       write( mypipe, "a", 1 );
14           printf( "Child sent 'a'\n" );
15       close( mypipe );
16   }
17       else
18   {
19       int mypipe = open( "/tmp/pipefile", O_RDONLY );
20       char buffer[11];
21       int len = read( mypipe, buffer, 10 );
22       buffer[len] = 0;
23       printf( "Parent received %s\n", buffer );
24       close( mypipe );
25       }
26       unlink( "/tmp/pipefile" );
27       return 0;
28   }
```

父进程调用 mknod() 创建管道，然后分叉。子进程和父进程都打开管道，子进程向管道写入，父进程查管道读取。子项写管道，关闭文件描述符，解除与管道的连接，然后退出。父进程从管道中读取数据，断开与管道的连接，并退出。

5.7 本章小结

POSIX 线程是线程的 POSIX 标准，该标准定义了创建和操纵线程的一整套 API。在类 Unix 操作系统（Unix、Linux、Mac OS X 等）中，都使用 Pthreads 作为操作系统的线程。Windows 操作系统也有其移植版 pthreads-win32。

Pthreads 具有很好的可移植性，属于共享内存并行技术。程序调用 API 启动多个线程，同步方式有互斥量、信号量、条件变量，用于所有线程的同步。函数库的接口被定义在 pthread.h 头文件中。

习 题

1. 利用如下公式：

$$\pi = 4\left[1 - \frac{1}{3} + \frac{1}{5} - \frac{1}{7} + \ldots\right] = 4\sum_{k=0}^{\infty}\frac{(-1)^k}{2k+1}$$

编写一个 POSIX 多线程程序，分别使用忙等待、互斥锁、条件变量和信号量方法计算 π 近似值。

2. 利用如下公式：

$$e = 1 + \frac{1}{1!} + \frac{1}{2!} + \ldots + \frac{1}{n!} + \ldots$$

编写一个 POSIX 多线程程序，分别使用忙等待、互斥锁、条件变量和信号量方法计算 e 近似值。

3. 辛普生法（Simpson）是一个比矩形法更好的数值积分算法。因为收敛速度更快。辛普生法求积公式

$$\int_a^b f(x)\mathrm{d}x \approx \frac{1}{3n}\left[f(x_0) - f(x_n) + \sum_{i=1}^{n/2}\left(4f(x_{2i-1}) + 2f(x_{2i})\right)\right]$$

其中，n 为将区间 $[a, b]$ 划分子区间数，且 n 是偶数，$1 \leq i \leq n$，x_i 表示第 i 个区间的 x 轴坐标。利用 $\pi = \int_0^1 \frac{4}{1+x^2}\mathrm{d}x$，使用辛普生法计算 π 的近似值 C 语言程序 5.27 如下：

程序 5.27　使用辛普生法求 π 的串行程序

```
1    #include "stdio.h"
2    static long n = 100000;
3    double f(int i)
4    {
5        double x;
6        x=(double)i / (double)n;
7        return 4.0 / (1.0+x*x);
8    }
9    int main()
10   {
11       long int i;
12       double pi;
13       pi=f(0)−f(n);
14       for (i =1; i<= n/2; i++)
15           pi += 4.0*f(2*i−1) + 2.0*f(2*i);
```

```
16      pi /= (3.0*n);
17      printf("Appromxation of pi:%15.13f\n", pi);
18      return 0;
19    }
```

使用辛普生法，编写一个POSIX多线程程序计算 π 的近似值。

4. 编写一个POSIX多线程程序计算下列二重积分的近似值。

$$I = \int\limits_{-1}^{1} \mathrm{d}x \int\limits_{x}^{1} y \sqrt{1 + x^2 - y^2} \, \mathrm{d}y$$

5. 考虑线性方程组

$$Ax = b$$

其中 A 是 $n \times n$ 非奇异矩阵，右端向量 $b \neq 0$，因而方程组有唯一的非零解向量。设系数矩阵 A 严格行对角占优，即

$$\left| a_{i,i} \right| > \sum_{\substack{j=1 \\ j \neq i}}^{n} \left| a_{i,j} \right|, i = 1,2,\ldots,n$$

解 $Ax = b$ 的 Jacobi 迭代法的计算公式为

$$\begin{cases} x^{(0)} = (x_1^{(0)}, x_2^{(0)}, \ldots x_n^{(0)})^T \\ x_i^{(k+1)} = \dfrac{1}{a_{i,i}} \left(b_i - \sum_{\substack{j=1 \\ j \neq i}}^{n} a_{i,j} x_j^{(k)} \right) \\ i = 1,2,\ldots,n \text{示迭代次数} \end{cases}$$

Jacobi 迭代法很适合并行化，使用 n 个线程，每个线程处理矩阵的一行。如果线程数 $t < n$，则每个线程处理矩阵 n/t 相邻行。编写一个POSIX多线程程序实现 Jacobi 迭代法。

6. 使用POSIX多线程实现生产者–消费者程序，其中一些线程是生产者，另外一些线程是消费者。在文件集合中，每个产生者针对一个文件，从文件中读取文本。把读出的文本行插入到一个共享的队列中。消费者从队列中取出文本行，并对文本行就行分词。符号是被空白符分开的单词。当消费者发现一个单词后，将该单词输出。

7. 一个素数是一个只能被正数1和它本身整除的正整数。求素数的一个方法是筛选法。筛选法计算过程是创建一自然数2，3，5，…，n 的列表，其中所有的自然数都没有被标记。令 $k=2$，它是列表中第一个未被标记的数。在 k^2 和 n 之间的是 k 倍数的数都标记出来，找出比 k 大得未被标记的数中最小的那个，令 k 等于这个数，重复上述过程直到 $k^2 > n$ 为止。列表中未被标记的数就是素数。使用筛选法编写POSIX多线程程序求小于1000000的所有素数。

8. 最小的5个素数是2、3、5、7、11。有时两个连续的奇数都是素数。例如，在3、5、11后面的奇数都是素数。但是7后面的奇数不是素数。编写一个POSIX多线程程序，对所有小于1000000的整数，统计连续奇数都是素数的情况的次数。

9. 在两个连续的素数2和3之间的间隔是1，而在连续素数7和11之间的间隔是4。编写一个POSIX多线程程序，对所有小于1000000的整数，求两个连续素数之间间隔的最大值。

10. 水仙花数（Narcissistic number）是指一个 n 位数（$n \geqslant 3$），它的每个位上的数字的 n 次幂之和等于它本身，例如：$1^3 + 5^3 + 3^3 = 153$。编写一个POSIX多线程程序求 $3 \leqslant n \leqslant 24$ 所有水仙花数。

11. 所谓梅森数，是指形如 $2^p - 1$ 的一类数，其中指数 p 是素数，常记为 M_p。如果梅森数是素数，就称为梅森素数。第一个梅森素数 $M_2 = 3$，第二个梅森素数 $M_3 = 7$。编写一个POSIX多线程程序求前10个梅森素数。

12. 完全数（Perfect number）是一些特殊的自然数，它所有的真因子（即除了自身以外的约数）的和，恰好等于它本身。第一个完全数是6，第二个完全数是28。

6=1+2+3

28=1+2+4+7+14

编写一个POSIX多线程程序求前8个完全数。

13. 哥德巴赫猜想是任何不小于4的偶数，都可以写成两个质数之和的形式。它是世界近代三大数学难题之一，至今还没有完全证明。编写一个POSIX多线程程序验证10000000以内整数哥德巴赫猜想是对的。

14. 弱哥德巴赫猜想是任何一个大于7的奇数都能被表示成3个奇素数之和。编写一个POSIX多线程程序验证10000000以内整数弱哥德巴赫猜想是对的。

15. 梅钦公式是计算 π 一个常用公式：

$$\frac{\pi}{4} = 4\arctan\frac{1}{5} - \arctan\frac{1}{239}$$

$$\mathrm{arccot}\,(x) = \frac{1}{x} - \frac{1}{3x^3} + \frac{1}{5x^5} - \frac{1}{7x^7} + \dots$$

因此，

$$\pi = 4 \times (4\,\mathrm{arccot}(5) - \mathrm{arccot}(239))$$

编写一个POSIX多线程程序计算 π 值到小数点后10000000位。

第6章

OpenMP 并行程序设计

OpenMP（Open Multi-Processing）是用于共享存储器系统的多线程程序设计的一套指导性注释(Compiler Directive)，支持的编程语言包括 C 语言、C++语言和 FORTRAN 语言。OpenMP 提供了对并行算法的高层的抽象描述，程序员通过在源代码中加入专用的 pragma 来指明自己的意图，由此编译器可以自动将程序进行并行化，并在必要之处加入同步互斥以及通信。当选择忽略这些 pragma，或者编译器不支持 OpenMP 时，程序又可退化为通常的程序（一般为串行），代码仍然可以正常运作，只是不能利用多线程来加速程序执行。OpenMP 是一个支持共享存储并行设计的库，特别适宜多核 CPU 上的并行程序。

6.1　OpenMP 编程基础

OpenMP 是一个应用程序接口（Application Program Interface，API），需要编译器支持，通过在源代码（串行程序）中添加 OpenMP 指令和调用 OpenMP 库函数来实现在共享内存系统上的并行执行。不打开 OpenMP 编译选项，编译器将忽略 OpenMP 指令，从而生成串行可执行程序。打开 OpenMP 编译选项，编译器将对 OpenMP 指令进行处理，编译生成 OpenMP 并行可执行程序，并行线程数可以在程序启动时利用环境变量等动态设置，支持与 MPI 混合编程。OpenMP 采用 Fork-Join 并行执行方式。OpenMP 程序开始于一个单独的主线程（Master Thread），然后主线程一直串行执行，直到遇见第一个并行域 (Parallel Region)，接着开始并行执行并行域。并行域代码执行完后再回到主线程，直到遇到下一个并行域，以此类推，直至程序运行结束。如图 6.1 所示。

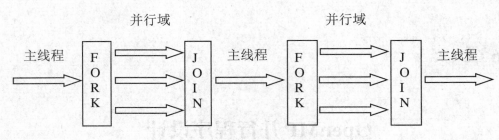

图 6.1　OpenMP 程序运行结构

OpenMP 在并行执行程序时，采用的是 fork/join 式并行模式。在开始时，只有一个叫做主线程的运行线程存在。在运行过程中，当遇到需要进行并行计算的时候，派生出(fork) 线程来执行并行任务 。在并行代码结束执行，派生线程退出或挂起，控制流程回到单独的主线程中 (join)。程序中的串行部分都由主线程执行，并行的部分是通过派生其他线程来执行，但是如果并行部分没有结束时是不会执行串行部分的。

OpenMP 编译制导指令语法格式如下：

```
#pragma omp directive-name [clause[ [,] clause] ... ] new-line
```

每个编译制导指令以 #pragma omp 开始。一些指令可以与其他指令组合。指令后可以是子句（clause）。OpenMP 中，子句（clause）用来添加一些补充信息，修改指令的文本。若有多个，则用空格隔开。OpenMP 指令区分大小写，每个 OpenMP 指令后是一个结构块，用大括号括起来。

OpenMP 并行程序编写采用增量并行方法，逐步改造现有的串行程序，每次只对部分代码进行并行化，这样可以逐步改造，逐步调试。

一般 OpenMP 程序结构如下：

程序 6.1　OpenMP 程序结构

```
1    #include "omp.h"
2    int main(int argc, char *argv[])
3    {
4        int var1, var2, var3;
5        /*Serial code*/
6        …
7        /*Beginning of parallel section. Fork a team of threads*/
8        /*Specify variable scoping */
9        #pragma omp parallel private(var1, var2) shared(var3)
10       {
11           /*Parallel section executed by all threads*/
```

```
12      ...
13          /*All threads join master thread and disband*/
14      }
15      /*Resume serial code */
16      ...
17  }
```

下面 OpenMP 程序输出 "Hello, The World!"。首先要有 OpenMP 相对于 C 实现的头文件 omp.h。在第 6 行并行域指令 parallel 创建一个并行线程队列，第 8 行调用函数 omp_get_thread_num() 得到线程编号。在第 10 行，如果是主线程（通常是 0 号线程）调用 omp_get_num_threads() 得到总线程数，并输出总线程数。在高级系统设置中使用环境变量 OMP_NUM_THREADS 指定线程个数。

程序 6.2　打印总线程数和线程编号 OpenMP 程序

```
1   #include "stdio.h"
2   #include "omp.h"
3   int main()
4   {
5       int nthreads, tid;
6       #pragma omp parallel private(nthreads, tid)
7       {
8           tid = omp_get_thread_num();
9           printf("Hello, The World! Thread_id = %d\n", tid);
10          if (tid == 0)
11          {
12              nthreads = omp_get_num_threads();
13              printf("Number of threads %d\n", nthreads);
14          }
15      }
16      return 0;
17  }
```

程序 6.2 在 8 个线程上运行结果如下：

```
Hello, The World! Thread_id = 0
Number of threads 8
Hello, The World! Thread_id = 4
Hello, The World! Thread_id = 5
Hello, The World! Thread_id = 6
```

```
Hello, The World! Thread_id = 7
Hello, The World! Thread_id = 2
Hello, The World! Thread_id = 1
Hello, The World! Thread_id = 3
```

OpenMP 是基于线程的并行编程模型，并行编程要素有编译制导（Compiler Directive）、运行库函数（Runtime Library Routines）、环境变量（Environment Variables）。

OpenMP 通过对串行程序添加编译制导指令实现并行化。编译制导指令大致分四类：

（1）并行域指令：生成并行域：即产生多个线程以并行执行任务，所有并行任务必须放在并行域中才可能被并行执行。

（2）工作共享指令：负责任务划分，并分发给各个线程。工作共享指令不能产生新线程，因此必须位于并行域中。

（3）同步指令：负责并行线程之间的同步。

（4）数据环境：负责并行域内的变量的属性（共享或私有），以及边界上（串行域与并行域）的数据传递。

表 6.1 列出了 OpenMP 常用指令。

表 6.1　OpenMP 常用指令

指令	功能
parallel	用在一个代码段之前，表示这段代码将被多个线程并行执行
for	用于 for 循环之前，将循环分配到多个线程中并行执行，必须保证每次循环之间无相关性
parallel for	parallel 和 for 语句的结合，用在一个 for 循环之前，表示 for 循环的代码将被多个线程并行执行
sections	用在可能会被并行执行的代码段之前
parallel sections	parallel 和 sections 两个语句的结合
critical	用在一段代码临界区之前
single	用在一段只被单个线程执行的代码段之前，表示后面的代码段将被单线程执行
flush	用来保证线程的内存临时视图和实际内存保持一致，即各个线程看到的共享变量是一致的
barrier	用于并行区内代码的线程同步，所有线程执行到 barrier 时要停止，直到所有线程都执行到 barrier 时才继续往下执行
atomic	用于指定一块内存区域被制动更新
master	用于指定一段代码块由主线程执行
ordered	用于指定并行区域的循环按顺序执行
threadprivate	用于指定一个变量是线程私有的

OpenMP 同时结合了编译指导语句和运行函数库两种并行编程的方式，通过编译指导

语句，可以将串行的程序逐步地改造成一个并行程序，达到增量更新程序的目的，从而减少程序员的负担。同时，这样的方式也能将串行程序和并行程序保存在同一个源代码文件当中，降低了维护开销。OpenMP在运行的时候，需要运行函数库的支持，并获取一些环境变量来控制运行的过程。环境变量是动态函数库中用来控制函数运行的一些参数。

　　OpenMP运行时库函数用于设置和获取执行环境相关的信息，并包含同步的API。要使用运行时函数库所包含的函数，在相应的源文件中包含OpenMP头文件即omp.h。表6.2列出了OpenMP常用的库函数。

表6.2　OpenMP常用的库函数

函数	功能
int omp_get_num_procs(void)	返回运行本线程环境可用处理器数
int omp_get_num_threads(void)	返回当前并行区域中的活动线程个数
int omp_get_thread_num(void)	返回线程号
int omp_get_thread_limit (void)	返回最大活动线程数
int omp_get_max_threads(void)	返回系统所允许最大线程数
void omp_set_num_threads(int num_threads)	设置并行执行代码时的线程个数
int omp_get_level(void)	返回当前任务的嵌套并行域的数量
int omp_get_ancestor_thread_num(int level)	返回给定的嵌套层次的当前线程的父线程号
int omp_get_team_size(int level)	返回给定嵌套层次的当前线程的线程组的大小
int omp_get_active_level(void)	返回当前任务的嵌套层数
int omp_in_final(void)	获取程序是否在最后一个任务区执行
void omp_init_lock(omp_lock_t *lock)	初始化一个简单锁
void omp_init_nest_lock(omp_nest_lock_t *lock)	初始化一个嵌套锁
void omp_set_lock(omp_lock_t *lock)	上锁简单操作
void omp_set_nest_lock(omp_nest_lock_t *lock)	上嵌套锁操作
void omp_unset_lock(omp_lock_t *lock)	解简单锁操作,要和omp_set_lock()函数配对使用
void omp_unset_nest_lock(omp_nest_lock_t *lock)	解嵌套锁操作,要和omp_set_nest_lock()函数配对使用
void omp_destroy_lock(omp_lock_t *lock)	omp_init_lock()函数配对操作函数,关闭一个简单锁
void omp_destroy_nest_lock(omp_nest_lock_t *lock)	omp_init_nest_lock()函数配对操作函数,关闭一个嵌套锁
int omp_test_lock(omp_lock_t *lock)	测试简单锁
int omp_test_nest_lock(omp_nest_lock_t *lock)	测试嵌套锁
int omp_get_nested (void)	如果允许并行嵌套返回1,否则返回0
void omp_set_nested(int nested)	设置允许或禁止并行嵌套
double omp_get_wtime(void)	获取wall时间

续表

函数	功能
double omp_get_wtick(void)	获取 wall 时钟计数器精度
void omp_set_dynamic(int dynamic_threads)	设置允许或禁止动态线程
int omp_get_dynamic(void)	如果支持动态线程,返回1,否则返回0
void omp_set_schedule(omp_sched_t kind, int chunk_size)	设置调度类型
void omp_get_schedule(omp_sched_t * kind, int * chunk_size)	返回调度类型
void omp_set_max_active_levels(int max_levels);	设置嵌套活动并行域极限数
int omp_get_max_active_levels(void)	返回嵌套活动并行域极限数
int omp_in_parallel(void)	如果在一个被并行化了的代码块范围内被调用返回1,否则返回0

OpenMP 规范定义了一些环境变量,可以在一定程度上控制 OpenMP 程序的行为。OpenMP 常用的环境变量如表 6.3 所示。

表 6.3　OpenMP 常用的环境变量

环境变量	功能
OMP_SCHEDULE	用于 for 循环并行化后的调度,它的值就是循环调度的类型
OMP_NUM_THREADS	用于设置并行域中的线程数
OMP_DYNAMIC	通过设定变量值,来确定是否允许动态设定并行域内的线程数
OMP_NESTED	指出是否可以并行嵌套

OpenMP 规范中定义了一些内部控制变量(Internal Control Variable,ICV),用于表示系统的属性、能力和状态等,可以通过 OpenMP API 函数访问,也可以通过环境变量进行修改。

表 6.4 列出了 OpenMP 常用 ICV。

表 6.4　OpenMP 常用 ICV

ICV	功能
dyn-var	控制并行区域是否动态调整线程数,每个数据环境有一份拷贝
nest-var	控制并行区域是否启用嵌套并行,每个数据环境有一份拷贝
nthreads-var	控制并行区域请求的线程数,每个数据环境有一份拷贝
thread-limit-var	控制参与争用组的最大线程数,每个数据环境有一份拷贝
run-sched-var	控制 runtime 调度子句使用 for 循环域,每个数据环境有一份拷贝

nthreads-var 控制并行区域请求的线程数,可以显式的 num_threads() 子句、omp_set_num_threads() 函数调用或 OMP_NUM_THREADS 环境变量的显式定义。调用

omp_set_num_threads() 仅修改调用线程的 nthreads-var 值，并应用于调用线程遇到的同一嵌套级别或内部嵌套级别的并行区域。

　　OpenMP 支持嵌套并行操作，可以由多个线程来执行嵌套并行区域。nest-var 控制并行区域是否启用嵌套并行，默认值为 False，即默认情况下禁用嵌套并行操作。要启用嵌套并行操作，通过请设置 OMP_NESTED 环境变量或调用 omp_set_nested() 函数。调用 omp_set_nested() 仅修改调用线程的 nest-var 值，并应用于调用线程遇到的同一嵌套级别或内部嵌套级别的并行区域。

　　dyn-var 控制并行区域是否动态调整线程数，可以通过设置 OMP_DYNAMIC 环境变量或调用 omp_set_dynamic() 函数。调用 omp_set_dynamic() 仅修改调用线程的 dyn-var 值，并应用于调用线程遇到的同一嵌套级别或内部嵌套级别的并行区域。

　　run-sched-var 控制 runtime 调度子句使用 for 循环域，可通过设置 OMP_SCHEDULE 环境变量更改。

　　表 6.5 列出了 OpenMP 修改和查询常用 ICV 值函数。

表 6.5　OpenMP 修改和查询常用 ICV 值函数

ICV	相应环境变量	修改 ICV 值的函数	查询 ICV 值的函数
dyn-var	OMP_DYNAMIC	omp_set_dynamic()	omp_get_dynamic()
nest-var	OMP_NESTED	omp_set_nested()	omp_get_nested()
nthreads-var	OMP_NUM_THREADS	omp_set_num_threads()	omp_get_max_threads()
thread-limit-var	OMP_THREAD_LIMIT	thread_limit clause	omp_get_thread_limit()
run-sched-var	OMP_SCHEDULE	omp_set_schedule()	omp_get_schedule()

6.2　并行域

6.2.1　parallel 结构

　　parallel 指令产生多个线程，即创建一个并行域。并行域内的代码将被多个线程并行执行。这些线程被同一进程派生（fork），共享派生它们的进程的大部分资源。但每个线程有自己的栈和程序计数器。当一个线程完成了执行，它就又合并（join）启动它的进程中。可以通过线程编号给不同线程分配不同的任务，也可以利用工作共享指令给每个线程分配任务。并行域可以嵌套。

　　parallel 指令的语法格式如下：

```
#pragma omp parallel [clause[ [,] clause] ... ] new-line
    structured-block
```

　　在 parallel 指令之前，程序只使用一个线程，称为主线程（master）。当程序到达 parallel 指令时，主线程继续执行，同时启动多个新线程。这些新线程称为从线程（slave）。

主线程和从线程组成线程组。线程组中的线程都执行parallel结构后的代码块。

在并行域结尾处有隐式同步。这意味着完成代码块的线程将等待线程组中的所有其他线程完成代码块。当所有线程都完成了代码块，从线程将终止，主线程将继续执行之后的代码。如图6.2所示。

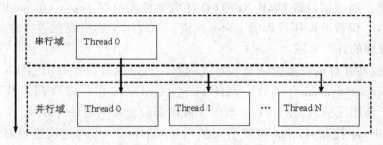

图6.2　parallel 指令创建并行域示意

parallel 指令可用的子句包括：if，num_threads，default，private，firstprivate，shared，copyin，reduction，proc_bind。num_threads 子句添加到 parallel 指令中，允许程序员指定执行其后代码块的线程数。如果不指定线程数，则开启尽可能多的线程。

parallel 指令也可以使用其他指令（如 for、sections 等）和它配合使用。

程序6.3　打印 Hello, The World! OpenMP程序

```
1    #include "stdio.h"
2    #include "omp.h"
3    int main()
4    {
5        #pragma omp parallel
6        {
7            printf(" Hello, World!\n");
8        }
9        return 0;
10   }
```

程序6.3在8个线程上运行结果如下：

```
Hello, World!
Hello, World!
Hello, World!
Hello, World!
Hello, World!
Hello, World!
Hello, World!
Hello, World!
```

可以看得出 parallel 指令后的代码被执行了八次，说明总共创建了 8 个线程去执行 paralle 指令中的代码。也可以在程序中指定使用多少个线程来执行。为了指定使用多少个线程来执行，可以通过设置环境变 OMP_NUM_THREADS，或者调用 omp_set_num_theads() 函数，也可以使用 num_threads 子句。前者只能在程序刚开始运行时起作用，而 API 函数和子句可以在程序中并行域产生之前起作用。

程序6.4使用 num_threads 子句指定使用线程数。

程序6.4　使用 num_threads 子句指定使用线程数 OpenMP 程序

```
1   #include "stdio.h"
2   #include "omp.h"
3   int main()
4   {
5       #pragma omp parallel num_threads(8)
6       {
7           printf(" Hello, World!, Thread_id =%d\n", omp_get_thread_num() );
8       }
9       return 0;
10  }
```

程序6.4运行结果如下：

```
Hello, World!, Thread_id = 2
Hello, World!, Thread_id = 6
Hello, World!, Thread_id = 4
Hello, World!, Thread_id = 0
Hello, World!, Thread_id = 5
Hello, World!, Thread_id = 7
Hello, World!, Thread_id = 1
Hello, World!, Thread_id = 3
```

可以看出创建了 8 个线程来执行程序。因此，parallel 指令是用来为一段代码创建多个线程来执行它的。parallel 块中的每行代码都被多个线程重复执行。和传统的创建线程函数比起来，parallel 指令的 num_threads 子句相当于为一个线程入口函数重复调用创建线程函数来创建线程，并等待线程执行完。

[例6.1] 利用 $\pi = \int_0^1 \frac{4}{1+x^2} \mathrm{d}x$，使用并行域并行化，计算 π 的近似值。

使用矩形法中的中点法计算 π 的串行程序如程序6.5所示。

程序 6.5 　使用矩形法中的中点法计算 π 的串行程序

```
1   #include "stdio.h"
2   static long n= 10000000;
3   double h;
4   int main()
5   {
6      int i;
7      double x, pi, sum = 0.0;
8      h= 1.0/(double)n;
9      for (i=0; i< n; i++)
10     {
11        x = (i+0.5)*h;
12        sum = sum+ 4.0/(1.0+x*x);
13     }
14     pi = h * sum;
15     printf("Appromxation of pi:%15.13f\n", pi);
16     return 0;
17  }
```

使用并行域并行化计算 π 程序如程序 6.6 所示。

程序 6.6 　使用并行域并行化计算 π 的 OpenMP 程序

```
1   #include "stdio.h"
2   #include "omp.h"
3   #define NUM_THREADS 8
4   static long n=10000000;
5   double h;
6   int main()
7   {
8      int i;
9      double pi, sum[NUM_THREADS];
10     h=1.0/(double) n;
11     for(i=0; i< NUM_THREADS; i++)
12        sum[i]=0.0;
13     omp_set_num_threads(NUM_THREADS);
14     #pragma omp parallel
15     {
16        double x;
17        int tid;
```

174

```
18          tid = omp_get_thread_num();
19          for (int j=tid; j< n; j += NUM_THREADS)
20          {
21              x = (j+0.5)*h;
22              sum[tid] +0= 4.0/(1.0+x*x);
23          }
24      }
25      for(i=0, pi=0.0; i<NUM_THREADS; i++)
26          pi += sum[i] * h;
27      printf("Appromxation of pi:% 15.13f\n", pi);
28      return 0;
29  }
```

在程序13行调用omp_set_num_theads() 函数指定线程总数为 8。程序19行循环语句使每一个线程计算一部分矩形的面积，各个线程计算矩形块分别为：

0 线程: 0，8，16，...，9999992

1 线程: 1，9，17，...，9999993

2 线程: 2，10，18，...，9999994

3 线程: 3，11，19，...，9999995

4 线程: 4，12，20，...，9999996

5 线程: 5，13，21，...，9999997

6 线程: 6，14，22，...，9999998

7 线程: 7，15，23，...，9999999

每个线程将本线程的计算结果存入相应的数组 sum 元素中。程序25-26行对每个线程计算结果进行汇总，得到最终的 π 的近似值。

6.2.2 for指令

for 指令则是用来将一个 for 循环分配到多个线程中执行。for 指令一般可以和 parallel 指令合起来形成 parallel for 指令使用，也可以单独用在 parallel 指令的并行块中。

for指令的语法格式如下：

```
#pragma omp for [clause[ [,] clause] ... ] new-line
for-loops
```

for 指令中可用的子句包括：private，firstprivate，lastprivate，linear，reduction，schedule，collapse，ordered，nowait。

parallel for指令的语法格式如下：

```
#pragma omp parallel for [clause[ [,] clause] ... ] new-line
for-loops
```

parallel for指令中可用的子句包括：private，firstprivate，lastprivate，linear，reduction，schedule，collapse，ordered，nowait。

for循环的格式：

```
for (init-expr; test-expr; incr-expr) structured-block
```

如果一个for循环是符合表6.6规则，则称为正则循环。

表6.6　可以并行化for循环语句规则

表达式	格式
init-expr	var = lb integer-type var = lb random-access-iterator-type var = lb pointer-type var = lb
test-expr	var relational-op b b relational-op var
incr-expr	++var var++ - - var var - - var += incr var - = incr var = var + incr var = incr + var var = var - incr
var	有符号或无符号整数类型的变量
relational-op	<, <=, >, >=
lb 和 b	类型与循环类型兼容的循环不变式表达式
incr	循环不变整数表达式

使用OpenMP对循环并行化有一定的限制：

（1）for循环语句必须明确循环次数，循环变量必须为整数，循环操作符必须是>、<、>=、<=。

（2）循环语句块必须是单出口与单入口，循环过程中不能使用break、goto、return语句，但可以使用continue和exit语句。

遵循了上述规则，即for循环具备规范格式，并且在循环中不存在提前退出，编译器可以生成让循环迭代并行执行的代码。

在 for 循环并行执行的过程中，主线程创建若干派生线程，所有这些线程协同工作共同完成循环的所有迭代。每个线程有各自的执行现场，即上下文。执行现场包括静态变量，堆中动态分配的数据结构，以及运行时堆栈中的变量。

共享变量在所有线程的执行现场中的地址都是相同的。所有线程都可以对共享变量进行访问。私有变量在各个线程的执行现场中的地址不同。一个线程可以访问它自己的私有变量，但是不能访问其他线程的私有变量。

在 parallel for 指令语句中，变量默认设置为共享，而循环控制变量除外，它是私有变量。

程序 6.7 单独使用 for 指令。

程序 6.7　单独使用 for 指令 OpenMP 程序

```
1    #include "stdio.h"
2    #include "omp.h"
3    #define NUM_THREADS 4
4    int main()
5    {
6        int j;
7        omp_set_num_threads(NUM_THREADS);
8        #pragma omp for
9        for ( j = 0; j < 4; j++ )
10       {
11           printf(" j = %d, Thread_id = %d\n", j, omp_get_thread_num());
12       }
13       return 0;
14   }
```

程序 6.7 运行结果如下：

```
j = 0, Thread_id = 0
j = 1, Thread_id = 0
j = 2, Thread_id = 0
j = 3, Thread_id = 0
```

从结果可以看出四次循环都在一个线程里执行，可见 for 指令要和 parallel 指令结合起来使用才有效果。

程序6.8　for指令与parallel指令结合起来使用OpenMP程序

```
1    #include "stdio.h"
2    #include "omp.h"
3    #define NUM_THREADS 4
4    int main()
5    {
6        int j;
7        omp_set_num_threads(NUM_THREADS);
8        #pragma omp parallel for
9        for ( j = 0; j < 4; j++ )
10       {
11           printf(" j = %d, Thread_id = %d\n", j, omp_get_thread_num());
12       }
13       return 0;
14   }
```

也可以改写成以下形式

程序6.9　for指令与parallel指令结合起来使用另一种形式OpenMP程序

```
1    #include "stdio.h"
2    #include "omp.h"
3    #define NUM_THREADS 4
4    int main()
5    {
6        int j;
7        omp_set_num_threads(NUM_THREADS);
8        #pragma omp parallel
9        {
10           #pragma omp for
11           for ( j = 0; j < 4; j++ )
12           {
13               printf(" j = %d, Thread_id = %d\n", j, omp_get_thread_num());
14           }
15       }
16       return 0;
17   }
```

程序6.9输出以下结果：

```
j = 1, Thread_id = 1
j = 3, Thread_id = 3
j = 2, Thread_id = 2
j = 0, Thread_id = 0
```

[例6.2] 利用 $\pi = \int_0^1 \dfrac{4}{1 + x^2}\, dx$ ，使用for指令并行化，计算 π 的近似值。

程序6.10　使用for指令并行化计算 π OpenMP程序

```
1   #include "stdio.h"
2   #include "omp.h"
3   #define NUM_THREADS 8
4   static long n=10000000;
5   double h;
6   int main()
7   {
8       int i;
9       double pi, sum[NUM_THREADS];
10      for(i=0; i< NUM_THREADS; i++)
11          sum[i]=0.0;
12      h = 1.0/(double) n;
13      omp_set_num_threads(NUM_THREADS);
14      #pragma omp parallel
15      {
16          double x;
17          int tid;
18          #pragma omp for
19          for (i=0; i< n; i++)
20          {
21              tid = omp_get_thread_num();
22              x= (i+0.5)*h;
23              sum[tid] += 4.0/(1.0+x*x);
24          }
25      }
26      for(i=0, pi=0.0; i<NUM_THREADS; i++)
27          pi+=sum[i]*h;
28      printf("Approximation of pi:%15.13f\n", pi);
29      return 0;
30  }
```

6.2.3 循环依赖

OpenMP指令实际上是共享内存并行编程的标准。但是，如果运行时出现数据依赖，则OpenMP不能确保给定循环并行执行正确性。因此，高度并行的区域必须保证没有依赖冲突才能安全地并行化。在循环中一次迭代中的计算依赖于一个或更多个先前的迭代结果，不会被OpenMP正确地并行化。为了保证对一个循环进行正确的并行化操作，必须要保证数据两次循环之间不存在数据相关性，数据相关性称为数据依赖，有时又称为循环依赖。当两个线程对同一个变量进行操作，并且一个操作为写操作时，就说明这两个线程存在数据依赖关系。此时，读出的数据不一定就是前一次写操作的数据，而写入的数据也可能不是程序所需要的。因此，为了将一个循环并行化，且不影响程序的正确性，使程序在并行化后，两个线程之间不能够出现数据依赖。

［例6.3］利用如下公式：

$$\ln(1+x) = \left[x - \frac{x^2}{2} + \frac{x^3}{3} - \frac{x^4}{4} + \ldots \right] = \sum_{k=0}^{\infty} (-1)^k \frac{x^{k+1}}{k+1} \quad (-1 < x \leqslant 1) \quad (6.1)$$

编写一个OpenMP的程序计算ln2值。

由（6.1）式可知，

$$\ln 2 = \left[1 - \frac{1}{2} + \frac{1}{3} - \frac{1}{4} + \ldots \right] = \sum_{k=0}^{\infty} \frac{(-1)^k}{k+1} \quad (6.2)$$

利用（6.2）式计算ln2值串行程序如下：

程序6.11　计算 ln2 值串行程序

```
1    #include "stdio.h"
2    static long n = 10000000;
3    int main()
4    {
5       int k;
6       double factor = 1.0;
7       double sum = 0.0;
8       for (k=0; k< n; k++)
9       {
10          sum += factor/(k+1);
11          factor = −factor;
12      }
13      printf("Approxmation of ln2:%15.13f\n", sum);
14      return 0;
15   }
```

这个串行程序用 OpenMP 来并行化，必须消除第 10 行和第 11 行的循环依赖。在第 k 次迭代中对第 11 行的 factor 更新和接下来的第 $k+1$ 次迭代中对第 10 行的 sum 的累加是一个循环依赖。如果第 k 次迭代被分配给一个线程，而第 $k+1$ 次迭代被分配给另一个线程，则不能保证第 11 行的 factor 值是正确的。在第 k 次迭代中，factor 的值是 $(-1)^k$。如果 k 是偶数，factor 的值是 +1。如果 k 是奇数，factor 的值是 -1。因此，可以将第 10 行和第 11 行程序替换为：

```
1   if(k % 2 == 0)
2       factor = 1.0;
3   else
4       factor = -1.0;
5   sum += factor/(k+1);
6   factor= -factor;
```

或者，使用 "?:" 操作符：

```
1   factor = (k % 2 == 0)? 1.0 : -1.0;
2   sum += factor/(k+1);
```

通过上述变换就消除了循环依赖。计算 ln2 值的 OpenMP 程序如下：

程序 6.12　利用公式 6.2 计算 ln2 值 OpenMP 程序

```
1   #include "stdio.h"
2   #include "omp.h"
3   #define NUM_THREADS 8
4   static long n = 10000000;
5   int main()
6   {
7       int k;
8       double factor;
9       double ln2, sum[NUM_THREADS];
10      for(k=0; k< NUM_THREADS; k++)
11          sum[k]=0.0;
12      omp_set_num_threads(NUM_THREADS);
13      #program omp parallel private(factor)
14      {
15          int tid;
16          #pragma omp for
17          for (k = 0; k < n; k++)
```

```
18      {
19          tid = omp_get_thread_num();
20          if(k % 2 == 0)
21              factor = 1.0;
22          else
23              factor = -1.0;
24          sum[tid] += factor/(k+1);
25      }
26  }
27  for (k = 0, ln2 = 0.0; k<NUM_THREADS; k++)
28      ln2 += sum[k];
29  printf("Approxmation of ln2:%15.13f\n", ln2);
30  return 0;
31  }
```

　　在被 parallel for 指令并行化的块中，缺省情况下任何在循环前声明的变量，唯一的例外是循环控制变量，在线程间都是共享的。如果 factor 是共享的，线程 0 可能会给它赋值 1，但是在它能用这个值更新 sum 前，线程 1 可能给它赋值 -1 了。因此，我们必须保证每个线程有它自己的 factor 副本。在第 10 行通过使用 private 子句保证 factor 有私有作用域。

6.2.4　sections 结构

　　sections 结构是一种非迭代的工作共享结构，包含一组结构化块，由一组线程分布执行。工作共享指令只负责任务划分，并分发给各个线程。工作共享指令必须位于并行域中才能起到并行执行任务的作用，原因是工作共享指令不能产生新的线程，因此如果位于串行域中的话，任务只能被一个线程执行。

　　sections 指令语法格式如下：

```
#pragma omp sections [clause[ [,] clause] ... ] new-line
{
    [#pragma omp section new-line]
        structured-block
    [#pragma omp section new-line
        structured-block]
    ...
}
```

　　section 指令是用在 sections 结构里，用来将 sections 结构里的代码划分成几个不同的段，每段都并行执行。

sections指令中可用的子句包括：private，firstprivate，lastprivate，reduction，nowait。sections指令可以与parallel组合，形成parallel sections指令。parallel sections指令语法格式如下：

```
#pragma omp parallel sections [clause[ [,] clause] ... ] new-line
{
   [#pragma omp section new-line]
      structured-block
   [#pragma omp section new-line
      structured-block]
   ...
}
```

程序6.13　使用sections结构例子OpenMP程序

```
1    #include "stdio.h"
2    #include "omp.h"
3    #define NUM_THREADS 4
4    int main()
5    {
6       omp_set_num_threads(NUM_THREADS);
7       #pragma omp parallel
8       {
9          #pragma omp parallel sections
10         {
11            printf(" section 1 Thread_id = %d\n", omp_get_thread_num());
12         }
13         #pragma omp parallel sections
14         {
15            printf(" section 2 Thread_id = %d\n ", omp_get_thread_num());
16         }
17         #pragma omp parallel sections
18         {
19            printf(" section 3 Thread_id = %d\n ", omp_get_thread_num());
20         }
21         #pragma omp parallel sections
22         {
23            printf(" section 4 Thread_id = %d\n ", omp_get_thread_num());
24         }
25      }
26      return 0;
27   }
```

程序6.13输出如下结果：

```
section 1 Thread_id = 0
section 2 Thread_id = 1
section 3 Thread_id = 3
section 4 Thread_id = 3
```

从结果中可以发现各个section里的代码都是并行执行的，并且各个section被分配到不同的线程执行。

使用section指令时，需要注意的是这种方式需要保证各个section里的代码执行时间相差不大，否则某个section执行时间比其他section过长就达不到并行执行的效果了。

上面的代码也可以改写成以下形式：

程序6.14　使用sections结构例子的另一种形式OpenMP程序

```
1   #include "stdio.h"
2   #include "omp.h"
3   #define NUM_THREADS 4
4   int main()
5   {
6       omp_set_num_threads(NUM_THREADS);
7       #pragma omp parallel
8       {
9          #pragma omp sections
10         {
11             #pragma omp section
12             printf("section 1 Thread_id = %d\n", omp_get_thread_num());
13             #pragma omp section
14             printf("section 2 Thread_id = %d\n", omp_get_thread_num());
15         }
16         #pragma omp sections
17         {
18             #pragma omp section
19             printf("section 3 Thread_id = %d\n", omp_get_thread_num());
20             #pragma omp section
21             printf("section 4 Thread_id = %d\n", omp_get_thread_num());
22         }
23      }
24      return0;
25  }
```

程序6.14输出如下结果：

```
section 1 Thread_id = 0
section 2 Thread_id = 1
section 3 Thread_id = 3
section 4 Thread_id = 0
```

这种方式和前面那种方式的区别是，两个sections语句是串行执行的，即第二个sections语句里的代码要等第一个sections语句里的代码执行完后才能执行。

用for语句来分摊是由系统自动进行，只要每次循环间没有时间上的差距，那么分摊是很均匀的，使用section来划分线程是一种手工划分线程的方式，最终并行性的好坏依赖于程序员的设计。

在sections语句结束处有一个隐含的路障，使用了nowait子句除外。

程序6.15　使用sections结构向量运算OpenMP程序

```
1    #include "stdio.h"
2    #include "omp.h"
3    #define NUM_THREADS 4
4    #define N 1000
5    int main()
6    {
7        int i, a[N], b[N], c[N], d[N];
8        for(i=0; i<N; i++)
9        {
10           a[i]=i;
11           b[i]=2*i;
12       }
13       omp_set_num_threads(NUM_THREADS);
14       #pragma omp parallel shared(a, b, c, d) private(i)
15       {
16         #pragma omp sections nowait
17         {
18         #pragma omp section
19         for (i=0; i < N; i++)
20             c[i] = a[i] + b[i];
21         #pragma omp section
22         for(i=0; i < N; i++)
23             d[i] = b[i] – a[i];
24         }
```

25	}
26	return0;
27	}

程序 6.15 中行 18 和行 21 使用 section 指令用来将 sections 结构里的两循环分为两个段，每段都并行执行，即 19–20 行循环和 22–23 行循环被分配在两个线程上并行执行。

6.2.5 simd 结构

simd 结构可以应用于循环，以指示循环可以转换成 simd 循环，即可以使用 simd 指令并发执行循环的多次迭代。simd 指令的语法格式如下：

```
#pragma omp simd [clause[ [,] clause] ... ] new-line
for-loops
```

simd 指令中可用的子句包括：safelen，simdlen，linear，aligned，private，lastprivate， reduction 和 collapse。

simd 指令可以与 for 组合形成 for simd 指令。for simd 指令语格式如下：

```
#pragma omp for simd [clause[ [,] clause] ... ] new-line
for-loops
```

simd 指令也可以与 parallel for 组合形成 parallel for simd 指令。parallel for simd 指令语格式如下：

```
#pragma omp parallel for simd [clause[ [,] clause] ... ] new-line
for-loops
```

simd 指令还可以与 distribute parallel for 组合形成 distribute parallel for simd 指令。distribute parallel for simd 指令语格式如下：

```
#pragma omp distribute parallel for simd [clause[ [,] clause] ... ] new-line
for-loops
```

6.2.6 single 结构

single 指令标识区域仅由一个线程执行。single 指令语法格式如下：

```
#pragma omp single [clause[ [,] clause] ... ] new-line
structured-block
```

single 指令中可用的子句包括：private、firstprivate、copyprivate、nowait。

6.3　数据处理环境

通常来说 OpenMP 是建立在共享存储结构的计算机之上，使用操作系统提供的线程作为并发执行的基础，所以线程间的全局变量和静态变量是共享的，而局部变量、自动变量是私有的。但是对 OpenMP 编程而言，缺省变量往往是共享变量，而不管它是不是全局静态变量还是局部自动变量。也就是说 OpenMP 各个线程的变量是共享还是私有，是依据 OpenMP 自身的规则和相关的数据子句而定，而不是依据操作系统线程或进程上的变量特性而定。

由于是多线程环境，因此就涉及了共享变量和私有变量的两个基本问题，在此基础之上还有线程专有数据、变量的初值和终值的设定、归约操作相关的变量等问题。这需要使用数据环境（Data Enviornment）控制指令。

OpenMP 的数据处理子句包括 private、firstprivate、lastprivate、shared、default、reduction copyin 和 copyprivate。它与编译制导指令 parallel，for 和 sections 相结合，用来控制变量的作用范围，以及控制数据环境。例如哪些串行部分中的数据变量被传递到程序的并行部分，以及如何传送，哪些变量对所有并行部分的线程是可见的，哪些变量对所有并行部分的线程是私有的，等等。表 6.7 列出了 OpenMP 子句。

表 6.7　OpenMP 子句

子句	功能
private	指定每个线程都有它自己的变量私有副本
firstprivate	指定一个或多个变量为私有变量，并且私有变量在进入并行域时，将主线程中的同名变量的值作为初值
lastprivate	指定将线程中的私有变量的"最后"的值在并行处理结束后复制到主线程中的同名变量中
copyin	配合 threadprivate，用主线程同名变量的值对 threadprivate 的变量进行初始化
copyprivate	配合 single，将 single 块中串行计算得到的变量值广播到并行域中其他线程的同名变量中
reduction	指定一个或多个变量是私有的，并且在并行处理结束后对这些变量执行指定的归约操作（如求和），并将结果返回给主线程中的同名变量
nowait	忽略指定中暗含的等待
num_threads	指定线程的个数
schedule	指定如何调度 for 循环迭代
shared	指定一个或多个变量为多个线程间的共享变量
ordered	用来指定 for 循环的执行要按顺序执行
default	用来指定并行处理区域内的变量的使用方式，缺省是 shared
if	用来指定编译制导满足的条件

6.3.1 private 子句

　　private 子句用于将一个或多个变量声明成线程私有的变量，变量声明成私有变量后，指定每个线程都有它自己的变量私有副本，其他线程无法访问私有副本。即使在并行区域外有同名的共享变量，共享变量在并行区域内不起任何作用，并且并行区域内不会操作到外面的共享变量。private 子句的语法格式如下：

---

private(list)

程序6.16　使用private子句的例子OpenMP程序

```
1    #include "stdio.h"
2    #include "omp.h"
3    #define NUM_THREADS 4
4    int main()
5    {
6        int k = 100;
7        omp_set_num_threads(NUM_THREADS);
8        #pragma omp parallel for private(k)
9        for ( k = 0; k < 5; k++ )
10       {
11           printf("In for-loop k = %d \n", k);
12       }
13       printf("k=%d\n", k);
14       return 0;
15   }
```

　　程序6.16输出结果如下：

```
In for-loop k=0
In for-loop k=1
In for-loop k=2
In for-loop k=4
In for-loop k=3
k=100
```

　　从输出结果可以看出，for循环前的变量 k 和循环区域内的变量 k 其实是两个不同的变量。用private子句声明的私有变量的初始值在并行区域的入口处是未定义的，它并不会继承同名共享变量的值。出现在reduction子句中的参数不能出现在private子句中。

6.3.2 firstprivate 子句

private声明的私有变量不能继承同名变量的值，但实际情况中有时需要继承原有共享变量的值，OpenMP提供了firstprivate子句来实现这个功能。firstprivate指定每个线程都有它自己的变量私有副本，并且变量要被继承主线程中的初值。firstprivate子句语法格式如下：

---

firstprivate(list)

程序6.17 使用firstprivate子句的例子OpenMP程序

```
1    #include "stdio.h"
2    #include "omp.h"
3    #define NUM_THREADS 4
4    int main()
5    {
6       int i, k = 100;
7       omp_set_num_threads(NUM_THREADS);
8       #pragma omp parallel for firstprivate(k)
9       for ( i = 0; i < 5; i++ )
10      {
11         k ++;
12         printf(" In for−loop k = %d \n ", k);
13      }
14      printf("k=%d\n", k);
15      return 0;
16   }
```

程序6.17输出结果如下：

```
In for-loop k=100
In for-loop k=101
In for-loop k=103
In for-loop k=102
In for-loop k=104
k=100
```

从输出结果可以看出，并行区域内的私有变量k继承了外面共享变量k的值100作为初始值，并且在退出并行区域后，共享变量k的值保持为100未变。

6.3.3 lastprivate 子句

有时在并行区域内的私有变量的值经过计算后，在退出并行区域时，需要将它的值赋给同名的共享变量，前面的 private 和 firstprivate 子句在退出并行区域时都没有将私有变量的最后取值赋给对应的共享变量，lastprivate 子句就是用来实现在退出并行区域时将私有变量的值赋给共享变量。lastprivate 子句的语法格式如下：

---

lastprivate(list)

程序6.18　使用 firstprivate 子句的 OpenMP 程序

```
1    #include "stdio.h"
2    #include "omp.h"
3    #define NUM_THREADS 4
4    int main()
5    {
6        int i, k = 100;
7        omp_set_num_threads(NUM_THREADS);
8        #pragma omp parallel for firstprivate(k), lastprivate(k)
9        for ( i = 0; i < 5; i++ )
10       {
11           k++;
12           printf(" In for-loop k = %d \n ", k);
13       }
14       printf("k=%d\n", k);
15       return 0;
16   }
```

程序 6.18 输出结果如下：

```
In for-loop k=100
In for-loop k=101
In for-loop k=104
In for-loop k=102
In for-loop k=103
k=104
```

从打印结果可以看出，退出 for 循环的并行区域后，共享变量 k 的值变成了 104，而不是保持原来的 100 不变。

由于在并行区域内是多个线程并行执行的，最后到底是将那个线程的最终计算结果赋给了对应的共享变量呢？OpenMP规范中指出，如果是循环迭代，那么是将最后一次循环迭代中的值赋给对应的共享变量；如果是section构造，那么是最后一个section语句中的值赋给对应的共享变量。这里说的最后一个section是指程序语法上的最后一个，而不是实际运行时的最后一个运行完的。

如果是类（class）类型的变量使用在lastprivate参数中，那么使用时有些限制，需要一个可访问的，明确的缺省构造函数，除非变量也被使用作为firstprivate子句的参数；还需要一个拷贝赋值操作符，并且这个拷贝赋值操作符对于不同对象的操作顺序是未指定的，依赖于编译器的定义。

6.3.4　threadprivate指令

threadprivate指令用来指定全局的对象被各个线程各自复制了一个私有的拷贝，即各个线程具有各自私有的全局对象。threadprivate指令的语法格式如下：

#pragma omp threadprivate(list) new-line

---

threadprivate指令用来指定全局的对象被各个线程各自复制了一个私有的拷贝，即各个线程具有各自私有、线程范围内的全局对象。private变量在退出并行域后则失效，而threadprivate线程专有变量可以在前后多个并行域之间保持连续性。

threadprivate指令和private子句的区别在于threadprivate指令声明的变量通常是全局范围内有效的，而private子句声明的变量只在它所属的并行构造中有效。threadprivate指令对应只能用于copyin、copyprivate、schedule、num_threads和if子句中，不能用于任何其他子句中。用作threadprivate的变量的地址不能是常数。对于C++的类（class）类型变量，用作threadprivate的参数时有些限制，当定义时带有外部初始化时，必须具有明确的拷贝构造函数。

程序6.19　使用threadprivate指令的OpenMP程序

```
1    #include "stdio.h"
2    #include "omp.h"
3    #define NUM_THREADS 4
4    int k=100;
5    #pragma omp threadprivate(k)
6    int main()
7    {
8        int i;
9        omp_set_num_threads(NUM_THREADS);
10       #pragma omp parallel for
11       for ( i = 0; i < 8; i++ )
```

```
12    {
13        k++;
14        printf("Thread_id= %d, i=%d: k=%d\n",omp_get_thread_num(), i, k);
15    }
16    printf("k=%d\n", k);
17    #pragma omp parallel for
18    for ( i = 0; i < 8; i++ )
19    {
20        k++;
21        printf("Thread_id= %d, i=%d: k=%d\n",omp_get_thread_num(), i, k);
22    }
23    printf("k=%d\n", k);
24    return 0;
25    }
```

程序6.19输出结果如下：

```
Thread_id= 0, i=0: k=101
Thread_id= 3, i=6: k=101
Thread_id= 3, i=7: k=102
Thread_id= 1, i=2: k=101
Thread_id= 1, i=3: k=102
Thread_id= 0, i=1: k=102
Thread_id= 2, i=4: k=101
Thread_id= 2, i=5: k=102
k=102
Thread_id= 3, i=6: k=103
Thread_id= 2, i=4: k=103
Thread_id= 2, i=5: k=104
Thread_id= 0, i=0: k=103
Thread_id= 0, i=1: k=104
Thread_id= 1, i=2: k=103
Thread_id= 1, i=3: k=104
Thread_id= 3, i=7: k=104
k=104
```

从输出结果可以看出，每一个线程都有自己的全局私有变量，各个线程各自复制了全局变量 k 一个私有的拷贝。退出并行区域后全局变量 k 的值是线程0的结果，因为退出并行区域后，只有主线程运行。在第二个并行区域开始时各个线程各自复制全局变量 k 的值是在第一个并行区域退出后线程0写入的值。

6.3.5 shared 子句

shared 子句用来声明一个或多个变量是共享变量。shared 子句的语法格式如下：

---

shared(list)

需要注意的是，在并行区域内使用共享变量时，如果存在写操作，必须对共享变量加以保护，否则不要轻易使用共享变量，尽量将共享变量的访问转化为私有变量的访问。循环迭代变量在循环构造区域里是私有的，声明在循环构造区域内的自动变量都是私有的。

[**例6.4**] 编写奇偶排序 OpenMP 程序。

奇偶排序（Odd-Even Sort）实际上是冒泡排序（Bubble Sort）的一个变种。假设$(a_1, a_2, ..., a_n)$ 为待排序序列，n 是偶数。算法在 n 个阶段内对 n 个元素排序，每个阶段需要 $n/2$ 次比较-交换操作。在奇数阶段，下标为奇数的元素与它们的右边相邻的元素比较。如果它们未按顺序排列，就交换它们。这样，每个对(a_1, a_2), (a_3, a_4), ..., (a_{n-1}, a_n)都进行了比较-交换。同样，在偶数阶段，下标为偶数的元素与它们的右边相邻的元素比较。如果它们未按顺序排列，就交换它们。这样，每个对(a_2, a_3), (a_4, a_5), ..., (a_{n-2}, a_{n-1})都进行了比较-交换。经过 n 个阶段的奇偶交换，序列就完成了排序。图6.3 显示了 $n=8$ 个元素奇偶排序过程。

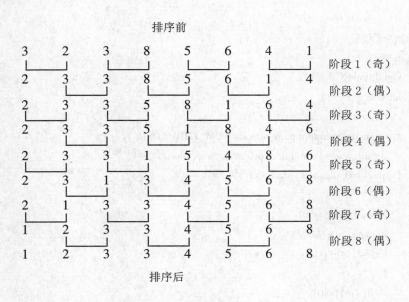

图6.3 排序 $n=8$ 个元素，使用奇偶排序

奇偶排序并行化是很容易的。在算法的每个阶段，每对元素的比较-交换操作同时执行。在奇数阶段，每个奇数下标元素与其右的相邻元素进行比较-交换。同样，在偶

数阶段，每个偶数下标的元素与其右的相邻元素进行比较–交换。

　　程序 6.20 为奇偶排序 OpenMP 程序。奇偶排序两重 for 循环，外部 for 循环有一个循环依赖，内部 for 循环没有任何循环依赖。因此，外部 for 循环不好并行化，内部 for 循环可以并行化。但是必须确保在任何线程开始 $p+1$ 阶段之前，所有线程必须先完成 p 阶段。而 parallel for 指令和 for 指令在循环结束处有一个隐式的路障。因此，在所有的线程完成当前 p 阶段之前，没有线程能够进入 $p+1$ 阶段。线程的创建和合并有很大的开销。在程序的第 15 行用 parallel 指令在外循环前创建 NUM_THREADS 个线程集合，并在两个内部 for 循环的执行中重用它们。因此，只创建了一次线程，在两个内部 for 循环前使用 for 指令，用已有的线程来并行 for 循环。与 parallel for 指令不同，for 指令并不创建任何线程，使用已经在 parallel 块中创建的线程。

程序 6.20　奇偶排序 OpenMP 程序

```
1    #include "stdio.h"
2    #include "stdlib.h"
3    #include "time.h"
4    #include "omp.h"
5    #define NUM_THREADS 8
6    #define N 1000
7    int main()
8    {
9        int i, phase, temp, n;
10       int a[N];
11       n=N;
12       srand(time(NULL));
13       for(i=0; i<n; i++)
14           a[i]=rand();
15       #pragma omp parallel num_threads(NUM_THREADS) \
16           default(none) shared(a, n) private(i, temp, phase)
17       for(phase=0; phase<n; phase++)
18       {
19           if(phase % 2 == 0)
20           #pragma omp for
21           for(i=1; i<n; i+=2)
22           {
23               if(a[i−1]>a[i])
24               {
25                   temp=a[i−1];
26                   a[i−1]=a[i];
```

```
27                a[i]=temp;
28            }
29        }
30    else
31        #pragma omp for
32        for(i=1; i<n−1; i+=2)
33        {
34            if(a[i]>a[i+1])
35            {
36                temp=a[i+1];
37                a[i+1]=a[i];
38                a[i]=temp;
39            }
40        }
41    }
42    for(i=0; i<n; i++)
43        printf("%d ", a[i]);
44    printf("\n ");
45    return 0;
46 }
```

6.3.6　reduction 子句

reduction 子句指定一个或多个变量是私有的，并且在并行处理结束后对这些变量执行指定的归约操作，然后将结果返回给主线程中的同名变量。reduction 子句的语法格式如下：

reduction(reduction-identifier : list)

归约操作符为 +, −, *, &, |, ^, && 和 ||，以及 min 和 max。表 6.8 列出了可以用于 reduction 子句的一些操作符，以及对应私有拷贝变量缺省的初始值，私有拷贝变量的实际初始值依赖于 redtucion 变量的数据类型。

表6.8　reduction操作中各种操作符号对应拷贝变量的缺省初始值

操作符号	含义	初始值
+	加法	0
*	乘法	1
-	减法	0
&	按位与	~0

续表

操作符号	含义	初始值
|	按位或	0
^	按位异或	0
&&	逻辑与	1
||	逻辑或	0
min	归约数据列表中最小值	
max	归约数据列表中最大值	

　　确定并行域内数据的公有或私有非常重要，影响程序的性能和正确性。如何决定哪些变量是共享哪些是私有？通常循环变量、临时变量、写变量一般是私有的，数组变量、仅用于读的变量通常是共享的，缺省所有变量是共享的。出现在 reduction 子句中的参数不能出现在 private 子句中。

　　如果在并行区域内不加锁保护就直接对共享变量进行写操作，存在数据竞争问题，会导致不可预测的异常结果。共享数据作为 private、firstprivate、lastprivate、threadprivate、reduction 子句的参数进入并行区域后，就变成线程私有了，不需要加锁保护了。

　　[例6.5] 利用 $\pi = \int_0^1 \dfrac{4}{1+x^2}\,\mathrm{d}x$，使用并行归约的并行化计算 π 的近似值。

程序6.21　使用并行归约的并行化计算 π 的 OpenMP 程序

```
1    #include "stdio.h"
2    #include "omp.h"
3    #define NUM_THREADS 8
4    static long n=10000000;
5    double h;
6    int main()
7    {
8       int i;
9       double x, pi, sum=0.0;
10      h =1.0/(double) n;
11      omp_set_num_threads(NUM_THREADS);
12      #pragma omp parallel for reduction(+:sum) private(x)
13      for (i=0; i< n; i++)
14      {
15         x =(i+0.5)*h;
16         sum += 4.0/(1.0+x*x);
17      }
18      pi = sum*h;
19      printf("Appromxation of pi:%15.13f\n", pi);
```

```
20      return 0;
21   }
```

[**例6.6**] 利用如下公式：

$$\ln 2 = \left[1 - \frac{1}{2} + \frac{1}{3} - \frac{1}{4} + \dots \right] = \sum_{k=0}^{\infty} \frac{(-1)^k}{k+1}$$

使用并行归约的并行化计算ln2的近似值。

程序6.22　使用并行归约的并行化计算ln2值OpenMP程序

```
1    #include "stdio.h"
2    #include "omp.h"
3    #define NUM_THREADS 8
4    static long n = 10000000;
5    int main()
6    {
7        int k;
8        double factor;
9        double ln2, sum;
12       omp_set_num_threads(NUM_THREADS);
13       #program omp parallel private(factor)
14       {
15           int tid;
16           #pragma omp for reduction(+:sum) private(x)
17           for (k = 0; k < n; k++)
18           {
19               tid = omp_get_thread_num();
20               if(k % 2 == 0)
21                   factor = 1.0;
22               else
23                   factor = -1.0;
24               sum += factor/(k+1);
25           }
26       }
27       ln2 = sum；
29       printf("Approxmation of ln2:%15.13f\n", ln2);
30       return 0;
31   }
```

在被 parallel for 指令并行化的块中，缺省情况下任何在循环前声明的变量，唯一的例外是循环控制变量，在线程间都是共享的。如果 factor 是共享的，线程 0 可能会给它赋值 1，但是在它能用这个值更新 sum 前，线程 1 可能给它赋值 −1 了。因此，我们必须保证每个线程有它自己的 factor 副本。在第 10 行通过使用 private 子句保证 factor 有私有作用域。

6.3.7 if 子句

if 子句用来指定编译制导满足的条件。if 子句的语法格式如下：

```
if([ directive-name-modifier :] scalar-expression)
```

如果循环的迭代次数太少，循环制导有可能增加执行时间，可以使用 if 子句，指定循环制导条件。对程序 6.21 进行修改，增加循环制导条件。

程序 6.22   使用循环制导条件并行归约的并行化计算 π 的 OpenMP 程序

```
1    #include "stdio.h"
2    #include "omp.h"
3    #define NUM_THREADS 8
4    static long n=100000;
5    double h;
6    int main()
7    {
8        int i;
9        double x, pi, sum=0.0;
10       h=1.0/(double) n;
11       omp_set_num_threads(NUM_THREADS);
12       #pragma omp parallel for reduction(+:sum) private(x) if(n>5000)
13       for (i=0; i< n; i++)
14       {
15           x =( i+0.5)*h;
16           sum = sum + 4.0/(1.0+x*x);
17       }
18       pi = sum*h;
19       printf("Appromxation of pi:=%15.13f\n", pi);
20       return 0;
21   }
```

6.3.8 copyin 子句

copyin 子句用来将主线程中 threadprivate 变量的值拷贝到执行并行区域的各个线程的

threadprivate变量中，从而使得组内的子线程都拥有和主线程同样的初始值。

　　copyin中的参数必须被声明成threadprivate的，对于类类型的变量，必须带有明确的拷贝赋值操作符。copyin子句的语法格式如下：

---

copyin(list)

程序6.23　使用copyin子句的例子OpenMP程序

```
1   #include "stdio.h"
2   #include "omp.h"
3   #define NUM_THREADS 4
4   int k = 100;
5   #pragma omp threadprivate(k)
6   int main()
7   {
8       omp_set_num_threads(NUM_THREADS);
9       #pragma omp parallel copyin(k )
10      {
11          #pragma omp for
12          for(int i = 0; i<8;i++)
13          {
14              k++;
15              printf("Thread_id= %d, i=%d, k=%d\n",omp_get_thread_num(), i, k);
16          }
17      }
18      return 0;
19  }
```

　　程序6.23输出结果如下：

```
Thread_id= 1, i=3, k=101
Thread_id= 1, i=4, k=102
Thread_id= 0, i=0, k=101
Thread_id= 0, i=1, k=102
Thread_id= 0, i=2, k=103
Thread_id= 1, i=5, k=103
Thread_id= 2, i=6, k=101
Thread_id= 2, i=7, k=102
```

　　从程序输出结果可以发现，所有的线程的初始值都使用主线程的值初始化。

6.3.9 copyprivate 子句

copyprivate 子句提供了用一个私有变量将一个值从一个线程广播到执行同一并行区域的其他线程的机制。copyprivate 子句的语法格式如下：

---

copyprivate(list)

---

copyprivate 子句可以关联 single 结构，在 single 结构的 barrier 到达之前就完成了广播工作。copyprivate 可以对 private 和 threadprivate 中的变量进行操作，但是当使用 single 构造时，copyprivate 的变量不能用于 private 和 firstprivate 子句中。

程序 6.24　使用 copyprivate 子句的例子 OpenMP 程序

```
1    #include "stdio.h"
2    #include "omp.h"
3    int k= 0;
4    #pragma omp threadprivate(k)
5    int main()
6    {
7        #pragma omp parallel num_threads(8)
8        {
9            int  j;
10           #pragma omp single copyprivate(k)
11           {
12               k = 100;
13           }
14           k++;
15           j = k;
16           printf("Thread_id= %d, j = %d\n", omp_get_thread_num(), j);
17       }
18       return 0;
19   }
```

程序 6.24 输出结果如下：

```
Thread_id= 7, j = 101
Thread_id= 0, j = 101
Thread_id= 2, j = 101
Thread_id= 4, j = 101
Thread_id= 6, j = 101
```

```
Thread_id= 3, j = 101
Thread_id= 5, j = 101
Thread_id= 1, j = 101
```

从程序输出结果可以看出，使用 copyprivate 子句后，single 构造内给 k 赋的值被广播到了其他线程里。

在程序第 10 行如果没有使用 copyprivate 子句，那么输出结果为：

```
Thread_id= 7, j = 1
Thread_id= 0, j = 101
Thread_id= 1, j = 1
Thread_id= 3, j = 1
Thread_id= 2, j = 1
Thread_id= 4, j = 1
Thread_id= 5, j = 1
Thread_id= 6, j = 1
```

6.3.10　default 子句

default 子句用来允许用户控制并行区域中变量的共享属性。default 子句语法格式如下：

```
default(shared | none)
```

default 使用 shared 作为参数时，缺省情况下，传入并行区域内的同名变量被当作共享变量来处理，不会产生线程私有副本，除非使用 private 等子句来指定某些变量为私有的才会产生副本。如果 default 使用 none 作为参数，那么线程中用到的变量必须显示指定是共享的还是私有的，除非变量有明确的属性定义，比如循环并行区域的循环控制变量只能是私有的。

［例 6.7］编写一个采用蒙特·卡罗方法的 OpenMP 程序估计 π 值。蒙特·卡罗方法估计 π 值的基本思想是利用圆与其外接正方形面积之比为 π/4 的关系，通过产生大量均匀分布的二维点，计算落在单位圆和单位正方形的数量之比再乘以 4 便得到 π 的近似值。

程序6.25　使用蒙特·卡罗方法估计 π 值 OpenMP 程序

```
1    #include "stdio.h"
2    #include "stdlib.h"
3    #include "time.h"
4    #include "omp.h"
5    #define NUM_THREADS 8
6    int main()
```

```
7    {
8        long int num_in_cycle;
9        long int i, num_point;
10       double pi, x, y, distance_point;
11       num_point=10000000;
12       num_in_cycle=0;
13       srand(time(NULL));
14       #pragma omp parallel for num_threads(NUM_THREADS) default(none) \
15           reduction(+:num_in_cycle) shared(num_point) private(i, x, y, distance_point)
16       for( i=0; i<num_point; i++)
17       {
18           x=(double)rand()/(double)RAND_MAX;
19           y=(double)rand()/(double)RAND_MAX;
20           distance_point=x*x+y*y;
21           if(distance_point <= 1.0)
22           {
23               num_in_cycle++;
24           }
25       }
26       pi=(double)num_in_cycle/num_point*4;
27       printf("The estimate value of pi is %lf\n", pi);
28       return 0;
29   }
```

6.4 线程同步

在正确产生并行域并用 for、sections 等语句进行任务分担后，还须考虑的是这些并发线程的同步互斥需求。在 OpenMP 应用程序中，由于是多线程执行，所以必须有线程互斥机制以保证程序在出现数据竞争的时候能够得出正确的结果，并且能控制线程执行的先后制约关系，以保证执行结果的正确性。

OpenMP 支持两种不同类型的线程同步机制，一种是互斥锁的机制，可以用来保护一块共享的存储空间，使任何时候访问这块共享内存空间的线程最多只有一个，从而保证了数据的完整性；另外一种同步机制是事件同步机制，这种机制保证了多个线程制之间的执行顺序。互斥的操作针对需要保护的数据而言，在产生了数据竞争的内存区域加入互斥，可以使用包括 critical、atomic 等制导指令以及 API 中的互斥函数。而事件机制则控制线程执行顺序，包括 barrier 同步路障、ordered 定序区段、matser 主线程执行等。OpenMP 同步指令如表 6.9 所示。

表6.9　OpenMP同步指令

指令	功能
master	标识仅由主线程执行的区域
critical	标识临界区,保证每次只有一个线程进入
barrier	障碍同步,用在并行域内,所有线程执行到 barrier 都要停下等待,直到所有线程都执行到 barrier,然后再继续往下执行
atomic	确保共享变量在同一时间只能被一个线程更新
flush	用在同步的时候,确保数据被正确写入
ordered	指定并行区域的循环按顺序执行

6.4.1　critical 指令

critical 指令作用于临界区。临界区指的是访问共享资源的一段代码,而这些共享资源又无法同时被多个线程访问。当有线程进入临界区段时,其他线程必须等待。有多个线程试图同时访问临界区,那么在有一个线程进入后其他所有试图访问此临界区的线程将被挂起,并一直持续到进入临界区的线程离开。临界区在被释放后,其他线程可以继续抢占,并以此达到用原子方式操作共享资源的目的。因此,只能被单一线程访问的在可能产生内存数据访问竞争的地方,都需要插入相应的 critical 指令。critical 指令的语法格式如下:

```
#pragma omp critical [(name) [hint(hint-expression)] ] new-line
    structured-block
```

其中,name 选项用于标识 critical 指令,但不是必需的。hint-expression 是一个整型常量表达式,指示有效锁。在一个并行域内的 for 任务分担域中,各个线程逐个进入到 critical 保护的区域内,进行相关数据处理,从而避免了数据竞争的情况。critical 指令不允许互相嵌套。

[例6.8] 利用 $\pi = \int_0^1 \frac{4}{1+x^2} dx$,使用 private 子句和 critical 指令并行化,计算 π 的近似值。

程序6.26　使用 private 子句和 critical 指令并行化计算 π 的 OpenMP 程序

```
1    #include "stdio.h"
2    #include "omp.h"
3    #define NUM_THREADS 8
4    static long n=10000000;
5    double h;
6    int main()
```

```
7    {
8        int tid;
9        double x, sum, pi=0.0;
10       h=1.0/(double) n;
11       omp_set_num_threads(NUM_THREADS);
12       #pragma omp parallel private (x, sum)
13       {
14          sum=0.0;
15          tid = omp_get_thread_num();
16          for (int i=tid; i<n; i=i+NUM_THREADS)
17          {
18             x =(i+0.5)*h;
19             sum += 4.0/(1.0+x*x);
20          }
21          #pragma omp critical
22             pi += sum*h;
23       }
24       printf("Approximation of pi:%15.13f\n", pi);
25       return 0;
26   }
```

6.4.2　atomic 指令

在 OpenMP 的程序中，原子操作的功能是通过 atomic 指令提供的。critical 指令能够作用在任意大小的代码块上，而 atomic 指令只能作用在单条赋值语句中。atomic 指令可以对特殊存储单元进行原子更新，不允许线程去同时写。atomic 指令的语法格式是如下三种形式之一：

```
#pragma omp atomic [seq_cst[,]] atomic-clause [[,]seq_cst] new-line
    expression-stmt
```

```
#pragma omp atomic [seq_cst] n ew-line
    expression-stmt
```

```
#pragma omp atomic [seq_cst[,]] capture [[,]seq_cst] new-line
    structured-block
```

其中，表达式 expression-stmt 必须是以下几种形式之一：

（1）如果 atomic-clause 是 read:

```
v = x;
```

（2）如果 atomic-clause 是 write:

```
x = expr;
```

（3）如果 atomic-clause 是 update:

```
x++;
x--;
++x;
--x;
x binop= expr;
x = x binop expr;
x = expr binop x;
```

（4）如果 atomic-clause 是 capture:

```
v = x++;
v = x--;
v = ++x;
v = --x;
v = x binop= expr;
v = x = x binop expr;
v = x = expr binop x;
```

块结构 structured-block 必须是以下几种形式之一：

```
{v = x; x binop= expr;}
{x binop= expr; v = x;}
{v = x; x = x binop expr;}
{v = x; x = expr binop x;}
{x = x binop expr; v = x;}
{x = expr binop x; v = x;}
{v = x; x = expr;}
{v = x; x++;}
{v = x; ++x;}
{++x; v = x;}
{x++; v = x;}
{v = x; x--;}
{v = x; --x;}
{--x; v = x;}
{x--; v = x;}
```

binop 是运算符 +, *, −, /, &, ˆ, |, <<, >> 之一。

很明显，能够使用原子语句的前提条件是相应的语句能够转化成一条机器指令，使得相应的功能能够一次执行完毕而不会被打断。

当对一个数据进行原子操作保护的时候，就不能对数据进行临界区的保护，OpenMP运行时并不能在这两种保护机制之间建立配合机制。用户在针对同一个内存单元使用原子操作的时候，需要在程序所有涉及该变量并行赋值的部位都加入原子操作的保护。

程序6.27　使用atomic指令一个数据进行原子操作保护OpenMP程序

```
1    #include "stdio.h"
2    #include "omp.h"
3    #define NUM_THREADS 8
4    int main()
5    {
6       int i, k=0;
7       omp_set_num_threads(NUM_THREADS);
8       #pragma omp parallel for
9       for(i = 0; i < 10000; i++ )
10      {
11         #pragma omp atomic
12         k++;
13      }
14      printf("k = %d\n", k);
15      return 0;
16   }
```

由于使用atomic指令，则避免了可能出现的数据访问竞争情况，最后的执行结果都是一致的。而将atomic指令从源程序中删除时，由于有了数据访问的竞争情况，所以最后的执行结果是不确定的。

6.4.3　barrier指令

路障（barrier）是OpenMP线程的一种同步方法。线程遇到路障时必须等待，直到并行区域内的所有线程都到达了同一点，才能继续执行下面的代码。在每一个并行域和任务分担域的结束处都会有一个隐含的同步路障，执行此并行域/任务分担域的线程组在执行完毕本区域代码之前，都需要同步并行域的所有线程。也就是说在parallel、for、sections和single构造的最后，会有一个隐式的路障。

在有些情况下，隐含的同步路障并不能提供有效的同步措施。这时，需要程序员插入明确的同步路障指令#pragma omp barrier。此时，在并行区域的执行过程中，所有的执行线程都会在同步路障语句上进行同步。

barrier指令的语法格式如下：

#pragma omp barrier new-line

程序6.28　使用barrier指令进行同步的OpenMP程序

```
1    #include "stdio.h"
2    #include "omp.h"
3    #define NUM_THREADS 4
4    int main()
5    {
6        int i, sum=0;
7        omp_set_num_threads(NUM_THREADS);
8        #pragma omp parallel
9        {
10           #pragma omp for
11           for(i = 1; i < 100; i++ )
12           {
13               #pragma omp atomic
14               sum +=i;
15           }
16           #pragma omp barrier
17           printf("Thread_id=%d, sum=%d\n",  omp_get_thread_num(),sum);
18       }
19       return 0;
20   }
```

程序6.28输出结果如下：

```
Thread_id=7, sum=5050
Thread_id=4, sum=5050
Thread_id=0, sum=5050
Thread_id=2, sum=5050
Thread_id=3, sum=5050
Thread_id=6, sum=5050
Thread_id=5, sum=5050
Thread_id=1, sum=5050
```

如果没有添加barrier，由于不同的线程可能同时访问sum变量，存在数据竞争问题，导致输出的sum结果值不确定。

6.4.4　nowait子句

nowait子句除去隐藏在循环、sections或并行域后同步。为了避免在循环过程中不必

207

要的同步路障并加快运行速度，可以使用 nowait 子句除去这个隐式的路障。nowait 子句的语法格式如下：

---

nowait

程序 6.29　使用 nowait 子句除去隐藏在循环后同步 OpenMP 程序

```
1    #include "stdio.h"
2    #include "omp.h"
3    #define N 100
4    int main()
5    {
6        int a[N], b[N], c[N], d[N];
7        int i, sum=0 ;
8        for(i = 0; i < N; i++)
9        {
10           a[i] = i;
11           b[i] = 2*i;
12           c[i] = 3*i;
13           d[i] = 4*i;
14       }
15       #pragma omp parallel num_threads(4) private(i)
16       {
17           #pragma omp for nowait
18           for(i=0; i<N; i++)
19               a[i] +=b[i];
20           #pragma omp for nowait
21           for(i=0; i<N; i++)
22               c[i] +=d[i];
23           #pragma omp barrier
24           #pragma omp for nowait reduction(+:sum)
25           for (i=0; i<n; i++)
26               sum += a[i] + c[i];
27       }
28       printf(" sum=%d\n",sum);
29       return 0;
30   }
```

　　程序 6.29 在第 17 行和第 20 行 parallel for 语句中的 nowait 子句告诉编译器无需在并行 for 循环的出口处放置同步路障。nowait 子句消除了不必要的同步开销，加快了计算速度。在第23行设置同步路障，所有的执行线程都会在此同步路障语句上进行同步。

6.4.5　master 指令

master 指令用于指定一段代码由主线程执行。master 制导指令和 single 制导指令类似，区别在于，master 制导指令包含的代码段只由主线程执行，而 single 制导指令包含的代码段可由任一线程执行，并且 master 制导指令在结束处没有隐式同步，也不能指定 nowait 从句。master 指令语句格式如下：

```
#pragma omp master new-line
    structured-block
```

程序 6.30　使用 master 指令的 OpenMP 程序

```
1   #include "stdio.h"
2   #include "omp.h"
3   #define NUM_THREADS 8
4   int main()
5   {
6       int i, a[9];
7       #pragma omp parallel num_threads(NUM_THREADS )
8       {
9           #pragma omp for
10          for (i = 1; i <= 8; i++)
11              a[i] = i * i;
12          #pragma omp master
13          for (i = 1; i <= 8; i++)
14              printf("a[%d] = %d\n", i, a[i]);
15      }
16      return 0;
17  }
```

程序 6.30 输出结果如下：

```
a[1] = 1
a[2] = 4
a[3] = 9
a[4] = 16
a[5] = 25
a[6] = 36
a[7] = 49
a[8] = 64
```

虽然上面的输出语句是在parallel并行域中,但是并没有被多个线程所执行,而是只有一个线程将逐个元素打印出来。

6.4.6 ordered 指令

对于循环代码的任务分担中,某些代码的执行需要按规定的顺序执行。典型的情况如下:在一次循环的过程中大部分的工作是可以并行执行的,而特定部分代码的工作需要等到前面的工作全部完成之后才能够执行。这时,可以使用ordered指令使特定的代码按照串行循环的次序来执行。特定的代码要么是循环结构化块,要么是simd或循环simd区域。

ordered指令语法格式如下:

```
#pragma omp ordered [clause[ [,] clause] ] new-line
    structured-block
```

此时,ordered指令中可用的子句为 threads 或 simd。
或者,

```
#pragma omp ordered clause [[[,] clause] ... ] new-line
```

此时,ordered指令中可用的子句为 depend(source) 或 depend(sink : vec)。

程序6.31 使用ordered指令的OpenMP程序

```
1   #include "stdio.h"
2   #include "omp.h"
3   #define NUM_THREADS 8
4   int main()
5   {
6     int i;
7     #pragma omp parallel num_threads(NUM_THREADS )
8     {
9       #pragma omp for ordered
10      for (i = 0; i < 8; i++)
11      {
12        #pragma omp ordered
13        printf("Thread_id=%d, iteration i=%d\n", omp_get_thread_num(), i);
14      }
15    }
16    return 0;
17  }
```

程序6.31输出结果如下：

Thread_id=0, iteration i=0
Thread_id=1, iteration i=1
Thread_id=2, iteration i=2
Thread_id=3, iteration i=3
Thread_id=4, iteration i=4
Thread_id=5, iteration i=5
Thread_id=6, iteration i=6
Thread_id=7, iteration i=7

从程序输出结果可以看出，虽然在ordered子句之前的工作是并行执行的，但是在遇到ordered子句的时候，只有前面的循环都执行完毕之后，才能够进行下一步执行。有些任务在并行执行，对于部分必须串行执行的部分才启用ordered保护。

6.4.7　flush 指令

OpenMP的flush指令作用于多个线程之间的共享变量的一致性问题。flush指令使线程的内存临时视图与内存一致的，并强制显示或隐式的变量内存操作按顺序执行。flush指令是一个独立指令，语法格式如下：

#pragma omp flush [(list)] new-line

该指令将list列表中的变量执行flush操作，直到所有变量都已完成相关操作后才返回，保证后续变量访问的一致性。

程序6.32　使用flush指令的OpenMP程序

```
1    #include "stdio.h"
2    #include "stdlib.h"
3    #include "omp.h"
4    #define NUM_THREADS 2
5    int main()
6    {
7        int *ready = calloc( sizeof(int), 2 );
8        #pragma omp parallel num_threads(NUM_THREADS )
9        {
10           printf( "Thread %i is ready\n", omp_get_thread_num() );
11           ready[ omp_get_thread_num() ] = 1;
12           int neighbour = ( omp_get_thread_num()+1 ) % omp_get_num_threads();
13           while( ready[neighbour] == 0 )
```

```
14      {
15          #pragma omp flush
16      }
17      printf( "Thread %i is done\n", omp_get_thread_num() );
18  }
19  free( ready );
20  return 0;
21 }
```

6.4.8 互斥锁函数

前面分别介绍了互斥同步的两种方法：atomic 和 critical，除了上述的编译制导指令，OpenMP 还可以通过库函数支持实现互斥操作，方便用户实现特定的同步需求。编译制导指令的互斥支持只能放置在一段代码之前，作用在这段代码之上。而 OpenMP API 所提供的互斥函数可放在任意需要的位置。程序员必须自己保证在调用相应锁操作之后释放相应的锁，否则就可能造成多线程程序的死锁。OpenMP 提供两种类型的锁：简单锁和嵌套锁。一个嵌套锁可以被相同的任务设置多次；一个简单锁不能被设置，如果它已经被任务拥有。简单锁变量与简单锁相关联，只能传递给简单锁例程。嵌套锁变量与嵌套锁有关，只能通过嵌套锁的例程。表 6.10 中包含 OpenMP 提供的互斥函数。

表 6.10 OpenMP 提供的互斥函数

函数	功能
void omp_init_lock(omp_lock_t *lock)	初始化一个简单互斥锁
void omp_init_nest_lock(omp_nest_lock_t *lock)	初始化一个嵌套互斥锁
void omp_set_lock(omp_lock_t *lock)	上简单互斥锁操作
void omp_set_nest_lock(omp_nest_lock_t *lock)	上嵌套互斥锁操作
void omp_unset_lock(omp_lock_t *lock)	解简单互斥锁操作,要和 omp_set_nest_lock() 函数配对使用
void omp_unset_nest_lock(omp_nest_lock_t *lock)	解嵌套互斥锁操作,要和 omp_set_lock() 函数配对使用
void omp_destroy_lock(omp_lock_t *lock)	omp_init_lock() 函数配对操作函数,关闭一个简单互斥锁
void omp_destroy_nest_lock(omp_nest_lock_t *lock)	omp_init_nest_lock() 函数配对操作函数,关闭一个嵌套互斥锁
int omp_test_lock(omp_lock_t *lock)	试图获得一个简单互斥锁,成功返回非0值,失败返0值
int omp_test_nest__lock(omp_nest_lock_t *lock)	试图获得一个嵌套互斥锁,成功返回非0值,失败返0值

[例6.9] 利用 $\pi = \int_0^1 \dfrac{4}{1+x^2} dx$ ，使用简单互斥锁，计算 π 的近似值。

程序6.33 使用简单互斥锁计算π的OpenMP程序

```
1   #include "stdio.h"
2   #include "omp.h"
3   #define NUM_THREADS 8
4   static omp_lock_t lock;
5   static long n=10000000;
6   double h;
7   int main()
8   {
9       int tid;
10      omp_init_lock(&lock);
11      double x, sum, pi=0.0;
12      h=1.0/(double) n;
13      omp_set_num_threads(NUM_THREADS);
14      #pragma omp parallel private (x, sum)
15      {
16          sum=0.0;
17          tid = omp_get_thread_num();
18          for (int i=tid; i<n; i=i+NUM_THREADS)
19          {
20              x =(i+0.5)*h;
21              sum += 4.0/(1.0+x*x);
22          }
23          omp_set_lock(&lock);
24              pi += sum*h;
25          omp_unset_lock(&lock);
26      }
27      omp_destroy_lock(&lock);
28      printf("Approximation of pi:%15.13f\n", pi);
29      return 0;
30  }
```

程序6.33中第10行初始化锁。第23行对第24行数据更新进行加锁保护，只能有一个加锁成功的线程执行第24行数据更新。因此，保证了数据的正确性，避免了可能出现的数据访问竞争情况造成数据更新不一致。在第25行线程数据更新完后解锁。

程序6.34　使用简单互斥锁保护代码区域 OpenMP 程序

```
1    #include "stdio.h"
2    #include "omp.h"
3    #define NUM_THREADS 8
4    static omp_lock_t lock;
5    int main()
6    {
7        int i;
8        omp_set_num_threads(NUM_THREADS);
9        omp_init_lock(&lock);
10       #pragma omp parallel for
11       for(i = 0; i < 4; i++ )
12       {
13           omp_set_lock(&lock);
14           printf("%d Hello\n", omp_get_thread_num());
15           printf("%d The World！\n", omp_get_thread_num());
16           omp_unset_lock(&lock);
17       }
18       omp_destroy_lock(&lock);
19       return 0;
20   }
```

程序6.34中对for循环中的所有内容进行加锁保护，同时只能有一个线程执行for循环中的内容。因此同一个线程的两次打印之间不会被打断。

互斥锁函数中只有omp_test_lock() 和omp_test_nest__lock() 函数是带有返回值的，该函数可以看作是omp_set_lock() 和omp_set_nest_lock() 函数的非阻塞版本。

如果在并行域内不加锁保护就直接对共享变量进行写操作，存在数据竞争问题，会导致不可预测的异常结果。如果共享数据作为 private、firstprivate、lastprivate、threadprivate、reduction 子句的参数进入并行域后，就变成线程私有了，不需要加锁保护了。

6.5　任务调度

任务调度的方式直接影响程序的效率，这主要体现在两个方面：一个是任务的均衡程度，另一个是循环体内数据访问顺序与相应的高速缓存（Cache）冲突情况。

循环体任务的调度基本原则是分解方法要快速，尽量减少分解任务而产生的额外开销。任务计算量要均衡，尽量避免Cache冲突，尽可能避免 Cache 行竞争和 Cache 的乒乓效应，提高 Cache 命中率。

当循环中每次迭代的计算量不相等时，如果简单地给各个线程分配相同迭代次数，会使得各个线程计算负载不均衡，有些线程先执行完，有些线程后执行完，造成有些CPU核空闲，有些CPU核繁忙，严重影响系统性能。例如下面程序代码：

```
1   #define N 1000
2   int i, j, a[N][N];
3   for ( i =0; i < N; i++)
4   {
5     for( j = i; j < N; j++ )
6         a[i][j] = i+j;
7   }
```

如果将最外层循环并行化，使用8个线程，如果给每个线程平均分配125次循环迭代计算，显然 i＝0 和 i＝999 的计算量相差了 1000 倍，各个线程间可能出现较大的负载不平衡情况。

高速缓存的关键特性是以连续单元的数据块的形式组成的，当处理器需要引用某个数据块的一个或几个字节时，这个块的所有数据就会被传送到高速缓存中。因此，如果接下来需要引用这个块中的其他数据，则不必再从主存中调用它，这样就可以提高执行效率。

在多处理机系统中，不同的处理器可能需要同一个数据块的不同部分，尽管实际数据不共享，但如果一个处理器对该块的其他部分写入，由于高速缓存的一致性协议，这个块在其他高速缓存上的拷贝就要全部进行更新或者使无效，这就是所谓的伪共享（False Sharing）。例如两个处理器 P 和 Q 访问同一个数据块的不同部分，如果处理器 P 修改了数据，则高速缓存一致协议将更新或者使处理器 Q 中的高速缓存块无效。而在此时处理器 Q 可能也修改了数据，则高速缓存一致协议反过来又要将处理器 P 中的高速缓存块进行更新或者使无效。如此往复，就会导致高速缓存块的乒乓效应（Ping-Pong Effect）。在循环中只读状态的共享数据不会导致伪共享。

多个处理器修改共享数据，而这种更新发生的频率非常高，就会频繁出现伪共享，OpenMP 应用程序的性能和可伸缩性就会显著下降。减少伪共享方法主要有尽可能多地使用专用数据，任务调度技术。处理伪共享的方法与特定应用程序紧密相关。

为了解决这些问题，OpenMP 中提供了几种对 for 循环并行化的任务调度方案。在OpenMP 中，对 for 循环并行化的任务调度使用 schedule 子句来实现。Schedule 子句的语法格式如下：

```
schedule([modifier [, modifier]:]kind[, chunk_size])
```

schedule 的参数 kind 表示调度类型，有四种调度类型，分别是 static、dynamic、guided、auto 和 runtime 。实际上只有 static、dynamic 和 guided 三种调度方式，auto 调度由编译器和/或运行时系统决定，runtime 调度实际上是根据环境 OMP_SCHEDULED 变量来选择前三种中的某中类型，相应的内部控制变量 ICV 是 run-sched-var。chunk_size 参数可选，表示循环迭代次数，chunk_size 参数必须是整数。static、dynamic、guided 三种调度方式都可以使用 chunk_size 参数，也可以不使用 chunk_size 参数。当 kind 参数类型为 runtime 时，不能使用 chunk_size 参数，否则编译器会报错。OpenMp 任务调度示意图如图 6.4 所示。

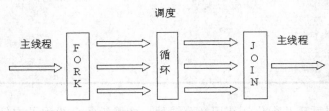

图 6.4　OpenMP 任务调度示意图

6.5.1　static 调度

当 parallel for 编译指导语句没有带 schedule 子句时，大部分系统中默认采用 static 调度方式。这种调度方式非常简单。假设有 n 次循环迭代，t 个线程，那么给每个线程静态分配大约 n/t 次迭代计算。

static 调度时可以不使用 chunk_size 参数，也可以使用 chunk_size 参数。不使用 chunk_size 参数时，分配给每个线程的是 n/t 次连续的迭代。程序 6.35 不使用 chunk_size 参数 static 调度。

程序 6.35　不使用 chunk_size 参数 static 调度 OpenMP 程序

```
1    #include "stdio.h"
2    #include "omp.h"
3    #define NUM_THREADS 2
4    int main()
5    {
6        omp_set_num_threads(NUM_THREADS);
7        #pragma omp parallel for schedule(static)
8        for(int i = 0; i < 8; i++ )
9        {
10           printf("i=%d, Thread_id=%d\n", i, omp_get_thread_num());
11       }
12       return 0;
13   }
```

程序 6.34 输出结果如下：

```
i=0, Thread_id=0
i=1, Thread_id=0
i=2, Thread_id=0
i=3, Thread_id=0
i=4, Thread_id=1
i=5, Thread_id=1
i=6, Thread_id=1
i=7, Thread_id=1
```

可以看出线程 0 得到了 0~3 次连续迭代，线程 1 得到 4~7 次连续迭代。分配给每个线程的是 4 次连续的迭代。

static 调度时使用 chunk_size 参数时，分配给每个线程的 chunk_size 次连续的迭代计算。程序 6.36 使用 chunk_size 参数 static 调度。

程序 6.36　使用 chunk_size 参数 static 调度 OpenMP 程序

```
1    #include "stdio.h"
2    #include "omp.h"
3    #define NUM_THREADS 2
4    int main()
5    {
6        omp_set_num_threads(NUM_THREADS);
7        #pragma omp parallel for schedule(static,2)
8        for(int i = 0; i < 8; i++ )
9        {
10           printf("i=%d, Thread_id=%d\n", i, omp_get_thread_num());
11       }
12       return 0;
13   }
```

程序 6.36 输出结果如下：

```
i=0, Thread_id=0
i=1, Thread_id=0
i=4, Thread_id=0
i=5, Thread_id=0
i=2, Thread_id=1
i=3, Thread_id=1
i=6, Thread_id=1
i=7, Thread_id=1
```

从程序输出结果可以看出，0~1 次迭代分配给线程 0，2~3 次迭代分配给线程 1，4~5

次迭代分配给线程0，6~7次迭代分配给线程1。每个线程依次分配到2次连续的迭代计算。

6.5.2 dynamic 分配

dynamic 调度是动态地将迭代分配到各个线程，dynamic 调度可以使用 chunk_size 参数也可以不使用 schunk_size 参数。不使用 chunk_size 参数时是将迭代逐个地分配到各个线程。程序 6.37 不使用 chunk_size 参数 dynamic 调度。

程序 6.37　不使用 chunk_size 参数 dynamic 调度 OpenMP 程序

```
1    #include "stdio.h"
2    #include "omp.h"
3    #define NUM_THREADS 4
4    int main()
5    {
6        omp_set_num_threads(NUM_THREADS);
7        #pragma omp parallel for schedule(dynamic )
8        for(int i = 0; i < 8; i++ )
9        {
10           printf("i=%d,Thread_id=%d\n", i, omp_get_thread_num());
11       }
12       return 0;
13   }
```

程序 6.37 输出结果如下：

```
i=0, Thread_id=0
i=2, Thread_id=0
i=3, Thread_id=0
i=4, Thread_id=0
i=5, Thread_id=3
i=1, Thread_id=1
i=6, Thread_id=0
i=7, Thread_id=2
```

使用 chunk_size 参数时，每次分配给线程的迭代次数为指定的 chunk_size 次。程序 6.38 使用 chunk_size 参数 dynamic 调度。

程序 6.38　使用 chunk_size 参数 dynamic 调度 OpenMP 程序

```
1    #include "stdio.h"
2    #include "omp.h"
```

```
3    #define NUM_THREADS 4
4    int main()
5    {
6        omp_set_num_threads(NUM_THREADS);
7        #pragma omp parallel for schedule(dynamic, 2 )
8        for(int i = 0; i < 8; i++ )
9        {
10           printf("i=%d, Thread_id=%d\n", i, omp_get_thread_num());
11       }
12       return 0;
13   }
```

程序6.38输出结果如下：

```
i=0, Thread_id=0
i=1, Thread_id=0
i=4, Thread_id=2
i=5, Thread_id=2
i=6, Thread_id=3
i=2, Thread_id=1
i=7, Thread_id=3
i=3, Thread_id=1
```

从程序输出结果可以看出第0、1次迭代被分配给了线程0，第2、3次迭代则分配给了线程1，第4、5次迭代被分配给了线程2，第6、7次迭代则分配给了线程3，每次分配的迭代次数为2。

6.5.3　guided调度

guided调度是一种采用指导性的启发式自调度方法。开始时每个线程会分配到较大的迭代块，之后分配到的迭代块会逐渐递减。迭代块的大小会按指数级下降到指定的chunk_size大小，如果没有指定chunk_size参数，那么迭代块大小最小会降到1。程序6.39使用guidedc调度。

程序6.39　guided调度 OpenMP程序

```
1    #include "stdio.h"
2    #include "omp.h"
3    #define NUM_THREADS 2
4    int main()
5    {
```

```
6     omp_set_num_threads(NUM_THREADS);
7     #pragma omp parallel for schedule(guided , 2)
8     for(i = 0; i < 8; i++ )
9     {
10        printf("i=%d, Thread_id=%d\n", i, omp_get_thread_num());
11    }
12    return 0;
13 }
```

程序6.39输出结果如下：

```
i=0, Thread_id=0
i=1, Thread_id=0
i=2, Thread_id=0
i=3, Thread_id=0
i=4, Thread_id=0
i=6, Thread_id=1
i=7, Thread_id=1
i=5, Thread_id=0
```

第0、1、2、3、4、5次迭代被分配给线程0，第6、7次迭代被分配给线程1，分配的迭代次数呈递减趋势，最后一次递减到2次。

6.5.4 auto 调度

auto调度被指定时，调度的决定被委托给编译器和/或运行时系统。程序员给出实现自由选择任何可能的迭代映射到团队中的线程。

6.5.5 runtime调度

runtime调度并不是和前面三种调度方式似的真实调度方式，它是在运行时根据环境变量OMP_SCHEDULE来确定调度类型，最终使用的调度类型仍然是上述三种调度方式中的某种。

实际上，每种schedule子句有不同的系统开销，dynamic调度的开销要大于static开销，而guided调度的系统开销是三种方式中最大的。一般来讲，如果循环的每次迭代需要几乎相同的计算量，默认的调度方式能提供最好的性能。如果随着循环的进行，迭代的计算量线性增加或者线性减少，采用比较小chunk_size的static调度可能提供最好的性能。如果每次迭代的系统开销事先不能够确定，应当使用schedule(runtime)子句，通过赋予环境变量OMP_SCHEDULE不同的值来比较不同调度策略下程序的性能。

6.6 本章小结

与 Phreads 一样，OpenMP 是一个针对共享存储器并行编程的 API，使用专门的函数和预处理器指令 pragram，需要编译器的支持。OpenMP 最重要的特色之一是使程序员可以逐步并行化已有的串行程序，而不是从头开始编写并行程序。OpenMP 程序使用多线程而不是多进程。尽管 OpenMP 和 Phreads 都是针对共享存储器并行编程的 API。但它们有本质的不同。Phreads 要求程序员显示地明确每个线程的行为。相反，OpenMP 有时允许程序员简单地声明一块代码应该并行执行，而由编译器和运行时系统来决定哪个线程具体执行哪个任务。在本章中，我们介绍了 OpenMP 编程方法和技术。OpenMP 提供的这种对于并行描述的高层抽象降低了并行编程的难度和复杂度，同时，使用 OpenMP 也提供了更强的灵活性，可以较容易的适应不同的并行系统配置。线程粒度和负载平衡等是传统多线程程序设计中的难题，但在 OpenMP 中，OpenMP 库从程序员手中接管了部分这两方面的工作。但是，作为高层抽象，OpenMP 并不适合需要复杂的线程间同步和互斥的场合，很难对一些底层的线程交互进行编程。

习 题

1. 编写一个 OpenMP 程序计算下列数列当 $n=10000000$ 时之和。

$$\frac{1}{1+\sqrt{2}} + \frac{1}{\sqrt{2}+\sqrt{3}} + \frac{1}{\sqrt{3}+\sqrt{4}} + ... + \frac{1}{\sqrt{n}+\sqrt{n+1}}$$

2. 利用如下公式：

$$e = 1 + \frac{1}{1!} + \frac{1}{2!} + ... + \frac{1}{n!} + ...$$

编写一个 OpenMP 程序计算 e 的近似值。

3. 利用如下公式：

$$\pi = 4\left[1 - \frac{1}{3} + \frac{1}{5} - \frac{1}{7} + ...\right] = 4\sum_{k=0}^{\infty}\frac{(-1)^k}{2k+1}$$

编写一个 OpenMP 程序计算 π 的近似值。

4. 辛普生法（Simpson）是一个比矩形法更好的数值积分算法。因为收敛速度更快。辛普生法求积公式

$$\int_a^b f(x)dx \approx \frac{1}{3n}\left[f(x_0) - f(x_n) + \sum_{i=1}^{n/2}(4f(x_{2i-1}) + 2f(x_{2i}))\right]$$

其中，n 为将区间 $[a,b]$ 划分子区间数，且 n 是偶数，$1\leq i\leq n$，x_i 表示第 i 个区间的 x 轴坐标。利用 $\pi = \int_0^1 \frac{4}{1+x^2}dx$，使用辛普生法计算 π 的近似值 C 语言程序如下：

程序 **6.40**   使用辛普生法求 π 的串行程序

```
1   #include "stdio.h"
2   static long n = 100000;
3   double f(int i)
4   {
5       double x;
6       x=(double)i / (double)n;
7       return 4.0 / (1.0+x*x);
8   }
9   int main()
10  {
11      long int i;
12      double pi;
13      pi=f(0)−f(n);
14      for (i =1;i <= n/2; i++)
15          pi += 4.0*f(2*i−1) + 2.0*f(2*i);
16      pi /= (3.0*n);
17      printf("Appromxation of pi:%15.13f\n", pi);
18      return 0;
19  }
```

使用辛普生法，编写一个 OpenMP 程序计算 π 的近似值。

5. 编写一个 OpenMP 的程序计算下列二重积分的近似值。

$$I = \int_{0}^{2} dx \int_{-1}^{1} (x + y^2) dy$$

6. 编写一个 OpenMP 的程序计算下列二重积分的近似值。

$$I = \int_{-1}^{1} dx \int_{x}^{1} y \sqrt{1 + x^2 - y^2} \, dy$$

7. 编写一个 OpenMP 的程序计算下列三重积分的近似值。

$$I = \int_{0}^{4} dx \int_{0}^{3} dy \int_{0}^{2} (4x^2 + xy^2 + 5y + yz + 6z) dz$$

8. 使用 OpenMP 编写一个程序实现高斯消元法。

9. 考虑线性方程组

$$Ax = b$$

其中 A 是 $n \times n$ 非奇异矩阵，右端向量 $b \neq 0$，因而方程组有唯一的非零解向量。设系数矩阵 A 严格行对角占优，即

$$\left|a_{i,i}\right| > \sum_{\substack{j=1 \\ j \neq i}}^{n}\left|a_{i,j}\right|, i = 1,2,...,n$$

解 $Ax = b$ 的 Jacobi 迭代法的计算公式为

$$\begin{cases} x^{(0)} = (x_1^{(0)}, x_2^{(0)},...,x_n^{(0)})^{\mathrm{T}} \\ x_i^{(k+1)} = \dfrac{1}{a_{i,i}}\left(b_i - \sum_{\substack{j=1 \\ j \neq i}}^{n} a_{i,j} x_j^{(k)}\right) \\ i = 1,2,...,n \text{ 示迭代次数} \end{cases}$$

Jacobi 迭代法很适合并行化，使用 n 个线程，每个线程处理矩阵的一行。如果线程数 $t<n$，则每个线程处理矩阵 n/t 相邻行。编写一个 OpenMP 程序实现 Jacobi 迭代法。

10. 使用 OpenMP 实生产者–消费者程序，其中一些线程是生产者，另外一些线程是消费者。在文件集合中，每个产生者针对一个文件，从文件中读取文本。把读出的文本行插入到一个共享的队列中。消费者从队列中取出文本行，并对文本行就行分词。符号是被空白符分开的单词。当消费者发现一个单词后，将该单词输出。

11. 使用 OpenMP 编写归并排序程序。

12. 使用 OpenMP 编写快速排序程序。

13. 一个素数是一个只能被正数 1 和它本身整除的正整数。求素数的一个方法是筛选法。筛选法计算过程是创建一自然数 2，3，5，$\cdots$，n 的列表，其中所有的自然数都没有被标记。令 $k=2$，它是列表中第一个未被标记的数。在 k^2 和 n 之间的是 k 倍数的数都标记出来，找出比 k 大得未被标记的数中最小的那个，令 k 等于这个数，重复上述过程直到 $k^2 > n$ 为止。列表中未被标记的数就是素数。使用筛选法编写 OpenMP 程序求小于 1000000 的所有素数。

14. 最小的 5 个素数是 2、3、5、7、11。有时两个连续的奇数都是素数。例如，在 3、5、11 后面的奇数都是素数。但是 7 后面的奇数不是素数。编写一个 OpenMP 程序，对所有小于 1000000 的整数，统计连续奇数都是素数的情况的次数。

15. 在两个连续的素数 2 和 3 之间的间隔是 1，而在连续素数 7 和 11 之间的间隔是 4。编写一个 OpenMP 程序，对所有小于 1000000 的整数，求两个连续素数之间间隔的最大值。

16. 水仙花数（Narcissistic number）是指一个 n 位数（$n \geq 3$），它的每个位上的数字的 n 次幂之和等于它本身，例如：$1^3 + 5^3 + 3^3 = 153$。写一个 OpenMP 程序求 $3 \leq n \leq 24$ 所有水仙花数。

17. 所谓梅森数，是指形如 2^p-1 的一类数，其中指数 p 是素数，常记为 M_p。如果梅森数是素数，就称为梅森素数。第一个梅森素数 $M_2=3$，第二个梅森素数 $M_3=7$。编写一个 OpenMP 程序求前 10 个梅森素数。

18. 完全数（Perfect number）是一些特殊的自然数，它所有的真因子（即除了自身以外的约数）的和，恰好等于它本身。第一个完全数是 6，第二个完全数是 28：

6=1+2+3

28=1+2+4+7+14

写一个 OpenMP 程序求前 8 个完全数。

19. 哥德巴赫猜想是任何不小于 4 的偶数，都可以写成两个质数之和的形式。它是世界近代三大数学难题之一，至今还没有完全证明。编写一个 OpenMP 程序验证 10000000 以内整数哥德巴赫猜想是对的。

20. 弱哥德巴赫猜想是任何一个大于 7 的奇数都能被表示成 3 个奇素数之和。编写一个 OpenMP 程序验证 10000000 以内整数弱哥德巴赫猜想是对的。

21. 梅钦公式是计算 π 一个常用公式：

$$\frac{\pi}{4} = 4\arctan\frac{1}{5} - \arctan\frac{1}{239}$$

$$\text{arccot}(x) = \frac{1}{x} - \frac{1}{3x^3} + \frac{1}{5x^5} - \frac{1}{7x^7} + \dots$$

因此，

$$\pi = 4 \times (4\text{arccot}(5) - \text{arccot}(239))$$

编写一个 OpenMP 程序计算 π 值到小数点后 10000000 位。

第7章

Java并行程序设计

Java从诞生开始就明智地选择了内置对多线程的支持，这使得Java语言相比同一时期的其他语言具有明显的优势。线程作为操作系统调度的最小单元，多个线程能够同时执行，这将显著提升程序性能，在多核环境中表现得更加明显。本章将着重介绍Java并发编程的基础知识。

7.1 线 程

现代操作系统在运行一个程序时，会为其创建一个进程。例如，启动一个Java程序，操作系统就会创建一个Java进程。现代操作系统调度的最小单元是线程，也叫轻量级进程（Light Weight Process），在一个进程里可以创建多个线程，这些线程都拥有各自的计数器、堆栈和局部变量等属性，并且能够访问共享的内存变量。处理器在这些线程上高速切换，极大提高了线程的并发执行能力。

Java语言的一个重要功能特点就是内置对多线程的支持，它使得编程人员可以很方便地开发出具有多线程功能，能同时处理多个任务的功能强大的应用程序。

一个Java程序从main()方法开始执行，实际上Java程序就是多线程程序，因为执行main()方法的是一个名称为main的线程。

随着处理器上的核数量越来越多，以及超线程技术的广泛运用，现在大多数计算机都比以往更加擅长并行计算，而处理器性能的提升方式，也从更高的主频向更多的核发展。如何利用好处理器上的多个核也成了现在的主要问题。

线程是大多数操作系统调度的基本单元，一个程序作为一个进程来运行，程序运行过程中能够创建多个线程，而一个线程在一个时刻只能运行在一个处理器核上。程序使用多线程技术，将计算逻辑分配到多个处理器核上，就会显著减少程序的处理时间，并且随着更多处理器核的加入而变得更有效率。

7.1.1　创建线程

　　Java 中实现多线程有两种途径：继承 Thread 类或者实现 Runnable 接口。Runnable 接口非常简单，就定义了一个方法 run()，继承 Runnable 并实现这个方法就可以实现多线程了。但是这个 run() 方法不能自己调用，必须由系统来调用。程序 7.1 为实现 Runnable 接口创建多线程的 Java 多线程程序。

程序7.1　实现 Runnable 接口创建多线程的 Java 多线程程序

```
1    public class MultiThread implements Runnable{
2        public static void main(String[] args){
3            for(int i=0;i<8;i++){
4                new Thread(new MultiThread()).start();
5            }
6        }
7        public void run(){
8            System.out.println(Thread.currentThread().getName());
9        }
10   }
```

　　程序 7.1 输出结果如下：

```
Thread-0
Thread-2
Thread-1
Thread-3
Thread-4
Thread-5
Thread-6
Thread-7
```

　　程序 7.2 为继承 Thread 类创建多线程的 Java 多线程程序。

程序7.2　继承 Thread 类创建多线程的 Java 多线程程序

```
1    public class MyThread extends Thread{
2        public MyThread(String name) {
3            super(name);
4        }
5        public void run() {
6            System.out.println(this.getName());
7        }
```

```
8       public static void main(String[] args) {
9           new MyThread("Thread-1").start();
10          new MyThread("Thread-2").start();
11          new MyThread("Thread-3").start();
12          new MyThread("Thread-4").start();
13      }
14  }
```

程序 7.2 输出结果如下：

```
Thread-1
Thread-2
Thread-3
Thread-4
```

从程序输出结果可以看到，一个 Java 程序的运行不仅仅是 main() 方法的运行，而是 main 线程和多个其他线程的同时运行。

表 7.1 列出了 Thread 类常用方法。

表 7.1　Thread 类常用方法

方法	功能
static Thread currentThread()	返回对当前正在执行的线程对象的引用
static void sleep(long millis)	在指定的毫秒数内让当前正在执行的线程休眠
static void sleep(long millis, int nanos)	在指定的毫秒数加指定的纳秒数内让当前正在执行的线程休眠
static void yield()	使当前运行的线程放弃执行，切换到其他线程
boolean isAlive();	测试线程是否处于活动状态
void start();	使该线程开始执行，Java 虚拟机调用该线程的 run 方法
run( )	该方法由 start( ) 方法自动调用
setName(String s)	赋予线程一个名字
long getId()	返回该线程的标识符
String getName();	返回该线程的名称
int getPriority();	返回线程的优先级
void setPriority(int newPriority)	设置线程的优先级
void join();	等待该线程终止
void join(long millis);	等待该线程终止的时间最长为 millis 毫秒
void join(long millis, int nanos);	等待该线程终止的时间最长为 millis 毫秒 + nanos 纳秒
void interrupt()	中断线程
void setDaemon(boolean on)	将该线程标记为守护线程或用户线程

[例7.1] 利用 $\pi = \int_{0}^{1} \dfrac{4}{1+x^2}\, dx$ ，计算 π 的近似值。

使用矩形法中的中点法计算 π 的 Java 多线程程序如程序7.3所示。

程序7.3　使用矩形法中的中点法计算 π 的 Java 多线程程序

```
1   public class pi_thread extends Thread {
2       privatelong my_start;
3       private long num_steps =10000000;
4       double step, x, my_sum = 0.0;
5       public pi_thread(int start) {
6       this.my_start=start;
7       }
8       public void run(){
9          long i;
10         step=1.0/(double)num_steps;
11         for(i=my_start;i<num_steps;i+=4) {
12             x=(i+0.5)*step;
13             my_sum=my_sum+4.0/(1.0+x*x);
14         }
15      }
16      public static void main(String[] args) throws InterruptedException {
17         double pi, sum=0.0;
18         pi_thread thread1=new pi_thread(1);
19         pi_thread thread2=new pi_thread(2);
20         pi_thread thread3=new pi_thread(3);
21         pi_thread thread4=new pi_thread(4 );
22         thread1.start();
23         thread2.start();
24         thread3.start();
25         thread4.start();
26         thread1.join();
27         thread2.join();
28         thread3.join();
29         thread4.join();
30         sum=thread1.my_sum+ thread2.my_sum+ thread3.my_sum+ thread4.my_sum;
31         pi =thread1.step*sum;
32         System.out.println("Approximation of pi: "+pi);
33      }
34   }
```

采用 4 线程计算，那么有

Thread 0 计算第 1，5，9，…，9999997

Thread 1 计算第 2，6，10，…，9999998

Thread 2 计算第 3，7，11，…，9999999

Thread 3 计算第 4，8，12，…，10000000

最后，将多个线程计算得的结果相加算出最终结果。

［例 7.2］利用如下公式：

$$\ln(1+x) = \left[x - \frac{x^2}{2} + \frac{x^3}{3} - \frac{x^4}{4} + \ldots \right] = \sum_{k=0}^{\infty} (-1)^k \frac{x^{k+1}}{k+1} (-1 < x \leqslant 1) \tag{7.1}$$

编写一个 Java 多线程程序计算 ln2 值。

根据（7.1）式可知，

$$\ln 2 = \left[1 - \frac{1}{2} + \frac{1}{3} - \frac{1}{4} + \ldots \right] = \sum_{k=0}^{\infty} \frac{(-1)^k}{k+1} \tag{7.2}$$

利用式（7.2）计算 ln2 值。并行化计算 ln2 值的方法是将 for 循环分块后交给各个线程处理，并将 ln2 设为全局变量。假设线程数为 $numprocs$，整个任务数为 n，每个线程的任务为 $l = n / numprocs$。因此，对于进程 0，循环变量 i 的范围是 $0 \sim l-1$。进程 1 循环变量的范围是 $l \sim 2l-1$。更一般化地，对于线程 q，循环变量的范围是 $ql \sim (q+1)l-1$，而且第一项 ql 如果是偶数，符号为正，否则符号为负。程序 7.4 为计算 ln2 值的 Java 多线程程序。

程序 7.4　计算 ln2 值的 Java 多线程程序

```
1    public class ln2_thread extends Thread {
2        private long my_first_i;
3        private long my_last_i;
4        double factor, my_ln2 = 0.0;
5        public ln2_thread(long first_i, long last_i) {
6            this.my_first_i= first_i;
7            this.my_last_i=last_i;
8        }
9        public void run(){
10           long i;
11           if(my_first_i % 2 == 0)
12               factor=1.0;
13           else
14               factor=-1.0;
15           for(i=my_first_i; i<my_last_i; i++, factor=-factor) {
16               my_ln2 += factor/(i+1);
17           }
```

```
18          }
19          public static void main(String[] args) throws InterruptedException {
20              long n=10000000;
21              final int THREAD_NUM = 4;
22              ln2_thread threads[] = new ln2_thread[THREAD_NUM];
23              long l;
24              double ln2=0.0;
25              l=n/THREAD_NUM;
26              for(int i=0; i<THREAD_NUM; i++) {
27                  threads[i]=new ln2_thread(l*i, l*(i+1));
28                  threads[i].start();
29              }
30              for(int i=0; i<THREAD_NUM; i++) {
31                  threads[i].join();
32              }
33              for(int i=0;i<THREAD_NUM; i++) {
34                  ln2 +=threads[i].my_ln2;
35              }
36              System.out.println("Approximation of ln2: "+ln2);
37          }
38      }
```

[例7.3] 蒙特·卡罗方法估计 π 值的基本思想是利用圆与其外接正方形面积之比为 $\pi/4$ 的关系，通过产生大量均匀分布的二维点，计算落在单位圆和单位正方形的数量之比再乘以4便得到 π 的近似值。编写一个采用蒙特·卡罗方法的Java多线程程序估计 π 值。

程序7.5 为使用蒙特·卡罗方法估计 π 的Java多线程程序。

程序7.5　使用蒙特·卡罗方法估计 π 的Java多线程程序

```
1      public class pi_MonteCarlo_thread extends Thread {
2          private long i, mynum_point, mynum_in_cycle;
3          private double x, y, distance_point;
4          public pi_MonteCarlo_thread(long num_point) {
5              this. mynum_point = num_point;
6          }
7          public void run(){
8              mynum_in_cycle=0;
9              for (i =1; i <=mynum_point ; i ++)
```

```
10          {
11              x= Math.random();
12              y= Math.random();
13              distance_point =x*x+y*y;
14              if(distance_point <=1.0)
15                  mynum_in_cycle +=1;
16          }
17      }
18  public static void main(String[] args) throws InterruptedException {
19      long total_num_point=10000000;
20      long total_num_in_cycle=0;
21      final int THREAD_NUM = 4;
22      pi_MonteCarlo_thread threads[] = new pi_MonteCarlo_thread [THREAD_NUM];
23      double pi;
24      for(int i=0; i<THREAD_NUM; i++) {
25          threads[i]=new l pi_MonteCarlo_thread (total_num_point/THREAD_NUM);
26          threads[i].start();
27      }
28      for(int i=0; i<THREAD_NUM; i++) {
29          threads[i].join();
30      }
31      for(int i=0;i<THREAD_NUM; i++) {
32          total_num_in_cycle +=threads[i]. mynum_in_cycle;
33      }
34      pi=(double)total_num_in_cycle/(double)total_ num_point*4;
35      System.out.println("The estimate value of pi:"+pi);
36  }
37 }
```

7.1.2 线程优先级

现代操作系统基本采用时分的形式调度运行的线程，操作系统将处理器时间分成一个个时间片，线程会分配到若干时间片，当线程的时间片用完了就会发生线程调度，并等待下次分配。线程分配到的时间片多少也就决定了线程使用处理器资源的多少，而线程优先级就是决定线程需要多或者少分配一些处理器资源的线程属性。

Java给每个线程指定一个优先级。默认情况下，线程继承生成它的进程的优先级，可以用setpriority() 方法来修改优先级，还能用getpriority()方法获取线程的优先级。优先级从1到10级。Thread类的 int 型常量 MIN_PRIORITY、 NORM_PRIORITY 和 MAX_PRI-ORIY 分别代表1 、5和10。主线程的优先级是Thread.NORM_PRIORITY。

Java虚拟机总是选择当前优先级最高的可运行线程。较低优先级的线程只有在没有比它更高的优先级的线程运行时才能运行。如果所有可运行线程具有相同的优先级，使用循环调度（Round-Robin Scheduling，RRS）。优先级高的线程分配时间片的数量要多于优先级低的线程。设置线程优先级时，对于频繁阻塞（休眠或者I/O操作）的线程需要设置较高优先级，而偏重计算（需要较多CPU时间）的线程则设置较低的优先级，确保处理器不会被独占。

程序7.6为打印main线程的信息，包括线程名和优先级的Java多线程程序。

程序7.6　打印main线程的信息的Java多线程程序

```
1    class getThreadInfo {
2      public static void main(String args[ ]) {
3        Thread mythread;
4        int num=8;
5        mythread =Thread.currentThread( );
6        mythread .setPriority(num);
7        System.out.println("CurrentThread: "+ mythread );
8        System.out.println("ThreadName: "+ mythread.getName( ));
9        System.out.println("Priority:"+ mythread.getPriority( ));
10     }
11   }
```

程序7.6输出结果如下：

```
CurrentThread:Thread[main,8,main]
ThreadName:main
Priority:8
```

7.1.3　线程的状态

Java线程在运行的生命周期中可能处于表7.2所示的5种不同的状态，在给定的一个时刻，线程只能处于其中的一个状态。

表7.2　Java线程的状态

状态	说明
New	线程在已被创建但未执行这段时间内,线程对象已被分配内存空间,其私有数据已被初始化,但该线程还未被调度。此时线程对象可通过start()方法调度,新创建的线程一旦被调度,就将切换到 Runnable 状态
Runnable	表示线程正等待处理器资源,随时可被调用执行。处于就绪状态的线程事实上已被调度,已经被放到某一队列等待执行。处于就绪状态的线程何时可真正执行,取决于线程优先级以及队列的当前状况。线程的优先级如果相同,将遵循先来先服务的调度原则

状态	说明
Running	表明线程正在运行,该线已经拥有了对处理器的控制权,其代码目前正在运行。这个线程将一直运行直到运行完毕,除非运行过程的控制权被一优先级更高的线程强占
Blocked	一个线程如果处于Blocked状态,那么暂时这个线程将无法进入就绪队列。处于Blocked状态的线程通常必须由某些事件才能唤醒。处于睡眠中的线程必须被堵塞一段固定的时间。被挂起或处于消息等待状态的线程则必须由一外来事件唤醒
Dead	Dead表示线程已退出运行状态,并且不再进入就绪队列。其中原因可能是线程已执行完毕,也可能是该线程被另一线程所强行中断

　　线程在自身的生命周期中,并不是固定地处于某个状态,而是随着代码的执行在不同的状态之间进行切换。线程创建之后,调用start()方法开始运行。当线程执行wait()方法之后,线程进入等待状态。进入等待状态的线程需要依靠其他线程的通知才能够返回到运行状态,而超时等待状态相当于在等待状态的基础上增加了超时限制,也就是超时时间到达时将会返回到运行状态。当线程调用同步方法时,在没有获取到锁的情况下,线程将会进入到阻塞状态。线程在执行Runnable的run()方法之后将会进入到终止状态。Java线程状态转换图如图7.1所示。

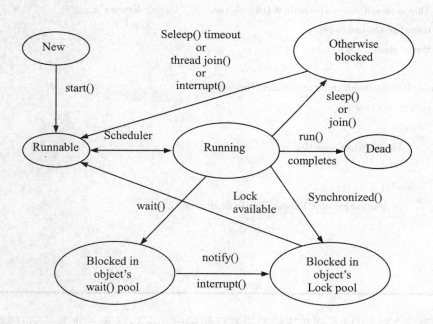

图 7.1　Java 线程状态转换图

7.1.4　Daemon 线程

　　在Java中有两类线程:User Thread(用户线程)、Daemon Thread(守护线程)。只要当前JVM实例中尚存在任何一个非守护线程没有结束,守护线程就全部工作。只有当最后一个非守护线程结束时，守护线程随着JVM一同结束工作。Daemon的作用是为其他线程的运行提供便利服务，守护线程最典型的应用就是垃圾回收器，它是一个很称职的守护者。

User线程和Daemon线程两者几乎没有区别，唯一的不同之处就在于虚拟机的离开。如果 User线程已经全部退出运行了，只剩下Daemon线程存在了，虚拟机也就退出了。因为没有了被守护者，Daemon线程也就没有工作可做了，也就没有继续运行的必要了。

Daemon线程是一种支持型线程，因为它主要被用作程序中后台调度以及支持性工作。这意味着，当一个Java虚拟机中不存在非Daemon线程的时候，Java虚拟机将会退出。可以通过调用Thread.setDaemon(true)将线程设置为Daemon线程。Daemon线程属性需要在启动线程之前设置，不能在启动线程之后设置。

Daemon线程被用作完成支持性工作，但是在Java虚拟机退出时Daemon线程中的finally块并不一定会执行，如程序7.7所示。

程序7.7 显示Daemon线程的Java多线程程序

```
1    public class Daemon{
2      public static void main(String[] args) {
3        Thread thread = new Thread(new DaemonRunner(), "DaemonRunner");
4        thread.setDaemon(true);
5        thread.start();
6      }
7      static class DaemonRunner implements Runnable{
8        public void run(){
9          try{
10           SleepUtils.second(10);
11         }
12         finally{
13           System.out.println("DaemonThread finally run.");
14         }
15       }
16     }
17   }
```

运行程序7.7，可以看到在终端上没有任何输出。main线程（非Daemon线程）在启动了线程DaemonRunner之后随着main方法执行完毕而终止，而此时Java虚拟机中已经没有非Daemon线程，虚拟机需要退出。Java虚拟机中的所有Daemon线程都需要立即终止。因此，DaemonRunner立即终止，但是DaemonRunner中的finally块并没有执行。

7.1.5　中　断

中断可以理解为线程的一个标识位属性，它表示一个运行中的线程是否被其他线程进行了中断操作。中断是其他线程提醒一个线程，让它现在所做的工作来做些其他的事，其他线程通过调用 interrupt() 方法对其进行中断操作。

中断机制是使用中断状态（interrupt status）的内部标志实现的。线程通过检查自身是否被中断来进行响应，线程通过方法 isInterrupted() 来进行判断是否被中断，也可以调用静态方法 Thread.interrupted() 对当前线程的中断标识位进行复位。如果该线程已经处于终结状态，即使该线程被中断过，在调用该线程对象的 isInterrupted() 时依旧会返回 false。

许多声明抛出 InterruptedException 的方法（例如 Thread.sleep(long millis) 方法）这些方法在抛出 InterruptedException 之前，Java 虚拟机会先将该线程的中断标识位清除，然后抛出 InterruptedException，此时调用 isInterrupted() 方法将会返回 false。

程序 7.8 首先创建了一个线程，然后对这个线程进行中断操作。

程序7.8　显示线程被中断的 Java 多线程程序

```
1    public class Interrupted {
2    public static void main(String[] args) throws Exception {
3        Thread MyThread = new Thread(new MyRunner(), "MyThread");
4        MyThread.setDaemon(true);
5        MyThread.start();
6        MyThread.interrupt();
7        System.out.println("MyThread interrupted is " +MyThread.isInterrupted());
8    }
9    static class MyRunner implements Runnable {
10       public void run() {
11           while (true) {
12           }
13       }
14   }
15 }
```

程序 7.8 输出结果如下：

```
MyThread interrupted is true
```

中断操作是一种简便的线程间交互方式，而这种交互方式最适合用来取消或停止任务。

7.1.6　线程池

如果仅需要为一个任务创建一个线程，就使用 Thread 类。如果需要为多个任务创建线程，最好使用线程池。线程池是管理并发执行任务个数的理想方法，可以高效执行任务。线程池是一种多线程处理形式，处理过程中将任务添加到队列，然后在创建线程后自动启动这些任务。线程池线程都是后台线程，每个线程都使用默认的堆栈大小，以默认的优先级运行，并处于多线程单元中。

java.util.concurrent 包提供 Executor 接口来执行线程池中的任务，提供 Executorservice 接口来管理和控制任务。ExecutorService 是 Executor 的子接口。

为了创建一个 Executor 对象，可以使用 Executors 类中的静态方法，newFixedThread-Pool(int numberOfThreads) 方法在池中创建固定数目的线程。如果线程完成了任务的执行，它可以被重新使用以执行另外一个任务。如果线程池中所有的线程都不是处于空闲状态，而且有任务在等待执行，那么在关闭之前，如果由于一个错误终止了一个线程，就会创建一个新线程来替代它。如果线程池中所有的线程都不是处于空闲状态，而且有任务在等待执行，那么 newCachedThreadPoo1() 方法就会创建一个新线程。

表7.3　ExecutorService 接口的常用方法

方法	功能
void execute(Runnable object)	执行可运行任务
void shutdown()	关闭执行器，但是允许执行器中任务执行完。一旦关闭，则不接受新任务
List<Runnable> shutdown()	立即关闭执行器，即使池中还有未完成的线程。返回一个未完成线程列表
boolean isShutdown()	如果执行器已关闭，则返回 true
boolean isTerminated()	如果线程池中所有任务终止，则返回 true

Callable 是类似于 Runnable 的接口，实现 Callable 接口的类和实现 Runnable 的类都是可被其他线程执行的任务。实现 Callable 接口相较于实现 Runnable 接口的方式，方法可以有返回值，并且可以抛出异常。Callable 规定的方法是 call()。执行 Callable 方式，需要 FutureTask 实现类的支持，用于接收运算结果。

FutureTask 是 Future 接口的实现类。Future 是一个接口，代表了一个异步计算的结果。接口中的方法用来检查计算是否完成、等待完成和得到计算的结果。当计算完成后，只能通过 get() 方法得到结果，get() 方法会阻塞直到结果准备好了。如果想取消，可以调用 cancel() 方法。

[例7.4] 利用如下公式：

$$\ln 2 = \left[1 - \frac{1}{2} + \frac{1}{3} - \frac{1}{4} + ... \right] = \sum_{k=0}^{\infty} \frac{(-1)^k}{k+1}$$

采用线程池方法计算 ln2 值。

程序 7.9 为利用线程池计算 ln2 值的 Java 多线程程序。

程序 7.9　利用线程池计算 ln2 值的 Java 多线程程序

```
1    import java.util.concurrent.*;
2    public class ln2_ExecutorDemo{
3      public static void main(String[] args) throws InterruptedException, ExecutionException {
4        long n=10000000;
5        double ln2=0.0;
6        long l;
7        l= n/2;
8        ln2_compute thread1= new ln2_com pute(0, l);
9        ln2_compute thread2= new ln2_compute(l, 2*l);
10       FutureTask<Double> futureTask1 = new FutureTask<Double> (thread1);
11       FutureTask<Double> futureTask2 = new FutureTask<Double> (thread2);
12       ExecutorService executor = Executors.newFixedThreadPool(2);
13       executor.execute(futureTask1);
14       executor.execute(futureTask2);
15       ln2 +=futureTask1.get()+futureTask2.get();
16       System.out.println("Approximation of ln2: "+ln2);
17       executor.shutdown();
18     }
19   }
20   class ln2_compute implements Callable<Double> {
21     private long my_first_i;
22     private long my_last_i;
23     double factor, my_ln2 = 0.0;
24     public ln2_compute(long first_i, long last_i) {
25       this.my_first_i= first_i;
26       this.my_last_i=last_i;
27     }
28     public Double call() throws Exception {
29       long i;
30       if(my_first_i % 2 == 0)
31         factor=1.0;
32       else
33         factor=-1.0;
34       for(i=my_first_i; i<my_last_i; i++, factor=-factor) {
35         my_ln2 += factor/(i+1);
```

```
36        }
37        return my_ln2;
38    }
39 }
40
```

7.2 线程间通信

线程开始运行时拥有自己的栈空间，就如同一个脚本一样，按照既定的代码一步一步地执行，直到终止。每个运行中的线程可以与其他线程相互通信，相互配合完成工作。

7.2.1 volatile 和 synchronized 关键字

Java支持多个线程同时访问一个对象或者对象的成员变量，虽然对象以及成员变量分配的内存是在共享内存中的，但是每个执行的线程还是可以拥有一份拷贝，这样做的目的是加速程序的执行，这是现代多核处理器的一个显著特性。由于每个线程可以拥有这个变量的拷贝，所以程序在执行过程中，一个线程看到的变量并不一定是最新的。

Java编程语言允许线程访问共享变量，为了确保共享变量能被准确和一致地更新，线程应该确保通过排他锁单独获得这个变量。Java语言提供了volatile，在某些情况下比锁要更加方便。如果一个字段被声明成volatile，Java线程内存模型确保所有线程看到这个变量的值是一致的。

关键字volatile可以用来修饰成员变量，就是告知程序任何对该变量的访问均需要从共享内存中获取，而对它的改变必须同步刷新共享内存，它能保证所有线程对变量访问的可见性。

关键字synchronized可以修饰方法或者以同步块的形式来进行使用，它主要确保多个线程在同一个时刻，只能有一个线程处于方法或者同步块中，它保证了线程对变量访问的可见性和排他性。synchronized是一种同步锁。当synchronized用来修饰一个方法或者一个代码块的时候，能够保证在同一时刻最多只有一个线程执行该段代码。synchronized修饰的对象有以下几种：

（1）修饰一个代码块。被修饰的代码块称为同步语句块，其作用的范围是大括号{}括起来的代码，作用的对象是调用这个代码块的对象。

（2）修饰一个方法。被修饰的方法称为同步方法，其作用的范围是整个方法，作用的对象是调用这个方法的对象。

（3）修饰一个静态的方法。其作用的范围是整个静态方法，作用的对象是这个类的所有对象。

（4）修饰一个类。其作用的范围是synchronized后面括号括起来的部分，作用主的对象是这个类的所有对象。

一个线程访问一个对象中的synchronized(this)同步代码块时，其他试图访问该对象的线程将被阻塞。使用synchronized关键字修饰的方法不能被子类继承。

在多线程并发编程中synchronized和volatile都扮演着重要的角色，volatile是轻量级的synchronized，它在多处理器开发中保证了共享变量的"可见性"。可见性的意思是当一个线程修改一个共享变量时，另外一个线程能读到这个修改的值。如果volatile变量修饰符使用恰当的话，它比synchronized的使用和执行成本更低，因为它不会引起线程上下文的切换和调度。

程序7.10为synchronized(this)修饰代码块的Java多线程程序。

程序7.10　synchronized(this) 修饰代码块的Java多线程程序

```
1    class SynchronizedThread implements Runnable {
2        private static int count;
3        public SynchronizedThread() {
4            count = 0;
5        }
6        public void run() {
7            synchronized(this) {
8                for (int i = 0; i < 5; i++) {
9                    try {
10                       count++;
11                       System.out.println(Thread.currentThread().getName() + ":" + count);
12                       Thread.sleep(100);
13                   } catch (InterruptedException e) {
14                       e.printStackTrace();
15                   }
16               }
17           }
18       }
19       public int getCount() {
20           return count;
21       }
22   }
23   public class SynchronizedTest {
24       public static void main(String[] args) throws Exception {
25           SynchronizedThread synchronizedThread1 = new SynchronizedThread();
26           SynchronizedThread synchronizedThread2 = new SynchronizedThread();
```

```
27      Thread thread1 = new Thread(synchronizedThread1, "SynchronizedThread1");
28      Thread thread2 = new Thread(synchronizedThread2, "SynchronizedThread2");
29      thread1.start();
30      thread2.start();
31      thread1.join();
32      thread2.join();
33    }
34 }
```

程序7.10 输出结果如下：

```
SynchronizedThread2:1
SynchronizedThread1:0
SynchronizedThread1:3
SynchronizedThread2:2
SynchronizedThread1:4
SynchronizedThread2:5
SynchronizedThread1:6
SynchronizedThread2:7
SynchronizedThread2:8
SynchronizedThread1:9
```

[例7.5] 利用 $\pi = \int_0^1 \dfrac{4}{1+x^2}\,\mathrm{d}x$，使用synchronized关键字编写Java多线程程序计算π的近似值。

程序7.11 为使用synchronized关键字计算π的近似值Java多线程程序。

程序7.11　使用synchronized关键字计算π的近似值Java多线程程序

```
1    public class Shared {
2       static double sum=0;
3    }
4    public class pi_synchronized_thread extends Thread {
5       private long my_start;
6       private long num_steps =10000000;
7       private double step, x, my_sum = 0.0;
8       private int threadCount;
9       public pi_ synchronized _thread(int start, int threadCount) {
10          this.my_start=start;
11          this.threadCount=threadCount;
12       }
```

```
13      public void run(){
14      long i;
15      step=1.0/(double)num_steps;
16      for(i=my_start;i<num_steps;i+=threadCount) {
17        x=(i+0.5)*step;
18        my_sum=my_sum+4.0/(1.0+x*x);
19      }
20      my_sum=my_sum*step;
21      synchronized(this) {
22        System.out.println(Thread.currentThread().getName()+"  enter th code block.");
23          Shared.sum +=my_sum;
24      }
25    }
26    public static void main(String[] args) throws InterruptedException {
27        final int THREAD_NUM = 4;
28        double  pi;
29        pi_ synchronized _thread threads[] = new pi_ synchronized _thread [THREAD_NUM];
30        for(int i=0; i<THREAD_NUM; i++) {
31          threads[i]=new pi_ synchronized _thread(i,THREAD_NUM);
32          threads[i].start();
33        }
34        for(int i=0; i<THREAD_NUM; i++) {
35          threads[i].join();
36        }
37        pi =Shared.sum;
38        System.out.println("Approximation of pi: "+pi);
39    }
40  }
```

程序7.11输出结果如下:

```
Thread-3 enters the code block.
Thread-1 enters the code block.
Thread-2 enters the code block.
Thread-0 enters the code block.
Approximation of pi: 3.141592653589686
```

从程序运行结果可以看出 synchronized 关键字每次仅允许一个线程进入 synchronized 修饰代码块,从而保证了各线程正确将自己计算的结果加到总结果上。

7.2.2　wait、notify 和 notifyAll 方法

wait()、notify()和notifyAll()方法不属于Thread类，而是属于Object基础类。Java中的类都是类Object的子类。因此，在Java语言中任何类的对象都可以调用这些方法。

wait()方法等待对象的同步锁，需要获得该对象的同步锁才可以调用这个方法，否则编译可以通过，但运行时会收到一个异常：IllegalMonitorStateException。调用任意对象的 wait() 方法导致该线程阻塞，该线程不可继续执行，并且该对象上的锁被释放。

notify()方法唤醒在等待该对象同步锁的线程（只唤醒一个，如果有多个在等待）。注意的是在调用此方法的时候，并不能确切唤醒某一个等待状态的线程，而是由JVM确定唤醒哪个线程，而且不是按优先级。调用任意对象的notify()方法则导致因调用该对象的wait()方法而阻塞的线程中随机选择一个解除阻塞，但要等到获得锁后才真正可执行。

notifyAll()方法唤醒所有等待的线程，唤醒的是notify()之前wait()的线程，对于notify()之后的wait()线程是没有效果的。通常，多线程之间需要协调工作。如果条件不满足，则等待；当条件满足时，等待该条件的线程将被唤醒。在Java中，这个机制的实现依赖于wait()和notify()方法。等待机制与锁机制是密切关联的。

wait()和notify()方法是java同步机制中重要的组成部分。结合与synchronized关键字使用，可以建立很多优秀的同步模型。

7.2.3　管道机制

管道机制主要用于线程之间的数据传输，而传输的媒介为内存。管道机制主要包括了如下4种具体实现：PipedOutputStream、PipedInputStream、PipedReader 和 PipedWriter，前两种面向字节，而后两种面向字符。对于Piped类型的流，必须先要进行绑定，也就是调用connect()方法，如果没有将输入/输出流绑定起来，对于该流的访问将会抛出异常。

程序 7.12 使用管道机制两个线程交换信息的Java多线程程序。

程序7.12　使用管道机制两个线程交换信息的Java多线程程序

```
1    import java.io.IOException;
2    import java.io.PipedReader;
3    import java.io.PipedWriter;
4    public class PipedTest {
5        public static void main(String[] args) throws Exception {
6            PipedWriter out_thread = new PipedWriter();
7            PipedReader in_thread = new PipedReader();
8            out_thread.connect(in_thread);
9            Thread thread1 = new Thread(new thread2(in_thread), " thread1");
10           thread1.start();
```

```
11          int c = 0;
12          try {
13              String st=" Hello, The World!";
14              char[] stArray = st.toCharArray();
15              for(int i=0; i<stArray.length; i++) {
16                  c = stArray[i];
17                  out_thread.write(c);
18              }
19          } finally {
20              out_thread.close();
21          }
22      }
23  static class thread2 implements Runnable {
24      private PipedReader in_thread;
25      public thread2(PipedReader in_thread) {
26          this.in_thread = in_thread;
27      }
28      public void run() {
29          int c = 0;
30          try {
31              while ((c = in_thread.read()) != -1) {
32                  System.out.print((char) c);
33              }
34          } catch (IOException ex) {
35              e.printStackTrace();
36          }
37      }
38  }
39 }
```

程序7.12 输出结果如下：

Hello, The World!

7.3　Java 线程同步

7.3.1　锁

为避免竞争状态，应该防止多个线程同时进入程序的某一特定部分，程序中的这部分称为临界区（Critical Region）。可以使用关健字synchronized来同步，以便一次只有一个线程可以访问临界区。另一个线程同步方法是加锁。锁是一种实现资源排他使用的机制。对于实例方法，要给调用该方法的对象加锁。对于静态方法，要给这个类加锁。如果一个线程调用一个对象上的同步实例方法（静态方法），首先给该对象（类）加锁，然后执行该方法，最后解锁。在解锁之前，另一个调用那个对象（类）中方法的线程将被阻塞，直到解锁。Java可以显式地加锁，这给协调线程带来了更多的控制功能。

Lock 是 java.util.concurrent.locks 包下的接口，Lock 实现提供了比使用 synchronized 方法和语句可获得的更广泛的锁定操作，一个锁是一个 Lock 接口的实例。锁也可以使用 newCondition() 方法来创建任意个数的 Condition 对象，用来进行线程通信。

ReentrantLock 是 Lock 的一个具体实现，用于创建相互排斥的锁。可以创建具有特定的公平策略的锁。公平策略值为真，确保等待时间最长的线程首先获得锁；否则将锁给任意一个在等待的线程。被多个线程访问的使用公正锁的程序，其整体性能可能比那些使用默认设置的程序差，但是在获取锁且避免资源缺乏时可以有更小的时间变化。

表7.4　ReentrantLock 类的常用方法

方法	功能
void lock()	获得一个锁
void unlock()	释放锁
Condition new Condition()	返回一个绑定到 Lock 实例的 Condition 实例
int getWaitQueueLength(Condition condition)	返回与此锁定相关联的条件 condition 上的线程集合大小
int getQueueLength()	返回正等待获取此锁的集合
int getHoldCount()	查询当前线程保持此锁定的个数，即调用 lock() 方法的次数
boolean tryLock()	尝试获得锁，如果锁没有被别的线程保持，则获取锁定，即成功获取返回 true，否则返回 false
boolean tryLock(long timeout, TimeUnit unit)	尝试获得锁，如果锁没有被别的线程保持，则获取锁，即成功获取返回 true，如果没有获取锁定，则等待指定的时间获得锁，返回 true，否则返回 false
void lockInterruptbly()	如果当前线程未被中断，则获取锁定；如果已中断，则抛出异常(InterruptedException)
boolean isHeldByCurrentThread()	查询当前线程是否保持锁
boolean isLocked()	查询是否存在任意线程保持此锁

有时两个或多个线程需要在几个共享对象上获取锁，这可能会导致死锁。也就是说，每个线程已经获取了其中一个对象上的锁，而且正在等待另一个对象上的锁。一旦产生死锁，就会造成系统功能不可用。

使用一种简单避免死锁方法是资源排序法，该技术是给每一个需要锁的对象指定一个顺序，确保每个线程都按这个顺序来获取锁。

[例 7.6] 利用 $\pi = \int_{0}^{1} \dfrac{4}{1 + x^2}\, \mathrm{d}x$ ，使用锁计算 π 的近似值。

程序 7.13 为使用锁计算 π 的近似值 Java 多线程程序。

程序 7.13　使用锁计算 π 的近似值 Java 多线程程序

```
1    import java.util.concurrent.locks.Lock;
2    import java.util.concurrent.locks.ReentrantLock;
3    class Shared {
4        static double sum=0;
5    }
6    public class pi_lock_thread extends Thread {
7        final Lock lock = new ReentrantLock();
8        private long my_start;
9        private long num_steps =10000000;
10       private double step, x, my_sum = 0.0;
11       private int threadCount;
12       public pi_lock_thread(int start, int threadCount) {
13           this.my_start=start;
14           this.threadCount=threadCount;
15       }
16       public void run(){
17           long i;
18           step=1.0/(double)num_steps;
19           for(i=my_start;i<num_steps;i+=threadCount) {
20               x=(i+0.5)*step;
21               my_sum=my_sum+4.0/(1.0+x*x);
22           }
23           my_sum=my_sum*step;
25           lock.lock();
26           try {
27               System.out.println(Thread.currentThread().getName()+" holds the lock.");
28               Shared.sum +=my_sum;
29           }
30           finally {
31               lock.unlock();
32           }
33       }
34       public static void main(String[] args) throws InterruptedException {
35           final int THREAD_NUM = 4;
```

```
36        double  pi;
37        pi_lock_thread threads[] = new pi_lock_thread [THREAD_NUM];
38        for(int i=0; i<THREAD_NUM; i++) {
39            threads[i]=new pi_lock_thread(i,THREAD_NUM);
40            threads[i].start();
41        }
42        for(int i=0; i<THREAD_NUM; i++) {
43            threads[i].join();
44        }
45        pi =Shared.sum;
46        System.out.println("Approximation of pi: "+pi);
47    }
48 }
```

程序7.13输出结果如下：

```
Thread-2 holds the lock.
Thread-0 holds the lock.
Thread-1 holds the lock.
Thread-3 holds the lock.
Approximation of pi: 3.141592653589686
```

从程序运行结果可以看出，通过加锁每次仅允许一个线程进入代码块，保证了各线程正确将自己计算的结果加到总结果上。

7.3.2　读写锁

读写锁（ReadWriteLock）分为读锁和写锁，多个读锁不互斥，读锁与写锁互斥，由 JVM 自己控制的。如果程序只读数据，可以很多人同时读，但不能同时写，那就上读锁。如果程序修改数据，只能有一个人在写，且不能同时读取，那就上写锁。总之，读的时候上读锁，写的时候上写锁。线程进入读锁的前提条件是没有其他线程的写锁，没有写请求或者有写请求，但调用线程和持有锁的线程是同一个。线程进入写锁的前提条件是没有其他线程的读锁，没有其他线程的写锁。ReadWriteLock 也是一个接口，该接口只有两个方法 Lock readLock() 和 Lock writeLock()。该接口也有一个实现类 ReentrantReadWriteLock。读锁和写锁原型如下：

```
1    public interface ReadWriteLock {
2        Lock readLock();
3        Lock writeLock();
4    }
```

程序 7.14 为使用读写锁的 Java 多线程程序。

程序 7.14   使用读写锁的 Java 多线程程序

```
1    import java.util.Random;
2    import java.util.concurrent.locks.ReentrantReadWriteLock;
3    public class ReadWriteLockTest {
4        public static void main(String[] args) {
5            final Share share = new Share();
6            for(int i=0;i<2;i++) {
7                new Thread() {
8                    public void run() {
9                        for(int j=0; j<2; j++) {
10                            share.read();
11                        }
12                    }
13                }.start();
14            }
15            for(int i=0;i<2;i++){
16                new Thread() {
17                    public void run() {
18                        for(int j=0; j<2; j++) {
19                            share.write(new Random().nextInt(1000));
20                        }
21                    }
22                }.start();
23            }
24        }
25    }
26    class Share {
27        private Object data = null;
28        private ReentrantReadWriteLock rwl = new ReentrantReadWriteLock();
29        public void read() {
30        rwl.readLock().lock();
31        try {
32            Thread.sleep((long)(Math.random()*1000));
33        } catch (InterruptedException e) {
34            e.printStackTrace();
35        }
36        System.out.println(Thread.currentThread().getName() + " reads data :" + data);
```

```
37          rwl.readLock().unlock();
38      }
39      public void write(Object data) {
40          rwl.writeLock().lock();
41          try {
42              Thread.sleep((long)(Math.random()*1000));
43          } catch (InterruptedException e) {
44              e.printStackTrace();
45          }
46          this.data = data;
47          System.out.println(Thread.currentThread().getName() + " writes data: " + data);
48          rwl.writeLock().unlock();
49      }
50  }
```

7.3.3   CountDownLatch 类

CountDownLatch 是一个同步的辅助类，它可以允许一个或多个线程等待，直到一组在其他线程中的操作执行完成。

CountDownLatch 类位于 java.util.concurrent 包下，利用它可以实现类似计数器的功能。比如有一个任务要等待其他 4 个任务执行完毕之后才能执行，此时就可以利用 Count-DownLatch 来实现这种功能了。CountDownLatch 类只提供了一个构造函数：

```
1    public CountDownLatch(int count) { };
```

然后下面这 3 个方法是 CountDownLatch 类中最重要的方法：

```
1    public void await() throws InterruptedException { };
2    public boolean await(long timeout, TimeUnit unit) throws InterruptedException { };
3    public void countDown() { };
```

await()方法使线程会被挂起，它会等待直到 count 值为 0 才继续执行。await(long time-out, TimeUnit unit) 方法使线程等待一定的时间后 count 值还没变为 0 的话就会继续执行。countDown()方法将 count 值减 1。

一个 CountDownLatch 会通过一个给定的 count 数来被初始化，其中 await()方法会一直阻塞，直到当前的 count 被减到 0，而这个过程是通过调用 countDown()方法来实现的。在 await()方法不再阻塞以后，所有等待的线程都会被释放，并且任何 await()的子调用都会立刻返回。

程序 7.15 为 CountDownLatch 类的 Java 多线程程序。

程序7.15　CountDownLatch 类的 Java 多线程程序

```
1   Import java.util.concurrent.CountDownLatch;
2   public class CountDownLatchTest {
3     public static void main(String[] args) {
4       final CountDownLatch latch = new CountDownLatch(2);
5       new Thread(){
6         public void run() {
7           try {
8             System.out.println(Thread.currentThread().getName()+" is running ");
9             Thread.sleep(100);
10            System.out.println(Thread.currentThread().getName()+" has been completed");
11            latch.countDown();
12          } catch (InterruptedException e) {
13            e.printStackTrace();
14          }
15        };
16      }.start();
17      new Thread(){
18        public void run() {
19          try {
20            System.out.println(Thread.currentThread().getName()+" is running.");
21            Thread.sleep(100);
22            System.out.println(Thread.currentThread().getName()+" has been completed.");
23            latch.countDown();
24          } catch (InterruptedException e) {
25            e.printStackTrace();
26          }
27        };
28      }.start();
29      try {
30        System.out.println("Waiting for the completion of two subthreads… ");
31        latch.await();
32        System.out.println("Two subthreads have been completed. ");
33        System.out.println("Continue to execute the main thread.");
34      } catch (InterruptedException e) {
35        e.printStackTrace();
36      }
37    }
38  }
```

程序7.15输出结果如下：

```
Thread-0 is running
Waiting for the completion of two subthreads…
Thread-1 is running
Thread-1 has been completed
Thread-0 has been completed
Two subthreads have been completed.
Continue to execute the main thread.
```

7.3.4 路　障

路障（Barrier）CyclicBarrier是一个同步辅助类，它允许一组线程互相等待，直到到达某个公共屏障点（Common Barrier Point）。在涉及一组固定大小的线程的程序中，这些线程必须不时地互相等待，此时 CyclicBarrier 很有用。因为该 Barrier 在释放等待线程后可以重用，所以称它为循环的 Barrier。CyclicBarrier 支持一个可选的 Runnable 命令，在一组线程中的最后一个线程到达之后（但在释放所有线程之前），该命令只在每个屏障点运行一次。若在继续所有参与线程之前更新共享状态，此屏障操作很有用。

CyclicBarrier 可以被重用，当调用 await()方法之后，线程就处于 Barrier 了。CyclicBarrier类位于java.util.concurrent包下，CyclicBarrier提供2个构造函数：

```
1   public CyclicBarrier(int parties, Runnable barrierAction)
2   public CyclicBarrier(int parties)
```

参数 parties 指让多少个线程或者任务等待至 Barrier 状态，参数 barrierAction 为当这些线程都达到 Barrier 状态时会执行的内容。CyclicBarrier 中最重要的方法就是 await()方法，它有2个重载版本：

```
1   public int await() throws InterruptedException, BrokenBarrierException { };
2   public int await(long timeout, TimeUnit unit) throws InterruptedException, BrokenBarrierException,
    TimeoutException { };
```

第一个版本比较常用，用来挂起当前线程，直至所有线程都到达 Barrier 状态再同时执行后续任务；第二个版本是让这些线程等待至一定的时间，如果还有线程没有到达 Barrier 状态就直接让到达 Barrier 的线程执行后续任务。

程序7.16 使用路障两线程都完成才继续往下运行的Java多线程程序。

程序7.16　使用路障两线程都完成才继续往下运行的Java多线程程序

```
1   import java.util.concurrent.BrokenBarrierException;
2   import java.util.concurrent.CyclicBarrier;
```

```
3    public class CyclicBarrierTest {
4      public static void main(String[] args) {
5        int THREAD_NUM = 2;
6        CyclicBarrier barrier  = new CyclicBarrier(THREAD_NUM );
7        for(int i=0;i< THREAD_NUM ;i++)
8          new Writer(barrier).start();
9      }
10     static class Writer extends Thread{
11       private CyclicBarrier cyclicBarrier;
12       public Writer(CyclicBarrier cyclicBarrier) {
13         this.cyclicBarrier = cyclicBarrier;
14       }
15       public void run() {
16         System.out.println(Thread.currentThread().getName()+" is running…");
17         try {
18           Thread.sleep(100);
19           System.out.println(Thread.currentThread().getName()+" has compled and
20             waits for other threads to finish");
21           cyclicBarrier.await();
22         } catch (InterruptedException e) {
24           e.printStackTrace();
25         }catch(BrokenBarrierException e){
26           e.printStackTrace();
27         }
28         System.out.println("All threads have been run and continue to process other tasks.");
29       }
30     }
31   }
```

程序7.16输出结果如下：

```
Thread-0 is running…
Thread-1 is running…
Thread-0 has compled and waits for other threads to finish.
Thread-1 has compled and waits for other threads to finish.
All threads have been run and continue to process other tasks.
All threads have been run and continue to process other tasks.
```

　　从上面输出结果可以看出，两个线程执行完之后，就在等待其他线程运行完毕。当所有线程写入操作完毕之后，所有线程就继续进行后续的操作。

CountDownLatch 和 CyclicBarrier 都能够实现线程之间的等待，只不过它们侧重点不同。CountDownLatch 一般用于某个线程等待若干个其他线程执行完任务之后，它才执行；而 CyclicBarrier 一般用于一组线程互相等待至某个状态，然后这一组线程再同时执行；另外，CountDownLatch 是不能够重用的，而 CyclicBarrier 是可以重用的。

7.3.5 条件变量

条件变量 Condition 就是表示条件的一种变量。条件变量都实现了 java.util.concurrent. locks.Condition 接口，条件变量的实例化是通过一个 Lock 对象上调用 newCondition()方法来获取的，这样，条件就和一个锁对象绑定起来了。因此，Java 中的条件变量只能和锁配合使用，来控制并发程序访问竞争资源的安全。

条件变量的出现是为了更精细控制线程等待与唤醒。一个锁可以有多个条件，每个条件上可以有多个线程等待，通过调用 await()方法，可以让线程在该条件下等待。当调用 signalAll()方法，又可以唤醒该条件下的等待的线程。

表7.5　Condition 接口常用方法

方法	功能
void await()	使当前线程在接到信号或被中断之前一直处于等待状态
boolean await(long time, TimeUnit unit)	使当前线程在接到信号、被中断或到达指定等待时间之前一直处于等待状态
long awaitNanos(long nanosTimeout)	使当前线程在接到信号、被中断或到达指定等待时间之前一直处于等待状态
void awaitUninterruptibly()	使当前线程在接到信号之前一直处于等待状态
boolean awaitUntil(Date deadline)	使当前线程在接到信号、被中断或到达指定最后期限之前一直处于等待状态
void signal()	唤醒一个等待线程
void signalAll()	唤醒所有等待线程

程序7.17 为使用锁和条件变量实现生产者和消费者问题的 Java 多线程程序。

程序7.17　使用锁和条件变量实现生产者和消费者问题的 Java 多线程程序

```
1    import java.util.concurrent.*;
2    import java.util.concurrent.locks.*;
3    public class ConsumerProducer {
4        private static Buffer buffer = new Buffer();
5        public static void main(String[] args) {
6            ExecutorService executor = Executors.newFixedThreadPool(4);
8            executor.execute(new ProducerTask());
9            executor.execute(new ConsumerTask());
```

```
10        executor.shutdown();
11    }
12    private static class ProducerTask implements Runnable {
13        public void run() {
14            try {
15                int i=1;
16                while(true) {
17                    System.out.println("Producer writes "+i);
18                    buffer.write(i++);
19                    Thread.sleep((int)(Math.random()*100));
20                }
21            }
22            catch(InterruptedException e) {
23                e.printStackTrace();
24            }
25        }
26    }
27    private static class ConsumerTask implements Runnable {
28        public void run() {
29            try {
30                int i=1;
31                while(true) {
32                    System.out.println("Consumer reads "+buffer.read());
33                    Thread.sleep((int)(Math.random()*100));
34                }
35            }
36            catch(InterruptedException e) {
37                e.printStackTrace();
38            }
39        }
40    }
41    private static class Buffer {
42        private static final int CAPACITY = 1;
43        private java.util.LinkedList<Integer> queue = new java.util.LinkedList<>();
44        private static Lock lock = new ReentrantLock();
45        private static Condition notEmpty = lock.newCondition();
46        private static Condition notFull = lock.newCondition();
47        public void write(int value) {
48            lock.locl();
```

```
49              try {
50                  while(queue.size() == CAPACITY) {
51                      System.out.println("wait for notFull condition");
52                      notFull.await();
53                  }
54                  queue.offer(value);
55                  notEmpty.signal();
56              }
57              catch(InterruptedException e) {
58                  e.printStackTrace();
59              }
60              finally {
61                  lock.unlock();
62              }
63          }
64          public int read() {
65              int value=0;
66              lock.lock();
67              try {
68                  while(queue.isEmpty()) {
69                      System.out.println("wait for notRmpty condition");
70                      notEmpty.await();
71                  }
72                  value = queue.remove();
73                  notFull.signal();
74              }
75              catch(InterruptedException e) {
76                  e.printStackTrace();
77              }
78              finally {
79                  lock.unlock();
80                  return value;
81              }
82          }
83      }
84  }
```

7.3.6　信号量

信号量（Semaphore）有时被称为信号灯，是在多线程环境下使用的一种设施，它负责协调各个线程，以保证它们能够正确、合理的使用公共资源。在进入临界区之前，线程必须获取一个信号量，一旦出了临界区，该线程必须释放信号量。其他想进入临界区的线程必须等待直到第一个线程释放信号量。一个计数信号量，从概念上讲，信号量维护了一个许可集。通过信号量，可以控制程序的被访问量。比如某一时刻，最多只能同时允许 10 个线程访问，如果超过了这个值，那么其他的线程就需要排队等候。

Semaphore 有两个构造函数，一个构造函数默认为非公平的，也就是说可以插队，并非先来的先获取信号量。另一个构造函数可以设定是否为公平信号量。默认为非公平的构造函数如下：

```
1    public Semaphore(int permits)
2    {
3        sync = new NonfairSync(permits);
4    }
```

其中，permits 指定了初始信号量计数大小，比如 permits=1 则表示任意时刻只有一个线程能够访问资源。

可以设定是否为公平信号量构造函数如下：

```
1    public Semaphore(int permits, boolean fair)
2    {
3        sync = (fair)? new FairSync(permits) : new NonfairSync(permits);
4    }
```

其中，permits 指定了初始信号量计数大小，fair 设置为 true 时等待线程以它们要求的访问的顺序获得信号量。

表 7.6　Semaphore 函数

函数原型	功能
Semaphore(int permits)	创建具有给定的许可数和非公平的公平设置的 Semaphore
Semaphore(int permits, boolean fair)	创建具有给定的许可数和给定的公平设置的 Semaphore
void acquire()	从此信号量获取一个许可,在提供一个许可前一直将线程阻塞,否则线程被中断

续表

函数原型	功能
void acquire(int permits)	从此信号量获取给定数目的许可,在提供这些许可前一直将线程阻塞,或者线程已被中断
void acquireUninterruptibly()	从此信号量中获取许可,在有可用的许可前将其阻塞
void acquireUninterruptibly(int permits)	从此信号量获取给定数目的许可,在提供这些许可前一直将线程阻塞
int availablePermits()	返回此信号量中当前可用的许可数
int drainPermits()	获取并返回立即可用的所有许可
protected Collection<Thread> getQueuedThreads()	返回一个 collection,包含可能等待获取的线程
int getQueueLength()	返回正在等待获取的线程的估计数目
boolean hasQueuedThreads()	查询是否有线程正在等待获取。
boolean isFair()	如果此信号量的公平设置为 true,则返回 true
protected void reducePermits(int reduction)	根据指定的缩减量减小可用许可的数目
void release()	释放一个许可,将其返回给信号量
void release(int permits)	释放给定数目的许可,将其返回到信号量
String toString()	返回标识此信号量的字符串,以及信号量的状态
boolean tryAcquire()	仅在调用时此信号量存在一个可用许可,才从信号量获取许可
boolean tryAcquire(int permits)	仅在调用时此信号量中有给定数目的许可时,才从此信号量中获取这些许可
boolean tryAcquire(int permits, long timeout, TimeUnit unit)	如果在给定的等待时间内此信号量有可用的所有许可,并且当前线程未被中断,则从此信号量获取给定数目的许可
boolean tryAcquire(long timeout, TimeUnit unit)	如果在给定的等待时间内,此信号量有可用的许可并且当前线程未被中断,则从此信号量获取一个许可

程序 7.18 为线程持有和释放信号量的 Java 多线程程序,限定最多只允许 2 个线程持有信号量。

程序7.18　线程持有和释放信号量的Java多线程程序

```
1    import java.util.concurrent.ExecutorService;
2    import java.util.concurrent.Executors;
3    import java.util.concurrent.Semaphore;
4    public class SemaphoreDemoTest {
5        public static void main(String[] args) {
6            final Semaphore semaphore = new Semaphore(2, true);
8            ExecutorService service = Executors.newFixedThreadPool(8);
```

```
9          for(int i=0; i<2; i++) {
10            service.execute(new Runnable() {
11              public void run() {
12                try {
13                  semaphore.acquire();
14                  System.out.println(Thread.currentThread().getName()+" holds the semaphore.");
15                  Thread.sleep(200);
16                  System.out.println("Currently available semaphore:"+semaphore.availablePermits());
17                  System.out.println(Thread.currentThread().getName()+" releases semaphore.");
18                  semaphore.release();
19                  System.out.println("Currently available semaphore:"+semaphore.availablePermits());
20                }
21                catch (InterruptedException e) {
22                  e.printStackTrace();
23                }
24              }
25            });
26          }
27          service.shutdown();
28        }
29  }
```

程序 7.18 输出结果如下：

```
pool-1-thread-2 holds the semaphore.
pool-1-thread-1 holds the semaphore.
Currently available semaphore:0
pool-1-thread-2 releases semaphore.
Currently available semaphore:0
Currently available semaphore:1
pool-1-thread-1 releases semaphore.
Currently available semaphore:2
```

[例 7.7] 利用 $\pi = \int_0^1 \frac{4}{1 + x^2} \, dx$，使用信号量计算 π 的近似值。

程序 7.19 为使用信号量计算 π 的近似值 Java 多线程程序。

257

程序7.19 使用信号量计算π的近似值Java多线程程序

```
1    import java.util.concurrent.Semaphore;
2    public class Shared {
3        static double sum=0;
4    }
5    public class pi_semaphore_thread extends Thread {
6        final Semaphore semaphore = new Semaphore(1, true);
7        private long my_start;
8        private long num_steps =10000000;
9        private double step, x, my_sum = 0.0;
10       private int threadCount;
11       public pi_semaphore_thread(int start,int threadCount) {
12           this.my_start=start;
13           this.threadCount=threadCount;
14       }
15       public void run(){
16       long i;
17       step=1.0/(double)num_steps;
18       for(i=my_start;i<num_steps;i+=threadCount) {
19           x=(i+0.5)*step;
20           my_sum=my_sum+4.0/(1.0+x*x);
21       }
22       my_sum=my_sum*step;
23       try {
24           semaphore.acquire();
25           System.out.println(Thread.currentThread().getName()+" holds the semaphore.");
26           Shared.sum +=my_sum;
27           semaphore.release();
28           } catch (InterruptedException e) {
29               e.printStackTrace();
30           }
31       }
32       public static void main(String[] args) throws InterruptedException {
33           final int THREAD_NUM = 4;
34           double  pi;
35           pi_semaphore_thread threads[] = new pi_semaphore_thread [THREAD_NUM];
36           for(int i=0; i<THREAD_NUM; i++) {
37               threads[i]=new pi_semaphore_thread(i,THREAD_NUM);
38               threads[i].start();
```

```
39        }
40        for(int i=0; i<THREAD_NUM; i++) {
41            threads[i].join();
42        }
43        pi =Shared.sum;
44        System.out.println("Approximation of pi: "+pi);
45    }
46 }
```

程序7.19 输出结果如下：

Thread-2 holds the semaphore.
Thread-0 holds the semaphore.
Thread-3 holds the semaphore.
Thread-1 holds the semaphore.
Approximation of pi: 3.141592653589686

7.4 Fork/Join

在JDK7之后，Java加入了并行计算的框架Fork/Join，来解决系统中大数据计算的性能问题。Fork/Join采用的是分治法，Fork将一个大任务拆分成若干个不重叠子任务，子任务分别去独立计算，而Join获取子任务的计算结果，然后进行合并。Java的Fork/Join是一个递归的过程，子任务被分配到不同的核上执行，效率最高。如图7.2所示。

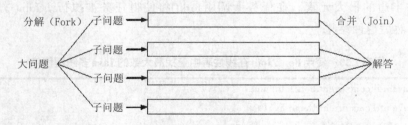

图7.2　Fork/Join框架将问题分解成子问题进行并行解决

Fork/Join框架的核心类是ForkJoinPool，ForkJoinPool是ExecutorService的一个实例，它能够接收一个ForkJoinTask，并得到计算结果。FortJoinTask是用于任务的抽象基类。一个ForkJoinTask是一个类似线程的实体，但是比普通的线程要轻量级得多，因为巨量的任务和子任务可以被ForkJoinPool中的少数真正的线程所执行。任务主要使用fork()和join()来协调，在一个任务上调用fork()安排异步方式执行，然后调用join()等待任务完成。invoke()和invokeAll(tasks)方法都隐式地调用fork()来执行任务，以及调用join()等待任务完成，如果有结果则返回结果。

ForkJoinTask 有两个子类：RecursiveAction 和 RecursiveTask。RecursiveAction 无返回结果，而 RecursiveTask 有返回结果。定义任务时，只要继承这两个类。任务类应该重写compute()方法来指定任务是如何执行的。

子类 RecursiveTask 继承时需要指明一个特定的数据类型，例如：

```
private static class MaxTask extends RecursiveTask<Integer> {}
```

获取返回值通过get()或者join()方法。

子类 RecursiveAction 没有返回值，例如：

```
private static class SortTask extends RecursiveAction {}
```

子类 RecursiveTask 常用方法如表7.7所示：

表7.7　子类RecursiveTask常用方法

方法	功能
boolean cancel(boolean interrupt)	试图取消该任务
boolean isDone()	如果任务完成，则返回 true

程序 7.20 使用Fork/Join框架在线性表中查找最大数。由于该算法返回一个整数，通过继承 Recursive<Integer>为分解合并操作定义一个任务类。重写了 compute 方法实现在线性表中查找最大数。对于一个大的线性表，将其分为两半，任务 left 和 right 分别找到左半边和右半边的最大元素。在任务上调用 fork()将使得任务被执行。Join()方法等待任务执行完，然后返回结果。

程序7.20　使用Fork/Join在线性表中查找最大数的Java多线程程序

```
1   import java.util.concurrent.ForkJoinPool;
2   import java.util.concurrent.RecursiveTask;
3   public class ParallelMax {
4     public static void main(String[] args) {
5       final int NUM=9000000;
6       int[] list=new int[NUM];
7       java.util.Random r=new java.util.Random();
8       for(int i=0; i<list.length; i++)
9         list[i]= r.nextInt();
10      long startTime=System.currentTimeMillis();
11      System.out.println(" \nThe maximal number is "+max(list));
12      long endTime=System.currentTimeMillis();
```

```
13          System.out.println("The number of processor is "+Runtime.getRuntime().availableProcessors());
14          System.out.println("Time is "+(endTime−startTime)+ "milliseconds");
15      }
16      public static int max(int[] list) {
17          RecursiveTask<Integer>  task = new MaxTask(list, 0, list.length) {
18          ForkJoinPool pool = new ForkJoinPool();
19          return pool.invoke(task);
20      }
21      private static class MaxTask extends RecursiveTask<Integer> {
22          private final static int THRESHOLD=1000;
23          private int[] list;
24          private int low;
25          private int high;
26          public MaxTask(int[] list, int low, int high) {
27              this.list=list;
28              this.low=low;
29              this.high=high;
30          }
31          public Integer compute() {
32              if(high−low< THRESHOLD) {
33                  int max=list[0];
34                  for(int i=low; i<high; i++)
35                      if(list[i]>max)
36                          max=list[i];
37                  return new Integer(max);
38              }
39              else {
40                  int mid=(low+high)/2;
41                  RecursiveTask<Integer>  left = new MaxTask(list, low, mid);
42                  RecursiveTask<Integer>  right = new MaxTask(list, mid, high);
43                  right.fork();
44                  left.fork();
45                  return new Integer(Math.max(left.join(). intValue(), right.join(). intValue()));
46              }
47          }
48      }
49  }
```

程序7.20 输出结果如下：

261

```
The maximal number is 2147483070
The number of processor is 4
Time is 62 milliseconds
```

程序 7.21 使用 Fork/Join 框架并行归并排序。并行归并排序算法将数组分为两半，并且递归地对每一半都应用归并排序。当两部分排好序了，算法将它们合并。由于排序算法不返回值，定义一个继承自 RecursiveAction 的具体类 ForkJoinTask。重写了 compute 方法来实现递归的归并排序。

程序 7.21 使用 Fork/Join 并行归并排序的 Java 多线程程序

```
1   import java.util.concurrent.ForkJoinPool;
2   import java.util.concurrent.RecursiveAction;
3   public class ParallelMergeSort {
4      public static void main(String[] args) {
5         final int SIZE=9000000;
6         int[] list=new int[SIZE];
7         java.util.Random r=new java.util.Random();
8         for(int i=0; i<list.length; i++)
9            list[i]= r.nextInt();
10        long startTime=System.currentTimeMillis();
11        ParallelMergeSort(list);
12        long endTime=System.currentTimeMillis();
13        System.out.println("\nParallel time with "+Runtime.getRuntime().availableProcessors()+
14           " processors is "+(endTime−startTime)+ " milliseconds");
15        for(int i=0; i<list.length; i++)
16           System.out.print(list[i]+ ",");
17     }
18     public static void ParallelMergeSort(int [] list) {
19        RecursiveAction mainTask = new SortTask(list);
20        ForkJoinPool pool = new ForkJoinPool();
21        pool.invoke(mainTask);
22     }
23     private static class SortTask extends RecursiveAction {
24        private final static int THRESHOLD=1000;
25        private int[] list;
26        SortTask(int [] list) {
27           this.list=list;
28        }
29        protected void compute() {
```

```
30          if(list.length < THRESHOLD)
31            java.util.Arrays.sort(list);
32          else {
33            int [] firstHalf = new int [ list.length/2];
34            System.arraycopy(list, 0, firstHalf, 0, list.length/2);
35            int secondHalfLength = list.length − list.length /2;
36            int[] secondHalf = new int [secondHalfLength];
37            System.arraycopy(list, list.length/2, secondHalf, 0, secondHalf Length);
38            invokeAll(new SortTask(firstHalf), new SortTask(secondHalf));
39          }
40        }
41      }
42  }
```

7.5 本章小结

随着多核处理器的普及，使用并发成为构建高性能应用程序的关键。Java语言重要特征之一是支持多线程，在一个程序中允许同时运行多个任务。本章介绍了Java多线程程序设计相关概念、基本原理和基本方法，具体涉及线程定义、线程同步、线程障栅、线程间通信、执行器、Fork/Join框架等内容。

习 题

1. 编写一个Java并行程序计算下面数列当n=10000000时之和。

$$\frac{1}{1+\sqrt{2}} + \frac{1}{\sqrt{2}+\sqrt{3}} + \frac{1}{\sqrt{3}+\sqrt{4}} + ... + \frac{1}{\sqrt{n}+\sqrt{n+1}}$$

2. 利用如下公式：

$$\pi = 4\left[1 - \frac{1}{3} + \frac{1}{5} - \frac{1}{7} + ...\right] = 4\sum_{k=0}^{\infty}\frac{(-1)^k}{2k+1}$$

编写一个Java并行程序计算π的近似值。

3. 利用如下公式：

$$e = 1 + \frac{1}{1!} + \frac{1}{2!} + ... + \frac{1}{n!} + ...$$

编写一个Java并行程序计算e的近似值。

4. 辛普生法（Simpson）是一个比矩形法更好的数值积分算法。因为收敛速度更快。辛普生法求积公式

$$\int_a^b f(x)\,dx \approx \frac{1}{3n}\left[f(x_0) - f(x_n) + \sum_{i=1}^{n/2}\left(4f(x_{2i-1}) + 2f(x_{2i})\right)\right]$$

其中，n 为将区间 $[a, b]$ 划分子区间数，且 n 是偶数，$1 \leq i \leq n$，x_i 表示第 i 个区间的 x 轴坐标。

利用 $\pi = \int_0^1 \frac{4}{1 + x^2}\,dx$，使用辛普生法计算 π 的近似值 C 语言程序如下：

程序 7.21　使用辛普生法求 π 的串行程序

```
1    #include "stdio.h"
2    static long n = 100000;
3    double f(int i)
4    {
5        double x;
6        x=(double)i / (double)n;
7        return 4.0 / (1.0+x*x);
8    }
9    int main()
10   {
11       long int i;
12       double pi;
13       pi=f(0)-f(n);
14       for (i =1; i <= n/2; i++)
15           pi += 4.0*f(2*i-1) + 2.0*f(2*i);
16       pi /= (3.0*n);
17       printf("Appromxation of pi:%15.13f\n", pi);
18       return 0;
19   }
```

使用辛普生法，编写一个 Java 并行程序计算 π 的近似值。

5. 编写一个 Java 并行程序计算下列二重积分的近似值。

$$I = \int_{-1}^1 dx \int_x^1 y\sqrt{1 + x^2 - y^2}\,dy$$

6. 考虑线性方程组

$$Ax = b$$

其中 A 是 $n \times n$ 非奇异矩阵，右端向量 $b \neq 0$，因而方程组有唯一的非零解向量。设系数矩阵 A 严格行对角占优，即

$$|a_{i,i}| > \sum_{\substack{j=1 \\ j \neq i}}^n |a_{i,j}|, i = 1,2,\ldots,n$$

解 $Ax = b$ 的 Jacobi 迭代法的计算公式为

$$\begin{cases} x^{(0)} = (x_1^{(0)}, x_2^{(0)}, \dots, x_n^{(0)})^T \\ x_i^{(k+1)} = \dfrac{1}{a_{i,i}} \left(b_i - \displaystyle\sum_{\substack{j=1 \\ j \neq i}}^{n} a_{i,j} x_j^{(k)} \right) \\ i = 1, 2, \dots, n \text{ 示迭代次数} \end{cases}$$

Jacobi 迭代法很适合并行化，使用 n 个线程，每个线程处理矩阵的一行。如果线程数 $t < n$，则每个线程处理矩阵 n/t 相邻行。编写一个 Java 并行程序实现 Jacobi 迭代法。

7. 编写一个 Java 并行程序实生产者–消费者程序，其中一些线程是生产者，另外一些线程是消费者。在文件集合中，每个产生者针对一个文件，从文件中读取文本。把读出的文本行插入到一个共享的队列中。消费者从队列中取出文本行，并对文本行就行分词。符号是被空白符分开的单词。当消费者发现一个单词后，将该单词输出。

8. 使用 Fork/Join 编写一个大数组求和 Java 并行程序。

9. 编写一个 Java 并行快速排序程序。

10. 一个素数是一个只能被正数 1 和它本身整除的正整数。求素数的一个方法是筛选法。筛选法计算过程是创建一自然数 2，3，5，$\cdots$，n 的列表，其中所有的自然数都没有被标记。令 $k=2$，它是列表中第一个未被标记的数。在 k^2 和 n 之间的是 k 倍数的数都标记出来，找出比 k 大得未被标记的数中最小的那个，令 k 等于这个数，重复上述过程直到 $k^2 > n$ 为止。列表中未被标记的数就是素数。使用筛选法编写一个 Java 并行程序求小于 1000000 的所有素数。

11. 最小的 5 个素数是 2、3、5、7、11。有时两个连续的奇数都是素数。例如，在 3、5、11 后面的奇数都是素数。但是 7 后面的奇数不是素数。编写一个 Java 并行程序，对所有小于 1000000 的整数，统计连续奇数都是素数的情况的次数。

12. 在两个连续的素数 2 和 3 之间的间隔是 1，而在连续素数 7 和 11 之间的间隔是 4。编写一个 Java 并行程序，对所有小于 1000000 的整数，求两个连续素数之间间隔的最大值。

13. 水仙花数（Narcissistic number）是指一个 n 位数（$n \geq 3$），它的每个位上的数字的 n 次幂之和等于它本身，例如：$1^3 + 5^3 + 3^3 = 153$。编写一个 Java 并行程序求 $3 \leq n \leq 24$ 所有水仙花数。

14. 所谓梅森数，是指形如 $2^p - 1$ 的一类数，其中指数 p 是素数，常记为 M_p。如果梅森数是素数，就称为梅森素数。第一个梅森素数 $M_2 = 3$，第二个梅森素数 $M_3 = 7$。编写一个 Java 并行程序求前 10 个梅森素数。

15. 编写一个 Java 并行程序求八皇后问题所有的解。

16. 完全数（Perfect number）是一些特殊的自然数，它所有的真因子（即除了自身以外的约数）的和，恰好等于它本身。第一个完全数是 6，第二个完全数是 28。

6=1+2+3

28=1+2+4+7+14

编写一个Java并行程序求前8个完全数。

17. 哥德巴赫猜想是任何不小于4的偶数，都可以写成两个质数之和的形式。它是世界近代三大数学难题之一，至今还没有完全证明。编写一个Java并行程序验证10000000以内整数哥德巴赫猜想是对的。

18. 弱哥德巴赫猜想是任何一个大于7的奇数都能被表示成3个奇素数之和。编写一个Java并行程序验证10000000以内整数弱哥德巴赫猜想是对的。

19. 梅钦公式是计算π一个常用公式：

$$\frac{\pi}{4} = 4\arctan\frac{1}{5} - \arctan\frac{1}{239}$$

$$\text{arccot}(x) = \frac{1}{x} - \frac{1}{3x^3} + \frac{1}{5x^5} - \frac{1}{7x^7} + \ldots$$

因此，

$$\pi = 4 \times (4\text{arccot}(5) - \text{arccot}(239))$$

编写一个Java并行程序计算π值到小数点后10000000位。

第8章

Windows 多线程并行程序设计

MicrosoftWindows 操作系统下的多线程支持与 POSIX 线程提供的支持类似，在实际功能上并没有重大区别。Windows 是一种多任务的操作系统，在 Windows 的一个进程内包含一个或多个线程。Windows 环境下的 API 提供了多线程应用程序开发所需要的接口函数。由于线程比进程开销小而且创建得更快，同一进程内的多个线程共享同一块内存，便于线程之间数据共享和传送以及所有的进程资源对线程都有效的原因，系统采用多线程而不采用多进程来实现多任务。Windows 线程 API 为线程、共享内存和同步原语提供支持。Windows 允许用户同时运行多个任务，在多核处理器中多线程就能实现真正的同时执行。本章介绍 Windows 多线程并发编程的基础知识、编程技术和方法。

8.1 创建线程

基本 Windows 应用程序以线程启动。请求 Windows 创建线程的函数调用为 Create-Thread()函数。CreateThread 将在主线程的基础上创建一个新线程，CreateThread()函数原型如下：

```
HANDLE WINAPI CreateThread(
    LPSECURITY_ATTRIBUTES lpThreadAttributes,
    SIZE_T dwStackSize,
    LPTHREAD_START_ROUTINE lpStartAddress,
    LPVOID lpParameter,
    DWORD dwCreationFlags,
    LPDWORD lpThreadId
);
```

第一个参数 lpThreadAttributes 表示线程内核对象的安全属性，一般传入 NULL 表示使用默认设置。第二个参数 dwStackSize 表示线程栈空间大小。传入 0 表示使用默认每个线程 1MB 栈空间。第三个参数 lpStartAddress 表示新线程所执行的线程函数地址，多个线程可以使用同一个函数地址。第四个参数 lpParameter 是传给线程函数的参数。第五个参数 dwCreationFlags 指定额外的标志来控制线程的创建，为0表示线程创建之后立即就可以进行调度。如果为 CREATE_SUSPENDED 则表示线程创建后暂停运行，这样它就无法调度，直到调用 ResumeThread()。第六个参数 lpThreadId 将返回线程标识符，传入NULL 表示不需要返回该线程标识符号。线程创建成功返回新线程的句柄，失败返回NULL。

使用_beginthreadex()函数更安全的创建线程，在实际使用中尽量使用_beginthreadex()函数来创建线程。

线程终止运行后，线程对象仍然在系统中，必须通过 CloseHandle()函数来关闭该线程对象。CloseHandle()函数原型如下：

```
BOOL CloseHandle(
    HANDLE hObject
);
```

参数 hObject 为一个已打开对象 handle。如果执行成功，返回值 TRUE；否则返回值FALSE。如果执行失败，可以调用 GetLastError()函数获知失败原因。GetLastError()函数返回调用线程最近的错误代码值，错误代码以单线程为基础来维护的，多线程不重写各自的错误代码值。GetLastError()函数原型如下：

```
DWORD GetLastError(VOID);
```

在 CreateThread()函数调用之后，引用计数减1，当变为0时，系统删除内核对象。除非对内核对象的所有引用都已关闭，否则该对象不会实际删除。

若在线程执行完之后没有调用 CloseHandle()，在进程执行期间，将会造成内核对象的泄露，相当于句柄泄露。但不同于内存泄露，这势必会对系统的效率带来一定程度上的负面影响。但当线程结束退出后，系统会自动清理这些资源。

在程序8.1中主线程（main()函数）创建子线程。

程序8.1　使用CreateThread()函数创建子线程的Windows多线程程序

```
1    #include "stdio.h"
2    #include "windows.h"
3    DWORD WINAPI mythread(LPVOID lpParamter) {
4        printf("Hello, Form Child Thread!\n");
5        Sleep(200);
6        return 0L;
7    }
8    int main() {
```

```
9       HANDLE hThread = CreateThread(NULL, 0, mythread, NULL, 0, NULL);
10      CloseHandle(hThread);
11      printf("Hello, Form Main Thread!\n";
12      Sleep(500);
13      return 0;
14  }
```

程序8.1运行结果如下：

```
Hello, From Main Thread!
Hello, From Child Thread!
```

使用_beginthreadex()函数可以更安全地创建线程，在实际使用中尽量使用_begin-threadex()函数来创建线程。_beginthreadex()函数原型如下：

```
unsigned long _beginthreadex(
    void *security,
    unsigned stack_size,
    unsigned(_stdcall *start_address)(void *),
    void *argilist,
    unsigned initflag,
    unsigned *threaddr
);
```

第一个参数security是安全属性，为NULL时表示默认安全性。第二个参数stack_size表示线程的堆栈大小，一般默认为0。第三个参数start_address)为所要启动的线程函数。

第四个参数argilist用于传递多个参数时的结构体。第五个参数initflag表示新线程的初始状态，0表示立即执行，CREATE_SUSPEND表示创建之后挂起。第六个参数thread-dr表示成功返回新线程句柄，失败返回0。

程序8.2使用_beginthreadex()函数创建子线程。

程序8.2　使用_beginthreadex()函数创建子线程的Windows多线程程序

```
1   #include "stdio.h"
2   #include"windows.h"
3   #include "process.h"
4   unsigned int __stdcall mythread(LPVOID) {
5       printf("Hello，The World！\n");
6       return 0;
7   }
8   int main() {
```

```
9      HANDLE handle;
10     handle = (HANDLE)_beginthreadex(NULL, 0, &mythread, NULL, 0, NULL);
11     return 0;
12   }
```

GetCurrentThreadId()函数获取当前线程一个唯一的线程标识符。GetCurrentThreadId()函数原型如下：

```
DWORD WINAPI GetCurrentThreadId (void);
```

程序 8.3 为捕获所创建线程标识符的 Windows 多线程程序。

程序8.3　捕获所创建线程标识符的 Windows 多线程程序

```
1    #include"stdio.h"
2    #include"windows.h"
3    DWORD WINAPI mythread(LPVOID);
4    int main() {
5      HANDLE hThread;
6      DWORD  threadId;
7      hThread = CreateThread(NULL, 0, &mythread, 0, 0, &threadId);
8      CloseHandle(hThread);
9      printf("Main thread:，Thread_Id= %d\n", GetCurrentThreadId());
10     return 0;
11   }
12   DWORD WINAPI ThreadFunc(LPVOID p) {
13     printf("Child thread:，Thread_Id= %d\n", GetCurrentThreadId());
14     return 0;
15   }
```

线程标识符用处不大，因为多数函数以线程句柄为参数。

主线程运行完之后会将所占资源都释放掉了，使得子线程还没有运行完。为了使子线程有时间执行完，可以使用Sleep()函数来暂停线程的执行。Sleep()函数原型如下：

```
VOID WINAPI Sleep(
   DWORD dwMilliseconds
);
```

参数 dwMilliseconds 表示千分之一秒，所以 Sleep(1000); 表示暂停1秒。

[**例 8.1**] 水仙花数（Narcissistic number）是指一个 n 位数（$n \geq 3$），它的每个位上的

数字的 n 次幂之和等于它本身，例如：$1^3 + 5^3 + 3^3 = 153$。编写一个 Windows 多线程并行程序求 n=3 所有水仙花数。

　　程序 8.4 为求 n=3 所有水仙花数 Windows 多线程。

程序 8.4　求 n=3 所有水仙花数 Windows 多线程程序

```
1   #include"stdio.h"
2   #include "windows.h"
3   DWORD WINAPI mythread1(LPVOID);
4   DWORD WINAPI mythread2(LPVOID);
5   int main() {
6       HANDLE handle1,handle2;
7       handle1 = CreateThread(NULL, 0, &mythread1, NULL, 0, NULL);
8       handle2 = CreateThread(NULL, 0, &mythread2, NULL, 0, NULL);
9       CloseHandle(handle1);
10      CloseHandle(handle2);
11      Sleep(1000);
12      return 0;
13  }
14  DWORD WINAPI mythread1(LPVOID p) {
15      int i,a,b,c ;
16      for(i=100; i<500; i++) {
17          a=i/100;
18          b=(i-a*100)/10;
19          c=i%10;
20          if(i==(a*a*a+b*b*b+c*c*c))
21              printf("%d ", i);
22      }
23      return 0;
24  }
25  DWORD WINAPI mythread2(LPVOID p) {
26      int i,a,b,c ;
27      for(i=500; i<1000; i++) {
28          a=i/100;
29          b=(i-a*100)/10;
30          c=i%10;
31          if(i==(a*a*a+b*b*b+c*c*c))
32              printf("%d\n", i);
33      }
34      return 0;
35  }
```

程序8.4输出结果如下：

```
153
370
371
407
```

在 Fork/Join 模型下，主线程创建多个工作线程并等待工作线程退出。主线程可使用两个函数来等待工作线程完成：WaitForSingleObject()函数或者 WaitForMultipleObject()函数。这两个函数将等待某个线程或者一组线程完成。函数以线程句柄为参数，同时还使用到超时值，该值指明主线程由于等待工作线程完成的时间，通常采用值INFINITE。

WaitForSingleObject()函数原型如下：

```
DWORD WaitForSingleObject(
    HANDLE hHandle,
    DWORD dwMilliseconds
);
```

参数 hHandle 为对象句柄，可以指定一系列的对象，如 Event、Job、Memory resource notification、Mutex、Process、Semaphore、Thread、Waitable timer 等。参数 dwMilliseconds 为定时时间间隔，单位为 milliseconds（毫秒）。如果指定一个非零值，函数处于等待状态直到 hHandle 标记的对象被触发，或者时间到了。如果 dwMilliseconds 为 0，对象没有被触发信号，函数不会进入一个等待状态，它总是立即返回。如果 dwMilliseconds 为 INFINITE，对象被触发信号后，函数才会返回。

WaitForMultipleObject()函数原型如下：

```
DWORD WaitForMultipleObject(
    DWORD dwCount ,
    CONST HANDLE* phObject,
    BOOL fWaitAll,
    DWORD dwMillisecinds
);
```

第一个参数 dwCount 用于指明想要让函数查看的内核对象的数量。这个值必须在1与 MAXIMUM_WAIT_OBJECTS 之间。第二个参数 phObjects 是指向内核对象句柄的数组的指针。可以以两种不同的方式来使用 WaitForMultipleObjects()函数。一种方式是让线程进入等待状态，直到指定内核对象中的任何一个变为已通知状态。另一种方式是让线程进入等待状态，直到所有指定的内核对象都变为已通知状态。第三个参数 fWaitAll 指明使用何种方式。如果为该参数传递 TRUE，那么在所有对象变为已通知状态之前，该函数将不允许调用线程运行。第四个参数 dwMilliseconds 的作用与它在 WaitForSingleObject()

函数中的作用完全相同。如果在等待的时候规定的时间到了，那么该函数无论如何都会返回。同样，通常为该参数传递 INFINITE，但是在编程时应该小心，以避免出现死锁情况。

程序 8.5 为使用 WaitForSingleObject() 函数的 Windows 多线程程序。

程序 8.5　使用 WaitForSingleObject() 函数的 Windows 多线程程序

```
1   #include"stdio.h"
2   #include "windows.h"
3   const int THREAD_NUM = 8;
4   DWORD WINAPI mythread(LPVOID p) {
5       printf( "Thread %d\n", GetCurrentThreadId() );
6       return 0;
7   }
8   int main() {
9       int i;
10      HANDLE h[THREAD_NUM ];
11      for (i=0; i< THREAD_NUM ; i++) {
12          h[i] = CreateThread( 0, 0, &mythread, 0, 0, 0 );
13      }
14      for (i=0; i< THREAD_NUM ; i++) {
15          WaitForSingleObject( h[i], INFINITE );
16          CloseHandle( h[i] );
17      }
18      return 0;
19  }
```

程序 8.6 为使用 WaitForMultipleObjects () 函数的 Windows 多线程程序。

程序 8.6　使用 WaitForMultipleObjects () 函数的 Windows 多线程程序

```
1   #include"stdio.h"
2   #include "windows.h"
3   const int THREAD_NUM = 8;
4   DWORD WINAPI mythread(LPVOID p) {
5       printf( "Thread %d\n", GetCurrentThreadId() );
6       return 0;
7   }
8   int main() {
9       int i;
10      HANDLE h[THREAD_NUM ];
```

```
11      for (i=0; i< THREAD_NUM ; i++) {
12          h[i] = CreateThread( 0, 0, &mythread, 0, 0, 0 );
13      }
14      WaitForMultipleObjects( THREAD_NUM, h, true, INFINITE );
15      for (i=0; i< THREAD_NUM ; i++) {
16          CloseHandle( h[i] );
17      }
18      return 0;
19  }
```

[例 8.2] 编写一个 Windows 多线程并行程序求 n=4 所有水仙花数。

程序 8.7 为求 *n*=4 所有水仙花数 Windows 多线程程序。

程序 8.7　使用 WaitForSingleObject()函数的 Windows 多线程程序

```
1   #include"stdio.h"
2   #include "windows.h"
3   const int THREAD_NUM = 9;
4   DWORD WINAPI mythread(LPVOID);
5   int main() {
6       HANDLE handle[THREAD_NUM];
7       DWORD ThreadId[THREAD_NUM];
8       int i = 0;
9       while (i < THREAD_NUM) {
10          handle[i] = CreateThread(NULL, 0, &mythread, &i, 0, &ThreadId[i]);
11          WaitForSingleObject(handle[i],INFINITE);
12          i++;
13      }
14      for (i = 0; i < THREAD_NUM; i++)
15          CloseHandle(handle[i]);
16      return 0;
17  }
18  DWORD WINAPI mythread(LPVOID p) {
19      int nThreadNum = *(int*)p;
20      int i,a,b,c,d ;
21      int my_first_i = 1000* (nThreadNum+1) ;
22      int my_last_i = my_first_i + 1000;
23      for(i=my_first_i; i<my_last_i; i++) {
25          a=i/1000;
26          b=(i-a*1000)/100;
```

```
27        c=(i-a*1000-b*100)/10;
28        d=i%10;
29        if(i==(a*a*a*a+b*b*b*b+c*c*c*c+d*d*d*d))
30            printf("%d\n", i);
31    }
32    return 0;
33 }
```

程序8.7 输出结果如下：

```
1634
8208
9474
```

8.2 Windows线程同步

所谓线程同步就是当有一个线程在对共享资源进行访问时，其他线程都不可以对这个共享资源进行访问，直到该线程完成，其他线程才能对该共享资源进行访问，而其他线程又处于等待状态。实现Windows线程同步的方法和机制主要有临界区（Critical Sections）、互斥锁（Mutex locks）、轻量级读写锁（Slim reader/writer locks）、信号量（Semaphores）、条件变量（Condition variables）和事件（Events）等方式。

（1）互斥锁确保一次只有一个线程可以访问资源。如果锁被另一个线程持有，则试图获取锁的线程将休眠，直到锁被释放。可以指定超时时间，以便如果在指定的时间间隔内锁仍不可用，获取锁的尝试就失败。在多个线程等待锁的情况下，无法确保线程获取互斥锁的顺序。互斥量可以在进程之间共享。

（2）临界区似于互斥锁。区别在于临界区不能在进程之间共享，因此，其性能开销较低。临界区的接口也与互斥锁提供的接口不同。此外，临界区无需超时值，但有允许线程尝试进入临界区的接口。如果尝试失败，调用将立即返回，使线程能够继续执行。

（3）轻量级读写锁支持多个线程读共享数据，但在极少数情况下，写共享数据。多个线程可同时读数据而无需担心会损坏共享的数据。然而，在任何时刻只有一个线程可以更新数据，且在写操作执行期间其他线程无法访问该数据。这是为了防止线程读到正在写过程中不完整或已损坏的数据。轻量级读写锁不能在进程之间共享。

（4）信号量提供了一种对有限资源进行限制访问或发出信息表示资源可用的一种方式。这与POSIX提供的信号量基本相同。与互斥锁一样，信号量可以在进程之间共享。

（5）条件变量使线程在条件为真时被唤醒。条件变量不能在进程之间共享。

（6）事件是进程内或进程之间发送信号的一种方法，其功能与信号量发送信号功能相同。

8.2.1 临界区

临界区指的是每个线程中访问共享资源的那段代码，而这些共用资源又无法同时被多个线程访问。当有线程进入临界区段时，其他线程必须等待，可通过对多线程的串行化来访问临界区。如果有多个线程试图访问公共资源，那么在有一个线程进入后，其他试图访问公共资源的线程将被挂起，并一直等到进入临界区的线程离开，临界区在被释放后，其他线程才可以抢占。

[例8.3] 利用如下公式：

$$\ln(1+x) = \left[x - \frac{x^2}{2} + \frac{x^3}{3} - \frac{x^4}{4} + ... \right] = \sum_{k=0}^{\infty} (-1)^k \frac{x^{k+1}}{k+1} (-1 < x \leq 1) \tag{8.1}$$

编写一个 Windows 多线程程序计算 ln2 值。

根据式（8.1）可知，

$$\ln 2 = \left[1 - \frac{1}{2} + \frac{1}{3} - \frac{1}{4} + ... \right] = \sum_{k=0}^{\infty} \frac{(-1)^k}{k+1} \tag{8.2}$$

程序 8.8 为利用式（8.2）计算 ln2 值串行程序。

程序 8.8　计算 ln2 值串行程序

```
1    #include "stdio.h"
2    static long int n = 1000000;
3    int main()
4    {
5        int k;
6        double factor = 1.0;
7        double ln2 = 0.0;
8        for (k=0; k< n; k++)
9        {
10           ln2 += factor/(k+1);
11           factor = −factor;
12       }
13       printf("Approxmation of ln2:%15.13f\n",ln2);
14       return 0;
15   }
```

现在并行化计算 ln2 值串行程序，将 for 循环分块后交给各个线程处理，并将 ln2 设为全局变量。假设线程数 THREAD_NUM，整个任务数为 n，每个线程的任务为 $l=n/$

THREAD_NUM。因此，对于线程0，循环变量i的范围是$0\sim l-1$。线程1循环变量的范围是$l\sim 2l-1$。更一般化地，对于线程q，循环变量的范围是$ql\sim(q+1)l-1$，而且第一项ql如果是偶数，符号为正，否则符号为负。当多个线程尝试更新一个共享资源，需要保证一旦某个线程开始执行更新共享资源操作，其他线程在它未完成前不能执行此操作。临界区就是一个更新共享资源的代码段，一次允许只一个线程执行该代码段。一种控制临界区访问称为忙等待的方法是设标志flag。flag是一个共享的int型变量，主线程将其初始化为0。如果flag的值为my_rank时，线程ThreadNum才能进入临界区，更新ln2的值。线程ThreadNum更新ln2的值后，修改flag的值，退出临界区，好让其他线程进入临界区。程序8.7为使用忙等待计算ln2值的Windows多线程程序。

程序8.9　使用忙等待计算ln2值的Windows多线程程序

```
1    #include"stdio.h"
2    #include "windows.h"
3    const int THREAD_NUM = 10;
4    long int n=10000000;-
5    double ln2=0.0;
6    long int flag=0;
7    DWORD WINAPI  mythread(LPVOID);
8    int main() {
9        HANDLE handle[THREAD_NUM];
10       DWORD ThreadId[THREAD_NUM];
11       int i = 0;
12       while (i < THREAD_NUM) {
13           handle[i] = CreateThread(NULL, 0, &mythread, &i, 0, &ThreadId[i]);
14           WaitForSingleObject(handle[i], INFINITE);
15           i++;
16       }
17       for (i = 0; i < THREAD_NUM; i++) {
18           CloseHandle(handle[i]);
19       }
20       printf("Approxmation of ln2:%15.13f\n", ln2);
21       return 0;
22   }
23   DWORD WINAPI mythread(LPVOID p) {
24       int ThreadNum = *(int*)p;
25       double factor;
26       long int i;
27       long int my_n=n/THREAD_NUM;
```

```
28      long int my_first_i=my_n*ThreadNum;
29      long int my_last_i=my_first_i+my_n;
30      double my_ln2=0.0;
31      if(my_first_i % 2 == 0)
32          factor=1.0;
33      else
34          factor=-1.0;
35      for(i=my_first_i; i<my_last_i; i++, factor=-factor) {
36          my_ln2 +=factor/(i+1);
37      }
38      while (flag != ThreadNum);
39      ln2 +=my_ln2;
40      flag =(flag+1)% THREAD_NUM;
41      return 0;
42   }
```

忙等待不是控制临界区最好的方法。假设用两个来执行这个程序，线程1在进入临界区前，要进行循环条件测试。如果线程0由于操作系统的原因出现延迟，那么线程1只会浪费CPU周期，不停地进行循环条件测试，这对性能有极大的影响。

因为临界区中的代码一次只能由一个线程运行，所以对临界区访问控制，都必须串行地执行其中的代码。为了提高性能执行临界区的次数应该最小化。一个方法是给每个线程配置私有变量来存储各自的部分和，然后用for循环一次性将所有部分和加在一起算出总和，这样能够大幅度提高性能。

使用临界区对象实现多线程同步。临界区被初始化后，当程序进入临界区后便拥有临界区的所有权，其余线程无权进入只能等对方释放临界区之后，方可进入临界区拥有其所有权再对临界区进行操作。临界区为依次访问，不能实现其中一个线程一释放临界区就会被另一个线程访问临界区，不能实现实时监听。

临界区结构体变量类型为CRITICAL_SECTION。在使用临界区之前，待操作临界区的线程必须调用InitializeCriticalSection() 函数或者 InitializeCriticalSectionAndSpinCount()函数来初始化临界区。

一个线程使用EnterCriticalSection() 或 TryEnterCriticalSection()函数来获得临界区对象的所有权时，该线程必须在离开临界区时调用LeaveCriticalSection()。

InitializeCriticalSection()函数原型如下：

```
VOID InitializeCriticalSection(
  LPCRITICAL_SECTION lpCriticalSection
);
```

　　参数 lpCriticalSection 为临界区结构对象指针。InitializeCriticalSection()函数无返回值。各个线程可以使用临界区结构对象来解决同步互斥问题，该对象不能保证哪个线程能够获得到临界资源对象，该系统能公平的对待每一个线程。

　　EnterCriticalSection()函数让线程进入临界区。EnterCriticalSection()函数原型如下：

```
EnterCriticalSection(
    LPCRITICAL_SECTION lpCriticalSection
);
```

　　参数 lpCriticalSection 为临界区结构象指针。

　　LeaveCriticalSection()函数释放临界区所有权并离开临界区。LeaveCriticalSection()函数原型如下：

```
void WINAPI LeaveCriticalSection(
    LPCRITICAL_SECTION lpCriticalSection
);
```

　　如果一个线程在进入临界区后没有调用 LeaveCriticalSection()函数，则会出现等待进入临界区的线程无限期等待的问题。

　　对临界区使用完后调用 DeleteCriticalSection()函数删除临界区结构对象。DeleteCriticalSection()函数原型如下：

```
void WINAPI DeleteCriticalSection(
    LPCRITICAL_SECTION lpCriticalSection
);
```

　　程序 8.10 使用临界区来保护对变量的 counter 的访问。

程序 8.10　使用临界区保护对变量的 counter 访问的 Windows 多线程程序

```
1    #include"stdio.h"
2    #include "windows.h"
3    int counter = 0;
4    CRITICAL_SECTION critical;
5    DWORD WINAPI mythread(LPVOID p) {
6        int ThreadNum = *(int*)p;
7        int i=0;
8        while ( i<10) {
9            EnterCriticalSection( &critical );
10           printf( "ThreadID %d; counter = %d\n", ThreadNum, counter);
11           counter++;
```

```
12        LeaveCriticalSection( &critical );
13        i++;
14      }
15      return 0;
16   }
17   int main() {
18      HANDLE h1, h2;
19      int i;
20      InitializeCriticalSection( &critical );
21      i=0;
22      h1 = CreateThread(NULL, 0, &mythread, &i, 0, 0);
23      WaitForSingleObject( h1, INFINITE );
24      i=1;
25      h2 = CreateThread(NULL, 0,& mythread, &i, 0, 0);
26      WaitForSingleObject( h2, INFINITE );
27      CloseHandle( h1 );
28      CloseHandle( h2 );
29      DeleteCriticalSection( &critical );
30      return 0;
31   }
```

使线程进入休眠状态再唤醒线程是非常耗时的，因为涉及进入内核。所有临界区在设计上耗时尽可能短。在线程睡眠时，被处于临界区的线程可能已经离开。因此，让等待线程休眠然后再次唤醒只是浪费时间。可以调用TryIntercriticalSection()函数，返回值为true时说明该线程获取了对临界区的访问权限，返回值为false时说明另一个线程正在临界区。TryInterCriticalSection()函数原型如下：

```
BOOL TryEnterCriticalSection(
    LPCRITICAL_SECTION lpCriticalSection
);
```

程序8.11为使用TryEnterCriticalSection()避免线程休眠。

程序8.11   使用TryEnterCriticalSection()避免线程休眠的Windows多线程程序

```
1    #include"stdio.h"
2    #include "windows.h"
3    int counter = 0;
4    CRITICAL_SECTION critical;
5    DWORD WINAPI mythread(LPVOID p) {
```

```
6      int ThreadNum = *(int*)p;
7      for(int i=0; i<10; i++) {
8          while(!TryEnterCriticalSection(&critical )) {};
9          printf( "ThreadID %d; counter = %d\n", ThreadNum, counter);
10         counter++;
11         LeaveCriticalSection( &critical );
12     }
13     return 0;
14  }
15  int main() {
16     HANDLE h1, h2;
17     int i;
18     InitializeCriticalSection( &critical );
19     i=0;
20     h1 = CreateThread(NULL, 0, &mythread, &i, 0, 0);
21     WaitForSingleObject( h1, INFINITE );
22     i=1;
23     h2 = CreateThread(NULL, 0, &mythread, &i, 0, 0);
24     WaitForSingleObject( h2, INFINITE );
25     CloseHandle( h1 );
26     CloseHandle( h2 );
27     DeleteCriticalSection( &critical );
28     return 0;
29  }
```

［例8.4］利用如下公式：

$$\ln2 = \left[1 - \frac{1}{2} + \frac{1}{3} - \frac{1}{4} + ...\right] = \sum_{k=0}^{\infty} \frac{(-1)^k}{k+1}$$

编写一个使用临界区计算ln2值的Windows多线程程序。

程序8.12为使用临界区计算ln2值的Windows多线程程序。

程序8.12　使用临界区计算ln2值的Windows多线程程序

```
1   #include"stdio.h"
2   #include "windows.h"
3   const int THREAD_NUM = 10;
4   long int n=10000000;
5   double ln2=0.0;
6   CRITICAL_SECTION critical;
7   DWORD WINAPI  mythread(LPVOID);
```

```
8   int main() {
9       HANDLE handle[THREAD_NUM];
10      DWORD ThreadId[THREAD_NUM];
11      InitializeCriticalSection( &critical);
12      int i = 0;
13      while (i < THREAD_NUM) {
14          handle[i] = CreateThread(NULL, 0, &mythread, &i, 0, &ThreadId[i]);
15          WaitForSingleObject(handle[i], INFINITE);
16          i++;
17      }
18      for (i = 0; i < THREAD_NUM; i++) {
19          CloseHandle(handle[i]);
20      }
21      DeleteCriticalSection( &critical);
22      printf("Approxmation of ln2:%15.13f\n", ln2);
23      return 0;
24  }
25  DWORD WINAPI mythread(LPVOID p) {
26      int ThreadNum = *(int*)p;
27      double factor;
28      long int i;
29      long int my_n=n/THREAD_NUM;
30      long int my_first_i=my_n*ThreadNum;
31      long int my_last_i=my_first_i+my_n;
32      double my_ln2=0.0;
33      if(my_first_i % 2 == 0)
34          factor=1.0;
35      else
36          factor=-1.0;
37      for(i=my_first_i; i<my_last_i; i++, factor=-factor) {
38          my_ln2 +=factor/(i+1);
39      }
40      EnterCriticalSection( &critical );
41          ln2 +=my_ln2;
42      LeaveCriticalSection( &critical );
43      return 0;
44  }
```

程序8.13为使用临界区求质数的Windows多线程程序。

程序8.13　使用临界区求质数的 Windows 多线程程序

```c
1    #include"stdio.h"
2    #include "windows.h"
3    #include"math.h"
4    int counter = 2;
5    CRITICAL_SECTION critical;
6    int isprime( int number ) {
7        int i;
8        for ( i=2; i < (int)(sqrt((float)number)+1.0); i++ ) {
9            if ( number % i == 0 ) {
10               return 0;
11           }
12       }
13       return 1;
14   }
15   DWORD WINAPI mythread( void * ) {
16       while ( counter<1000 ) {
17           EnterCriticalSection( &critical );
18           int number = counter++;
19           LeaveCriticalSection( &critical );
20           if(isprime(number)==1) {
21               printf( "ThreadID %d; value = %d, is prime\n",GetCurrentThreadId(), number);
22           }
23       }
24       return 0;
25   }
26   int main() {
27       HANDLE h1, h2;
28       InitializeCriticalSection( &critical );
29       h1 = CreateThread( 0, 0, &mythread, (void*)0, 0, 0);
30       h2 = CreateThread( 0, 0, &mythread, (void*)1, 0, 0);
31       WaitForSingleObject( h1, INFINITE );
32       WaitForSingleObject( h2, INFINITE );
33       CloseHandle( h1 );
34       CloseHandle( h2 );
35       DeleteCriticalSection( &critical );
36       return 0;
37   }
```

8.2.2 互斥锁

访问临界区更好的方法是互斥锁和信号量。互斥量是互斥锁的简称，它是一个特殊类型的变量，通过某些特殊类型的函数，互斥量可以用来限制每次只有一个线程能进入临界区。互斥量保证了一个线程独享临界区，其他线程在有线程已经进入该临界区的情况下，不能同时进入。

CreateMutex() 函数可用来创建一个有名或无名的互斥量对象，CreateMutex() 函数原型如下：

```
HANDLE CreateMutex(
    LPSECURITY_ATTRIBUTESlpMutexAttributes,
    BOOLbInitialOwner,
    LPCTSTRlpName
);
```

第一个参数 lpMutexAttributes 为线程安全相关的属性，常置为 NULL。第二个参数 bInitialOwner 表示创建 Mutex 时的当前线程是否拥有 Mutex 的所有权。第三个参数 lpName 为 Mutex 的名称。

ReleaseMutex() 函数释放线程拥有的互斥体的控制权，ReleaseMutex() 函数原型如下：

```
BOOL WINAPI ReleaseMutex(
    HANDLE hMutex
);
```

ReleaseMutex() 函数释放线程所拥有的互斥量锁对象，参数 hMutex 为释放的互斥量句柄。

[例 8.5] 利用如下公式：

$$\ln 2 = \left[1 - \frac{1}{2} + \frac{1}{3} - \frac{1}{4} + ... \right] = \sum_{k=0}^{\infty} \frac{(-1)^k}{k+1}$$

编写一个 Windows 多线程程序，使用互斥锁计算 ln2 值。

程序 8.14 为使用互斥锁计算 ln2 值的 Windows 多线程程序。

程序 8.14　使用互斥锁计算 ln2 值的 Windows 多线程程序

```
1   #include"stdio.h"
2   #include "windows.h"
3   const int THREAD_NUM = 10;
4   long int n=10000000;
5   double ln2=0.0;
6   HANDLE mutex;
```

```
7    DWORD WINAPI mythread(LPVOID);
8    int main() {
9        HANDLE handle[THREAD_NUM];
10       DWORD ThreadId[THREAD_NUM];
11       mutex=CreateMutex(NULL, false, NULL);
12       int i = 0;
13       while (i < THREAD_NUM) {
14           handle[i] = CreateThread(NULL, 0, &mythread, &i, 0, &ThreadId[i]);
15           WaitForSingleObject(handle[i], INFINITE);
16           i++;
17       }
18       for (i = 0; i < THREAD_NUM; i++) {
19       CloseHandle(handle[i]);
20       }
21       CloseHandle(mutex);
22       printf("Approxmation of ln2:%15.13f\n", ln2);
23       return 0;
24   }
25   DWORD WINAPI mythread(LPVOID p) {
26       int ThreadNum = *(int*)p;
27       double factor;
28       long int i;
29       long int my_n=n/THREAD_NUM;
30       long int my_first_i=my_n*ThreadNum;
31       long int my_last_i=my_first_i+my_n;
32       double my_ln2=0.0;
33       if(my_first_i % 2 == 0)
34           factor=1.0;
35       else
36           factor=-1.0;
37       for(i=my_first_i; i<my_last_i; i++, factor=-factor) {
38           my_ln2 +=factor/(i+1);
39       }
40       WaitForSingleObject(mutex, INFINITE);
41       ln2 += my_ln2;
42       ReleaseMutex(mutex);
43       return 0;
44   }
```

程序8.14第6行声明一个全局互斥量mutex，第11行主线程对互斥量mutex进行初始化。各线程计算完自己的my_ln2值后，在第46行更新全局变量ln2前调用WaitForSingleObject(mutex, INFINITE)。如果没有其他线程在临界区内，线程立即进入临界区，并更新ln2变量，否则线程阻塞并等待。进入临界区的线程更新完ln2变量后，在第48行调用ReleaseMutex(mutex)，并离开临界区。如果有其他线程在临界区前阻塞，系统会从那些阻塞的线程中选取一个线程使其进入临界区。

[例8.6] 编写一个使用互斥锁蒙特·卡罗方法的Windows多线程程序估计π值。蒙特·卡罗方法估计π值的基本思想是利用圆与其外接正方形面积之比为π/4的关系，通过产生大量均匀分布的二维点，计算落在单位圆和单位正方形的数量之比再乘以4便得到π的近似值。程序8.15为使用互斥锁的蒙特·卡罗方法估计π值Windows多线程程序。

程序8.15 使用互斥锁的蒙特·卡罗方法估计π值Windows多线程程序

```
1    #include"stdio.h"
2    #include "windows.h"
3    const int THREAD_NUM = 10;
4    long int n=10000000;
5    long int num_in_circle, num_point;
6    HANDLE mutex;
7    DWORD WINAPI mythread(LPVOID);
8    int main() {
9        double pi;
10       num_point=10000000;
11       HANDLE handle[THREAD_NUM];
12       DWORD ThreadId[THREAD_NUM];
13       mutex=CreateMutex(NULL, false, NULL);
14       int i = 0;
15       while (i < THREAD_NUM) {
16           handle[i] = CreateThread(NULL, 0, &mythread, &i, 0, &ThreadId[i]);
17           WaitForSingleObject(handle[i], INFINITE);
18           i++;
19       }
20       for (i = 0; i < THREAD_NUM; i++) {
21           CloseHandle(handle[i]);
22       }
23       CloseHandle(mutex);
24       pi=4*(double)num_in_circle/(double) num_point;
25       printf("The esitimate value of pi is %lf\n", pi);
26       return 0;
```

```
27   }
28   DWORD WINAPI mythread(LPVOID p) {
29      long int i, local_num_point;
30      local_num_point=num_point/THREAD_NUM;
31      double x, y, distance;
32      for(i=0; i<local_num_point; i++) {
33         x=(double)rand()/(double)RAND_MAX;
34         y=(double)rand()/(double)RAND_MAX;
35         distance =x*x+y*y;
36         if(distance <=1) {
37            WaitForSingleObject(mutex, INFINITE);
38            num_in_circle++;
39            ReleaseMutex(mutex);
40         }
41      }
42      return 0;
43   }
```

程序 8.15 第 5 行定义了两个全局变量 num_in_circle 和 num_point。num_in_circle 变量用来对落在圆内的点进行计数,而 num_point 变量表示产生点的个数。由于全局变量被所有线程所共享,因此,在程序第 38 行线程对 num_in_circle 变量更新前必须获得互斥锁,线程更新完 num_in_circle 变量后,在程序第 39 行释放所获得的互斥锁,使其他线程能够获得互斥锁更新 num_in_circle 变量。

程序 8.16　使用互斥锁求质数的 Windows 多线程程序

```
1    #include"stdio.h"
2    #include "windows.h"
3    #include"math.h"
4    int counter = 3;
5    HANDLE mutex;
6    int isprime( int number ) {
7       int i;
8       for ( i=2; i < (int)(sqrt((float)number)+1.0); i++ ) {
9          if ( number % i == 0 ) {
10            return 0;
11         }
12      }
13      return 1;
14   }
```

```
15  DWORD WINAPI myhtread( void * ) {
16    while ( counter<1000 ) {
17      WaitForSingleObject( mutex, INFINITE );
18      int number = counter++;
19      ReleaseMutex( mutex );
20      if(isprime(number)==1) {
21        printf( "ThreadID %d; value = %d, is prime\n",GetCurrentThreadId(), number);
22      }
23    }
24    return 0;
25  }
26  int main() {
27    HANDLE h1, h2;
28    mutex = CreateMutex( 0, 0, 0 );
29    h1 = CreateThread( 0, 0, &mythread, (void*)0, 0, 0);
30    h2 = CreateThread( 0, 0, &mythread, (void*)1, 0, 0);
31    WaitForSingleObject( h1, INFINITE );
32    WaitForSingleObject( h2, INFINITE );
33    CloseHandle( h1 );
34    CloseHandle( h2 );
35    CloseHandle(mutex);
36    return 0;
37  }
```

8.2.3 轻量级读写锁

轻量级读写锁实际是一种特殊的自旋锁，它把对共享资源的访问者划分成读者和写者，读者只对共享资源进行读访问，写者则需要对共享资源进行写操作。这种锁相对于自旋锁而言，能提高并发性，因为在多处理器系统中，它允许同时有多个读者来访问共享资源，最大可能的读者数为实际的逻辑CPU数。写者是排他性的，一个读写锁同时只能有一个写者或多个读者，但不能同时既有读者又有写者。

如果轻量级读写锁当前没有读者，也没有写者，那么写者可以立刻获得读写锁，否则它必须自旋在那里，直到没有任何写者或读者。如果读写锁没有写者，那么读者可以立即获得该读写锁，否则读者必须自旋在那里，直到写者释放该读写锁。

一次只有一个线程可以占有写模式的读写锁，但是可以有多个线程同时占有读模式的读写锁。正是因为这个特性,当轻量级读写锁是写加锁状态时，在这个锁被解锁之前，所有试图对这个锁加锁的线程都会被阻塞。当读写锁在读加锁状态时，所有试图以读模式对它进行加锁的线程都可以得到访问权，但是如果线程希望以写模式对此锁进行加锁，它必须直到所有的线程释放锁。

　　通常，当轻量级读写锁处于读模式锁住状态时，如果有另外线程试图以写模式加锁，读写锁通常会阻塞随后的读模式锁请求，这样可以避免读模式锁长期占用，而等待的写模式锁请求长期阻塞。

　　轻量级读写锁在既需要读取又需要更新数据情况下非常有用。轻量级读写锁允许多个线程对读访问权，单个线程对数据有写访问权。轻量级读写锁的类型是 SRWLOCK，使用 InitializeSRWLock()函数初始化。因为轻量级锁本质上是用户变量，不使用内核资源，没有删除锁的函数。

　　InitializeSRWLock()函数原型如下：

```
void InitializeSRWLock(
    PSRWLOCK SRWLock
);
```

　　作为读者获取锁的调用是 AcquireSRWLockShared()，作为读者释放锁调用是 ReleaseSRWLockShared()。

　　AcquireSRWLockShared()函数原型如下：

```
void AcquireSRWLockShared(
    PSRWLOCK SRWLock
);
```

　　ReleaseSRWLockShared()函数原型如下：

```
void ReleaseSRWLockShared(
    PSRWLOCK SRWLock
);
```

　　多个读者可以共享锁，但是，作为写者必须独占锁。作为写者获取锁的调用是 AcquireSRWLockExclusive()，对应作为写者释放锁调用是 ReleaseSRWLockExclusive()。

　　AcquireSRWLockExclusive()函数原型如下：

```
void AcquireSRWLockExclusive(
    PSRWLOCK SRWLock
);
```

　　ReleaseSRWLockExclusive()函数原型如下：

```
void ReleaseSRWLockExclusive(
    PSRWLOCK SRWLock
);
```

程序8.17显示了使用轻量级读写锁的示例。轻量级读写锁在这种情况下很有用，因为更新和读取都需要访问两个元素。如果在数组更新和读取前后加锁，则更新可能会导致读取返回不一致的数组数据。

程序8.18　使用轻量级读写锁的 Windows 多线程程序

```
1    #include"stdio.h"
2    #include "windows.h"
3    int array[100][100];
4    SRWLOCK lock;
5    DWORD WINAPI update(LPVOID param) {
6      for (int y=0; y<100; y++) {
7        for (int x=0; x<100; x++) {
8          AcquireSRWLockExclusive( &lock );
9          array[x][y]++;
10         array[y][x]--;
11         ReleaseSRWLockExclusive( &lock );
12       }
13     }
14     return 0;
15   }
16   DWORD WINAPI read(LPVOID param ) {
17     int value=0;
18     for (int y=0; y<100; y++) {
19       for (int x=0; x<100; x++) {
20         AcquireSRWLockShared( &lock );
21         value = array[x][y] + array[y][x];
22         ReleaseSRWLockShared( &lock );
23       }
24     }
25     printf( "Value = %i\n", value );
26     return value;
27   }
28   int main() {
29     HANDLE h1, h2;
30     InitializeSRWLock( &lock );
31     h1 = CreateThread ( 0, 0, &update, (void*)0, 0, 0);
32     h2 = CreateThread ( 0, 0, &read, (void*)0, 0, 0);
33     WaitForSingleObject( h1, INFINITE );
34     WaitForSingleObject( h2, INFINITE );
```

```
35      CloseHandle( h1 );
36      CloseHandle( h2 );
37      return 0;
38    }
```

8.2.4　信号量

信号量（Semaphore）有时被称为信号灯，是在多线程环境下使用的一种设施，它负责协调各个线程，以保证它们能够正确、合理的使用公共资源。在进入临界区之前，线程必须获取一个信号量，一旦出了临界区，该线程必须释放信号量。其他想进入临界区的线程必须等待直到第一个线程释放信号量。一个计数信号量，从概念上讲，信号量维护了一个许可集。通过信号量可以控制程序的被访问量。比如某一时刻，最多只能同时允许10个线程访问，如果超过了这个值，那么其他的线程就需要排队等候。

CreateSemaphore ()函数创建信号量，CreateSemaphore ()函数原型如下：

```
HANDLE WINAPI CreateSemaphore(
    LPSECURITY_ATTRIBUTES  lpSemaphoreAttributes,
    LONG lInitialCount,
    LONG lMaximumCount,
    LPCWSTR lpName
);
```

第一个参数 lpSemaphoreAttributes 表示安全属性。如果是 NULL，就表示使用默认属性。第二个参数 lInitialCount，信号量的初始数值，必须大于或等于0，并且小于或等于 lMaximumCount。第三个参数 lMaximumCount 为信号量的最大值，即最大并发数。第四个参数 lpName，信号量的名字，是一个字符串，任何线程（或进程）都可以根据这一名称引用到这个信号量，这个值可以是 NULL，表示产生一个匿名信号量。如果成功就返回一个 handle，否则传回 NULL。

OpenSemaphore ()函数打开信号量，OpenSemaphore ()函数原型如下：

```
HANDLE WINAPI OpenSemaphore(
    DWORD dwDesiredAccess,
    BOOL bInheritHandle,
    LPCSTR lpName
);
```

第一个参数 dwDesiredAccess 表示访问权限，一般传入 SEMAPHORE_ALL_ACCESS。

第二个参数 bInheritHandle，表示信号量句柄继承性，一般传入 True。第三个参数 lpName，需要打开的信号量的名称。如果成功就返回信号量 handle，否则传回 NULL。

ReleaseSemaphore()函数释放信号量，ReleaseSemaphore()函数原型如下：

```
BOOL WINAPI ReleaseSemaphore(
    HANDLE hSemaphore,
    LONG lReleaseCount,
    LPLONG lpPreviousCount
);
```

这个函数功能是实现信号量计数器增加一个值，该值通常是1，但不会超过创建信号量时指定的lMaximumCount。第一个参数hSemaphore,信号量的句柄。第二个参数lReleaseCount表示信号量值增加的个数，必须大于0且不超过最大资源数，一般为1。第三个参数lpPreviousCount，传出先前信号量的计数值，设置为NULL表示不需要传出。返回值：如果成功就返回True，否则传回False。由于信号量是一个内核对象，关闭时直接调用CloseHandle()函数就可以了。

信号量可以通过调用等待WaitForSingleObject()函数来递减，其参数为信号量的句柄和超时，该函数返回时将持有递减后的信号量。

[例8.7] 利用 $\pi = \int_0^1 \frac{4}{1+x^2} \mathrm{d}x$ ，使用信号量法计算 π 的近似值。

程序8.19为使用信号量法计算 π 值的Windows多线程程序。

8.19 使用信号量法计算 π 值的 Windows 多线程程序

```
1   #include"stdio.h"
2   #include "windows.h"
3   const int THREAD_NUM = 10;
4   long int n=10000000;
5   double pi=0.0;
6   HANDLE semaphore;
7   DWORD WINAPI  mythread(LPVOID);
8   int main() {
9       semaphore = CreateSemaphore(NULL, 1, 1, NULL);
10      HANDLE handle[THREAD_NUM];
11      int i = 0;
12      for (i = 0; i < THREAD_NUM; i++) {
13          handle[i] = CreateThread(NULL, 0, mythread, &i, 0, 0);
14          WaitForSingleObject( handle[i] , INFINITE );
15      }
16      CloseHandle(semaphore);
17      for (i = 0; i < THREAD_NUM; i++) {
18          CloseHandle(handle[i]);
19      }
20      printf("Approxmation of pi:%15.13f\n", pi);
```

```
21      return 0;
22  }
23  DWORD WINAPI mythread(LPVOID p) {
24      int ThreadNum = *(int*)p;
25      long int i ;
26      long int my_n = n/ THREAD_NUM ;
27      long int my_first_i = my_n* ThreadNum ;
28      long int my_last_i = my_first_i + my_n;
29      double my_pi = 0.0;
30      double h=1.0/(double)n;
31      double x;
32      for(i = my_first_i; i<my_last_i; i++) {
33          x=(i+0.5)*h;
34          my_pi += 4.0/(1.0+x*x);
35      }
36      WaitForSingleObject(semaphore, INFINITE);
37      pi += my_pi*h;
38      ReleaseSemaphore(semaphore, 1, NULL);
39      return 0;
40  }
```

程序 8.19 输出结果如下：

Approxmation of pi:3.1415926535898

　　并行化计算 π 值的方法是将 for 循环分块后交给各个线程处理，程序 8.19 第 5 行将 pi 设为全局变量。假设线程数 THREAD_NUM，整个任务数为 n，每个线程的任务为 $l=n/$ THREAD_NUM。因此，对于线程 0，循环变量 i 的范围是 0~l−1。线程 1 循环变量的范围是 l~2l−1。更一般化地，对于线程 q，循环变量的范围是 ql~$(q+1)l$−1。第 7 行声明一个全局信号量 semaphore，第 9 行主线程对信号量 semaphore 进行初始化。各线程计算完自己的 my_pi 值后，在第 37 行更新全局变量 pi 前调用 WaitForSingleObject(semaphore, INFI-NITE)以获得信号量。如果获得信号量线程更新 pi 变量，否则线程阻塞并等待。获得信号量线程更新完 pi 变量后，在第 38 行调用 ReleaseSemaphore(semaphore, 1, NULL) 释放信号量。如果有其他线程在信号量上阻塞，系统会从那些阻塞的线程中选取一个线程使其更新 pi 变量。

　　程序 8.20 为使用信号量求质数的 Windows 多线程程序。

程序8.20 使用信号量求质数的Windows多线程程序

```c
1   #include"stdio.h"
2   #include "windows.h"
3   #include"math.h"
4   int counter = 3;
5   HANDLE semaphore;
6   int isprime( int number ) {
7       int i;
8         for ( i=2; i < (int)(sqrt((float)number)+1.0); i++ ) {
9         if ( number % i == 0 ) {
10            return 0;
11        }
12      }
13      return 1;
14  }
15  DWORD WINAPI mythread( void * ) {
16      while ( counter<1000 ) {
17          WaitForSingleObject(semaphore, INFINITE );
18          int number = counter++;
19          ReleaseSemaphore( semaphore, 1, 0 );
20          if(isprime(number)==1) {
21              printf( "ThreadID %d; value = %d, is prime\n",GetCurrentThreadId(), number);
22          }
23      }
24      return 0;
25  }
26  int main() {
27      HANDLE h1, h2;
28      semaphore = CreateSemaphore( 0, 1, 1, 0 );
29      h1 = CreateThread( 0, 0, &mythread, (void*)0, 0, 0);
30      h2 = CreateThread( 0, 0, &mythread, (void*)1, 0, 0);
31      WaitForSingleObject( h1, INFINITE );
32      WaitForSingleObject( h2, INFINITE );
33      CloseHandle( h1 );
34      CloseHandle( h2 );
35      CloseHandle(semaphore );
36      return 0;
37  }
```

程序 8.21 为使用信号量显示共享变量值的 Windows 多线程程序。

程序8.21　使用信号量显示共享变量值的 Windows 多线程程序

```
1    #include<iostream>
2    #include <windows.h>
3    using namespace std;
4    const int THREAD_NUM = 10;
5    int Counter = 0;
6    CRITICAL_SECTION CS;
7    HANDLE semaphore ;
8    DWORD WINAPI  mythread(LPVOID);
9    int main() {
10       InitializeCriticalSection(&CS);
11       semaphore = CreateSemaphore(NULL, 0, 1, NULL);
12       HANDLE handle[THREAD_NUM];
13       DWORD ThreadId[THREAD_NUM];
14       int i = 0;
15       while (i < THREAD_NUM) {
16          handle[i] = CreateThread(NULL, 0, &mythread , &i, 0, &ThreadId[i]);
17          WaitForSingleObject(semaphore , INFINITE);
18          i++;
19       }
20       WaitForMultipleObjects(THREAD_NUM, handle, true, INFINITE);
21       CloseHandle(semaphore );
22       DeleteCriticalSection(&CS);
23       for (i = 0; i < THREAD_NUM; i++) {
24          CloseHandle(handle[i]);
25       }
26       return 0;
27    }
28    DWORD WINAPI mythread (LPVOID p) {
29       int ThreadNum = *(int*)p;
30       EnterCriticalSection(&CS);
31       cout << " Thread_id：" <<ThreadNum << "Counter：" << ++Counter << endl;
32       LeaveCriticalSection(&CS);
33       ReleaseSemaphore(semaphore , 1, NULL);
34       return 0;
35    }
```

程序8.21输出如下：

```
Thread_id:0  Counter:1
Thread_id:1  Counter:2
Thread_id:2  Counter:3
Thread_id:3  Counter:4
Thread_id:4  Counter:5
Thread_id:5  Counter:6
Thread_id:6  Counter:7
Thread_id:7  Counter:8
Thread_id:8  Counter:9
Thread_id:9  Counter:10
```

[例8.8] 假设系统中有一个输入线程，两个输出线程。输入线程随机产生整数，并放入只能容纳一个数的缓冲区。如果缓冲区放入是一个奇数，由输出奇数的输出线程输出，否则由输出偶数的输出线程输出。编写一个Windows多线程程序使用信号量实现输出奇数和偶数功能。

程序8.22为使用信号量输出奇数和偶数的Windows程序。

程序8.22　使用信号量输出奇数和偶数的Windows多线程程序

```
1   #include"stdio.h"
2   #include"stdlib.h"
3   #include"time.h"
4   #include"windows.h"
5   int buffer;
6   HANDLE empty,odd_full,even_full;
7   DWORD WINAPI Producer(LPVOID p) {
8       int k;
9       for(int i = 0; i < 10; i++) {
10          WaitForSingleObject(empty , INFINITE);
11          k = rand()%100;
12          buffer = k;
13          printf("Producer puts %d\n", k);
14          if(k %2 == 0)
15              ReleaseSemaphore(even_full, 1, NULL);
16          else
17              ReleaseSemaphore(odd_full, 1, NULL);
18      }
19      return 0;
20  }
21  DWORD WINAPI Consumer_odd(LPVOID p) {
```

```
22      int k;
23      while(1) {
24          WaitForSingleObject(odd_full, INFINITE);
25          k=buffer;
26          printf("Consumer_odd gets %d\n",k);
27          ReleaseSemaphore(empty, 1, NULL);
28      }
29      return 0;
30  }
31  DWORD WINAPI Consumer_even(LPVOID p) {
32      int k;
33      while(1) {
34          WaitForSingleObject(even_full, INFINITE);
35          k=buffer;
36          printf("Consumer_even gets %d\n",k);
37          ReleaseSemaphore(empty, 1, NULL);
38      }
39      return 0;
40  }
41  int main() {
42      srand((unsigned)time(NULL));
43      empty = CreateSemaphore( 0, 1, 1, 0 );
44      odd_full= CreateSemaphore( 0, 0, 1, 0 );
45      even_full= CreateSemaphore( 0, 0, 1, 0 );
46      HANDLE h1, h2, h3;
47      h1 = CreateThread(NULL, 0, &Producer, NULL, 0, NULL);
48      h2 = CreateThread(NULL, 0, &Consumer_odd, NULL, 0, NULL);
49      h3 = CreateThread(NULL, 0, &Consumer_even, NULL, 0, NULL);
50      WaitForSingleObject(h1, INFINITE);
51      WaitForSingleObject(h2, INFINITE);
52      WaitForSingleObject(h3, INFINITE);
53      CloseHandle(h1);
54      CloseHandle(h2);
55      CloseHandle(h3);
56      CloseHandle(empty);
57      CloseHandle(odd_full);
58      CloseHandle(even_full);
59      return 0;
60  }
```

[例8.9] 编写一个Windows多线程程序，开启3个线程，第一个线程输出1，第二个线程输出2，第三个线程输出3，要求这3个线程按顺序输出，每个线程输出10次。

程序8.23 　使用信号量使3线程顺序输出的Windows多线程程序

```
1   #include<stdio.h>
2   #include<windows.h>
3   HANDLE semaphore1 , semaphore2, semaphore3;
4   DWORD WINAPI mythread1(LPVOID p) {
5     for(int i = 0; i < 10; i++) {
6       WaitForSingleObject(semaphore1, INFINITE);
7       printf("1");
8       ReleaseSemaphore(semaphore2, 1, NULL);
9     }
10    return 1;
11  }
12  DWORD WINAPI mythread2(LPVOID p) {
13    for(int i = 0; i < 10; i++) {
14      WaitForSingleObject(semaphore2, INFINITE);
15      printf("2");
16      ReleaseSemaphore(semaphore3, 1, NULL);
17    }
18    return 2;
19  }
20  DWORD WINAPI mythread3(LPVOID p) {
21    for(int i = 0; i < 10; i++) {
22      WaitForSingleObject(semaphore3, INFINITE);
23      printf("3\n");
24      ReleaseSemaphore(semaphore1, 1, NULL);
25    }
26    return 3;
27  }
28  int main() {
29    HANDLE thread1,thread2,thread3;
30    semaphore1 = CreateSemaphore(NULL, 1, 1, NULL);
31    semaphore2 = CreateSemaphore(NULL, 0, 1, NULL);
32    semaphore3 = CreateSemaphore(NULL, 0, 1, NULL);
33    thread1 = CreateThread(NULL, 0, &mythread1, NULL, 0, NULL);
34    thread2 = CreateThread(NULL, 0, &mythread2, NULL, 0, NULL);
35    thread3 = CreateThread(NULL, 0, &mythread3, NULL, 0, NULL);
```

```
36      WaitForSingleObject(thread1, INFINITE);
37      WaitForSingleObject(thread2, INFINITE);
38      WaitForSingleObject(thread3, INFINITE);
39      CloseHandle(thread1);
40      CloseHandle(thread2);
41      CloseHandle(thread3);
42      CloseHandle(semaphore1);
43      CloseHandle(semaphore2);
44      CloseHandle(semaphore3);
45      return 0;
46    }
```

生产者–消费者问题（Producer-consumer problem）是一个多线程同步问题的经典案例。该问题描述了两个共享固定大小缓冲区的线程。在实际运行时会发生的问题。生产者的主要作用是生成一定量的数据放到缓冲区中，然后重复此过程。与此同时，消费者也在缓冲区消耗这些数据。该问题的关键就是要保证生产者不会在缓冲区满时放入数据，消费者也不会在缓冲区中空时取数据。假设系统有若干生产者和消费者，共享有 N 个数据单元的缓冲区。生产者每次产生一个数据，放入一个空缓冲区中。若无空缓冲区，则生产者阻塞。消费者每次从有数据的缓冲区取一个数据消费。若所有缓冲区皆为空，消费者则阻塞。

［例8.10］编写使用信号量和互斥量解决多个生产者和多个消费者共享一个缓冲区的同步互斥问题的 Windows 多线程程序。

程序 8.24 使用信号量和互斥量解决现生产者–消费者问题。使用 2 个信号量，这两个信号量 is_empty 和 is_full 分别用于解决生产者和消费者线程之间的同步问题，互斥量 mutex1 用于多个生产者之间互斥问题，互斥量 mutex2 是用于多个消费者之间互斥问题。信号量 is_empty 初始化为缓冲区空间个数 Max_size，信号量 is_full 初始化为 0，mutex1 和 mutex2 初始化为 1。

程序8.24　使用信号量和互斥量解决生产者消费者问题的 Windows 多线程程序

```
1    #include"stdio.h"
2    #include"stdlib.h"
3    #include"time.h"
4    #include"windows.h"
5    #define Max_size 10
6    #define NUM_PRODUCER 3
7    #define NUM_CONSUMER 3
8    long int buffer[Max_size];
9    int k=0;
```

```
10   int t=0;
11   HANDLE mutex1, mutex2;
12   HANDLE is_empty, is_full;
13   DWORD WINAPI Producer(LPVOID);
14   DWORD WINAPI Consumer(LPVOID);
15   int main() {
16       int i;
17       HANDLE h1[NUM_PRODUCER], h2[NUM_CONSUMER];
18       srand((unsigned)time(NULL));
19       is_empty = CreateSemaphore( 0, Max_size, Max_size, 0 );
20       is_full= CreateSemaphore( 0, 0, Max_size, 0 );
21       mutex1 = CreateMutex(NULL, FALSE, 0 );
22       mutex2 = CreateMutex(NULL, FALSE, 0 );
23       for(i=0; i<NUM_PRODUCER;i++) {
24           h1[i] = CreateThread(NULL, 0, &Producer, &i, 0, NULL);
25       }
26       for(i=0; i<NUM_CONSUMER;i++) {
27           h2[i] = CreateThread(NULL, 0, &Consumer, &i, 0, NULL);
28       }
29       WaitForMultipleObjects(NUM_PRODUCER, h1, true, INFINITE );
30       WaitForMultipleObjects(NUM_CONSUMER, h2, true, INFINITE );
31       for(i=0; i<NUM_PRODUCER;i++) {
32           CloseHandle(h1[i]);
33       }
34       for(i=0; i<NUM_CONSUMER;i++) {
35           CloseHandle(h2[i]);
36       }
37       CloseHandle(is_empty);
38       CloseHandle(is_full);
39       CloseHandle(mutex1);
40       CloseHandle(mutex2);
41       return 0;
42   }
43   DWORD WINAPI Producer(LPVOID p) {
44       int ThreadNum = *(int*)p;
45       int item;
46       for(int i=0; i<3; i++) {
47           item = rand()%100;
48           WaitForSingleObject(is_empty, INFINITE);
```

```
49          WaitForSingleObject(mutex1, INFINITE);
50          printf("Producer %d puts %d\n",ThreadNum,item);
51          buffer[k]= item;
52          k=(k+1)%Max_size;
53          ReleaseSemaphore( is_full, 1, 0 );
54          ReleaseMutex(mutex1);
55      }
56      return NULL;
57  }
58  DWORD WINAPI Consumer(LPVOID p) {
59      int ThreadNum = *(int*)p;
60      int item;
61      for(int i=0; i<3; i++) {
62          WaitForSingleObject(is_full, INFINITE);
63          WaitForSingleObject(mutex2, INFINITE);
64          item=buffer[t];
65          printf("Consumer %d gets %d\n",ThreadNum,item);
66          t=(t+1)%Max_size;
67          ReleaseSemaphore( is_empty, 1, 0 );
68          ReleaseMutex(mutex2);
69      }
70      return NULL;
71  }
```

[**例8.11**] 编写使用信号量和临界区解决多个生产者和多个消费者共享一个缓冲区的同步互斥问题的Windows多线程程序。

程序8.25使用信号量和临界区解决现生产者-消费者问题。使用2个信号量,这两个信号量 is_empty 和 is_full 分别用于解决生产者和消费者线程之间的同步问题。使用临界区用于多个生产者,以及多个消费者之间互斥问题。信号量 is_empty 初始化为缓冲区空间个数 Max_size,信号量 is_full 初始化为0。

程序8.25　使用信号量和临界区解决生产者消费者问题的 Windows 多线程程序

```
1   #include"stdio.h"
2   #include"stdlib.h"
3   #include"time.h"
4   #include"windows.h"
5   #define Max_size 10
6   #define NUM_PRODUCER 3
```

```
7    #define NUM_CONSUMER 3
8    long int buffer[Max_size];
9    int k=0;
10   int t=0;
11   CRITICAL_SECTION critical;
12   HANDLE is_empty, is_full;
13   DWORD WINAPI Producer(LPVOID);
14   DWORD WINAPI Consumer(LPVOID);
15   int main() {
16     int i;
17     HANDLE h1[NUM_PRODUCER], h2[NUM_CONSUMER];
18     DWORD ThreadId1[NUM_PRODUCER],ThreadId2[NUM_CONSUMER];
19     InitializeCriticalSection( &critical);
20     srand((unsigned)time(NULL));
21     is_empty = CreateSemaphore( 0, Max_size, Max_size, 0 );
22     is_full= CreateSemaphore( 0, 0, Max_size, 0 );
23     for(i=0; i<NUM_PRODUCER;i++) {
24       h1[i] = CreateThread(NULL, 0, &Producer, &i, 0, &ThreadId1[i]);
25     }
26     for(i=0; i<NUM_CONSUMER;i++) {
27       h2[i] = CreateThread(NULL, 0, &Consumer, &i, 0, &ThreadId2[i]);
28     }
29     WaitForMultipleObjects(NUM_PRODUCER, h1, true, INFINITE );
30     WaitForMultipleObjects(NUM_CONSUMER, h2, true, INFINITE );
31     for(i=0; i<NUM_PRODUCER;i++) {
32       CloseHandle(h1[i]);
33     }
34     for(i=0; i<NUM_CONSUMER;i++) {
35       CloseHandle(h2[i]);
36     }
37     CloseHandle(is_empty);
38     CloseHandle(is_full);
39     DeleteCriticalSection( &critical);
40     return 0;
41   }
42   DWORD WINAPI Producer(LPVOID p) {
43     int ThreadNum = *(int*)p;
44     int item;
45     for(int i=0; i<3; i++) {
```

```
46          item = rand()%100;
47          WaitForSingleObject(is_empty, INFINITE);
48          EnterCriticalSection( &critical );
49          printf("Producer %d puts %d\n",ThreadNum,item);
50          buffer[k]= item;
51          k=(k+1)%Max_size;
52          ReleaseSemaphore( is_full, 1, 0 );
53          LeaveCriticalSection( &critical );
54      }
55      return NULL;
56  }
57  DWORD WINAPI Consumer(LPVOID p) {
58      int ThreadNum = *(int*)p;
59      int item;
60      for(int i=0; i<3; i++) {
61          WaitForSingleObject(is_full, INFINITE);
62          EnterCriticalSection( &critical );
63          item=buffer[t];
64          printf("Consumer %d gets %d\n",ThreadNum,item);
65          t=(t+1)%Max_size;
66          ReleaseSemaphore( is_empty, 1, 0 );
67          LeaveCriticalSection( &critical );
68      }
69      return NULL;
70  }
```

8.2.5　条件变量

条件变量需要与临界区和轻量级读写锁共同使用，使线程休眠，直到某个条件变为真。条件变量是用户结构，所以不能在进程之间共享。条件变量类型为 CONDITION_VARIABLE，调用 InitializeConditionVariable() 函数初始化条件变量。InitializeConditionVariable() 函数原型如下：

```
void InitializeConditionVariable(
    PCONDITION_VARIABLE ConditionVariable
);
```

线程通过获取一个轻量级读写锁然后调用 SleepConditionVariableSRW() 函数，或者通过进入临界区并调用 SleepConditionVariableCS() 函数使用条件变量。把线程从休眠调用中唤醒时，线程将再次获得临界区使用权或读写锁（取决于使用条件变量的方式）。线程要做的第一件事是测试，以确定它等待的条件是否是真的，因为线程可能在条件不满足时被唤醒。如果条件如果未满足，线程应返回休眠状态，以等待条件变量为真时被唤醒。

SleepConditionVariableSRW() 函数原型如下：

```
BOOL SleepConditionVariableSRW(
    PCONDITION_VARIABLE ConditionVariable,
    PSRWLOCK SRWLock,
    DWORD dwMilliseconds,
    ULONG Flags
);
```

SleepConditionVariableCS() 函数原型如下：

```
BOOL SleepConditionVariableCS(
    PCONDITION_VARIABLE ConditionVariable,
    PCRITICAL_SECTION CriticalSection,
    DWORD dwMilliseconds
);
```

有两个调用来唤醒因等待条件变量为真而休眠的线程。WakeConditionVariable() 函数唤醒等待条件变量的线程之一。WakeAllConditionVariable() 函数唤醒在条件变量上休眠的所有线程。

WakeConditionVariable() 函数原型如下：

```
void WakeConditionVariable(
    PCONDITION_VARIABLE ConditionVariable
);
```

WakeAllConditionVariable() 函数原型如下：

```
void WakeAllConditionVariable(
    PCONDITION_VARIABLE ConditionVariable
);
```

程序 8.26 为使用条件变量的 Windows 多线程程序。

程序8.26　使用条件变量的Windows多线程程序

```
1  #include <windows.h>
2  CONDITION_VARIABLE CV;
```

```
3    CRITICAL_SECTION CS;
4    void addItem( int value ) {
5        LONG oldQueueLength;
6        EnterCriticalSection( &CS );
7        oldQueueLength = queueLength;
8        addItemToQueue( value );
9        LeaveCriticalSection( &CS );
10       if ( oldQueueLength==0 ) {
11           WakeConditionVariable( &CV );
12       }
13   }
14   int removeItem() {
15       int item;
16       EnterCriticalSection( &CS );
17       while ( QueueLength==0 ) {
18           SleepConditionVariableCS( &CV, &CS, INFINITE );
19       }
20       item = removeItemFromQueue();
21       LeaveCriticalSection( &CS );
22       return item;
23   }
24   void main() {
25       InitializeCriticalSection( &CS );
26       InitializeConditionVariable( &CV );
27       ...
28       DeleteCriticalSection( &CS );
29   }
```

　　使用者线程进入临界区以从队列中删除项目。如果队列中没有项目，它在条件变量上休眠。当它醒来时，要么是虚假的唤醒，要么是队列中有一个项目。如果唤醒是假的，线程将返回睡眠状态。否则它将从队列中删除一个项目，退出临界区，并将该项从队列返回到调用函数。

　　[**例8.12**] 假设系统有一个输入线程，两个输出线程。输入进程随机产生整数，并放入只能容纳一个数的缓冲区。如果缓冲区放入是一个奇数，由输出奇数的输出线程输出，否则由输出偶数的输出线程输出。编写一个Windows多线程程序使用条件变量实现输出奇数和偶数功能。

　　程序8.27为使用条件变量输出奇数和偶数的Windows多线程程序。

程序8.27　使用条件变量输出奇数和偶数的Windows多线程程序

```
1    #include"stdio.h"
2    #include"windows.h"
3    #include"process.h"
4    #include"stdlib.h"
5    #include"time.h"
6    int num_odd=0;
7    int num_even=0;
8    int buffer;
9    CONDITION_VARIABLE CV_empty;
10   CONDITION_VARIABLE CV_odd;
11   CONDITION_VARIABLE CV_even;
12   CRITICAL_SECTION CS;
13   DWORD WINAPI Producer(LPVOID p);
14   DWORD WINAPI Consumer_odd(LPVOID p);
15   DWORD WINAPI Consumer_even(LPVOID p);
16   int main() {
17       HANDLE h1, h2, h3;
18       InitializeCriticalSection(&CS);
19       InitializeConditionVariable( &CV_empty);
20       InitializeConditionVariable( &CV_odd);
21       InitializeConditionVariable( &CV_even);
22       srand(time(NULL));
23       h1 = CreateThread( 0, 0, &Producer, (void*)0, 0, 0);
24       h2 = CreateThread( 0, 0, &Consumer_odd, (void*)0, 0, 0);
25       h3 = CreateThread( 0, 0, &Consumer_even, (void*)0, 0, 0);
26       WaitForSingleObject( h1, INFINITE );
27       WaitForSingleObject( h2, INFINITE );
28       WaitForSingleObject( h3, INFINITE );
29       CloseHandle( h1 );
30       CloseHandle( h2 );
31       CloseHandle( h3 );
32       DeleteCriticalSection( &critical );
33       return 0;
34   }
35   DWORD WINAPI Producer(LPVOID p) {
36       int k;
37       for(int i=0; i<10; i++) {
38           EnterCriticalSection( &CS );
```

```
39        if((num_odd+num_even)!=0) {
40            SleepConditionVariableCS( &CV_empty, &CS, INFINITE );
41        }
42        k = rand()%100;
43        printf("Producer puts %d\n", k);
44        buffer = k;
45        if(k %2 != 0) {
46            num_odd++;
47            WakeConditionVariable( &CV_odd);
48        }
49        else {
50            num_even++;
51            WakeConditionVariable( &CV_even);
52        }
53        LeaveCriticalSection( &CS );
54    }
55    printf("Producer has finished.\n");return NULL;
56 }
57 DWORD WINAPI Consumer_odd(LPVOID p) {
58    int k;
59    while(1) {
60        EnterCriticalSection( &CS );
61        if(num_odd==0) {
62            SleepConditionVariableCS( &CV_odd, &CS, INFINITE );
63        }
64        num_odd--;
65        k=buffer;
66        printf("Consumer_odd gets %d\n", k);
67        WakeConditionVariable( &CV_empty);
68        LeaveCriticalSection( &CS );
69    }
70    return NULL;
71 }
72 DWORD WINAPI Consumer_even(LPVOID p) {
73    int k;
74    while(1) {
75    EnterCriticalSection( &CS );
76    if(num_even==0) {
77        SleepConditionVariableCS( &CV_even, &CS, INFINITE );
```

```
78      }
79      num_even--;
80      k=buffer;
81      printf("Consumer_odd gets %d\n",k);
82      WakeConditionVariable( &CV_empty);
83       LeaveCriticalSection( &CS );
84      }
85      return NULL;
86  }
```

8.2.6 事　件

事件用于一个或多个线程发出信号，表示某个事件已发生。可以使用信号量、互斥锁体或条件变量来执行相同的任务。等待事件发生的线程将等待该事件对象。完成任务线程将设置事件为信号已发送状态，然后等待线程将被释放。事件可以是两种类型，手动重置事件类型，在其他线程再次等待之前要重置的事件，或者自动重置类型，它将在允许单个线程通过后重置自身。事件是内核对象，因此对创建事件 createEvent() 函数的调用将返回一个句柄。createEvent() 函数的原型如下：

```
HANDLE WINAPI CreateEventW(
    LPSECURITY_ATTRIBUTES lpEventAttributes,
    BOOL bManualReset,
    BOOL bInitialState,
    LPCWSTR lpName
);
```

第一个参数是确定子进程是否继承句柄。第二个参数是布尔值，如果为真，则表示事件需要手动重置，如果为假，指示在释放单个线程后事件将自动重置。第三个参数指示是否应在信号状态下创建事件。第四个参数是事件的可选名称。

OpenEventW() 函数打开事件，OpenEventW() 函数原型如下：

```
HANDLE WINAPI OpenEventW(
    DWORD dwDesiredAccess,
    BOOL bInheritHandle,
    LPCWSTR lpName
);
```

第一个参数表示访问权限，对事件一般传入 EVENT_ALL_ACCESS。第二个参数表示事件句柄继承性，一般传入 TRUE 即可。第三个参数表示名称，不同进程中的各线程可以通过名称来确保它们访问同一个事件。

SetEvent() 函数触发事件，SetEvent() 函数原型如下：

```
BOOL WINAPI SetEvent(
    HANDLE hEvent
);
```

参数 hEvent 为要触发的事件的句柄（内核对象）。调用 setEvent() 将事件置于信号状态。这允许线程使用 WaitForSingleObject() 函数等待要释放的事件。每次触发后，必有一个或多个处于等待状态下的线程变成可调度状态。

调用 ResetEvent() 函数使事件变成未触发状态。ResetEvent() 函数原型如下：

```
BOOL WINAPI ResetEvent(
    HANDLE hEvent
);
```

因为事件是内核对象，所以应该通过调用 CloseHandle() 函数释放它。

程序 8.28 显示了使用一个事件对象对两个线程排序。通过调用 CreateEvent() 创建事件对象。此对象需要手动重置，并创建未发信号状态。然后创建两个线程。第一个线程执行例程 thread1 并等待事件。第二个线程执行例程 thread2，它打印一条消息，然后向事件对象发送信号。信号允许第一个线程继续执行，并打印第二条消息。

程序 8.28 使用一个事件对象对两个线程排序 Windows 多线程程序。

程序 8.28　使用一个事件对象对两个线程排序 Windows 多线程程序

```
1   #include <windows.h>
2   #include <stdio.h>
3   HANDLE hevent;
4   DWORD WINAPI thread1(LPVOID param) {
5       WaitForSingleObject(hevent,INFINITE);
6       printf("Thread 1 done\n");
7       return 0;
8   }
9   DWORD WINAPI thread2(LPVOID param) {
10      printf("Thread 2 done\n");
11      SetEvent(hevent);
12      return 0;
13  }
14  int main() {
15      HANDLE hthread1, hthread2;
16      hevent=CreateEvent(0,0,0,0);
```

```
17    hthread1=CreateThread(0,0,&thread1,0,0,0);
18    hthread2=CreateThread(0,0,&thread2,0,0,0);
19    WaitForSingleObject(hthread1,INFINITE);
20    WaitForSingleObject(hthread2,INFINITE);
21    CloseHandle(hthread2);
22    CloseHandle(hthread1);
23    CloseHandle(hevent);
24    return 0;
25  }
```

程序 8.28 输出结果如下：

```
Thread 2 done
Thread 1 done
```

[**例 8.13**] 编写一个 Windows 多线程程序，开启 3 个线程，第一个线程输出 1，第二个线程输出 2，第三个线程输出 3，要求这 3 个线程按顺序输出，每个线程输出 10 次，其结果为 123123…。

程序 8.29　使用事件 3 线程按顺序输出 Windows 多线程程序

```
1   #include<stdio.h>
2   #include<windows.h>
3   HANDLE  hev1, hev2, hev3;
4   DWORD WINAPI threadFunA(LPVOID p) {
5       printf("1");
6       SetEvent(hev2);
7       for(int i = 0; i < 9; i++) {
8           WaitForSingleObject(hev1, INFINITE);
9           printf("1");
10          SetEvent(hev2);
11      }
12      return 0;
13  }
14  DWORD WINAPI threadFunB(LPVOID p) {
15      for(int i = 0; i < 10; i++) {
16          WaitForSingleObject(hev2, INFINITE);
17          printf("2");
18          SetEvent(hev3);
19      }
```

```
20      return 0;
21  }
22  DWORD WINAPI threadFunC(LPVOID p) {
23      for(int i = 0; i < 10; i++) {
24          WaitForSingleObject(hev3, INFINITE);
25          printf("3");
26          SetEvent(hev1);
27      }
28      return 0;
29  }
30  int main() {
31      hev1 = CreateEvent(NULL, FALSE, FALSE, NULL);
32      hev2 = CreateEvent(NULL, FALSE, FALSE, NULL);
33      hev3 = CreateEvent(NULL, FALSE, FALSE, NULL);
34      HANDLE hth1, hth2, hth3;
35      hth1 = CreateThread(NULL, 0, threadFunA, NULL, 0, NULL);
36      hth2 = CreateThread(NULL, 0, threadFunB, NULL, 0, NULL);
37      hth3 = CreateThread(NULL, 0, threadFunC, NULL, 0, NULL);
38      WaitForSingleObject(hth1, INFINITE);
39      WaitForSingleObject(hth2, INFINITE);
40      WaitForSingleObject(hth3, INFINITE);
41      CloseHandle(hth1);
42      CloseHandle(hth2);
43      CloseHandle(hth3);
44      CloseHandle(hev1);
45      CloseHandle(hev2);
46      CloseHandle(hev3);
47  }
```

[例 8.14] 假设系统有一个输入线程，两个输出线程。输入线程随机产生整数，并放入只能容纳一个数的缓冲区。如果缓冲区放入是一个奇数，由输出奇数的输出线程输出，否则由输出偶数的输出线程输出。编写一个使用事件实现输出奇数和偶数功能 Windows 多线程程序。

程序 8.30 为使用事件输出奇数和偶数的 Windows 多线程程序。

程序 8.30　使用事件输出奇数和偶数的 Windows 多线程程序

```
1   #include"stdio.h"
2   #include"stdlib.h"
```

```
3   #include"time.h"
4   #include"windows.h"
5   int buffer;
6   CRITICAL_SECTION cs;
7   HANDLE  hev1, hev2, hev3;
9   DWORD WINAPI threadFunA(LPVOID p) {
10      int k;
11      k = rand()%100;
12      EnterCriticalSection(&cs);
13      buffer = k;
14      printf("Producer puts %d\n", k);
15      LeaveCriticalSection(&cs);
16      if(k %2 == 0)
17         SetEvent(hev2);
18      else
19         SetEvent(hev3);
20      for(int i = 0; i < 9; i++) {
21         WaitForSingleObject(hev1, INFINITE);
22         k = rand()%100;
23         EnterCriticalSection(&cs);
24         buffer = k;
25         printf("Producer puts %d\n", k);
26         LeaveCriticalSection(&cs);
27         if(k %2 == 0)
28            SetEvent(hev2);
29         else
30            SetEvent(hev3);
31      }
32      return 0;
33   }
34   DWORD WINAPI threadFunB(LPVOID p) {
35      int k;
36      while(1) {
37         WaitForSingleObject(hev2, INFINITE);
38         EnterCriticalSection(&cs);
39         k=buffer;
40         printf("Consumer_even gets %d\n",k);
41         LeaveCriticalSection(&cs);
42         SetEvent(hev1);
```

```
43        }
44        return 0;
45    }
46    DWORD WINAPI threadFunC(LPVOID p) {
47        int k;
48        while(1) {
49            WaitForSingleObject(hev3, INFINITE);
50            EnterCriticalSection(&cs);
51            k=buffer;
52            printf("Consumer_odd gets %d\n",k);
53            LeaveCriticalSection(&cs);
54            SetEvent(hev1);
55        }
56        return 0;
57    }
58    int main() {
59        srand((unsigned)time(NULL));
60        InitializeCriticalSection(&cs);
61        hev1 = CreateEvent(NULL, FALSE, FALSE, NULL);
62        hev2 = CreateEvent(NULL, FALSE, FALSE, NULL);
63        hev3 = CreateEvent(NULL, FALSE, FALSE, NULL);
64        HANDLE hth1, hth2, hth3;
65        hth1 = CreateThread(NULL, 0, threadFunA, NULL, 0, NULL);
66        hth2 = CreateThread(NULL, 0, threadFunB, NULL, 0, NULL);
67        hth3 = CreateThread(NULL, 0, threadFunC, NULL, 0, NULL);
68        WaitForSingleObject(hth1, INFINITE);
69        WaitForSingleObject(hth2, INFINITE);
70        WaitForSingleObject(hth3, INFINITE);
71        DeleteCriticalSection(&cs);
72        CloseHandle(hth1);
73        CloseHandle(hth2);
74        CloseHandle(hth3);
75        CloseHandle(hev1);
76        CloseHandle(hev2);
77        CloseHandle(hev3)
78        return0；
79    }
```

8.3 管道机制

管道是一种流式通信一种方式，一个线程写入管道的数据可由另一个线程从管道中读取。管道有两种类型：命名管道和匿名管道。命名管道可通过名称来唯一标识连接。匿名管道没有显式名称，因此想要匿名管道通信需要获得管道的句柄。在 Windows 系统中，匿名管道使用唯一名称实现，但这个名称不是创建管道时由应用程序指定的。要创建匿名管道，应用程序应调用 CreatePipe() 函数。CreatePipe() 函数原型如下：

```
BOOL WINAPI CreatePipe(
    PHANDLE hReadPipe,
    PHANDLE hWritePipe,
    LPSECURITY_ATTRIBUTES lpPipeAttributes,
    DWORD nSize
);
```

第一个和第二个参数是指针，分别指向保存读取和写入管道句柄的变量。第三个参数是管道安全属性，如果为空，则为默认属性，即不允许子进程继承管道的句柄。如果传入 NULL，则返回的句柄是不可继承的。第四个参数规定了用于管道的缓冲区的合理大小，值为零表示使用默认值。

创建管道后，就可以使用 WriteFile() 调用通过管道发送数据，使用 ReadFile() 调用从管道中读取数据。两个调用使用的参数是相似的。WriteFile() 函数原型如下：

```
BOOL WriteFile(
    HANDLE  hFile,
    LPCVOID lpBuffer,
    DWORD   nNumberOfBytesToWrite,
    LPDWORD lpNumberOfBytesWritten,
    LPOVERLAPPED lpOverlapped
);
```

第一个参数 hFile 为管道句柄，第二个参数 lpBuffer,为缓冲区地址，第三个参数 nNumberOfBytesToWrite 为写的字节数，第四个参数 lpNumberOfBytesToWrite 为指向实际写入字节数的的指针，第五个参数 lpOverlapped 为向 OVERLAPPED 结构的指针，用此结构函数调用立即返回，并允许读处理在稍后完成。

ReadFile()函数原型如下：

```
BOOL ReadFile(
    HANDLE hFile,
    LPVOID lpBuffer,
    LPDWORD lpNumberOfBytesRead,
    LPOVERLAPPED lpOverlapped
);
```

第一个参数 hFile 为管道句柄，第二个参数 lpBuffer 为读入数据的缓冲区地址，第三个参数 nNumberOfBytesToWrite 为读入的字节数，第四个参数 nNumberOfBytesToWrite 为指向实际读取字节数的指针，第五个参数 lpOverlapped 为向 OVERLAPPED 结构的指针，用此结构函数调用立即返回，并允许写处理在稍后完成。

应用程序使用管道后，必须通过调用 closeHandle() 关闭管道。

程序8.31 为两个线程使用匿名管道进行通信。通过调用 CreatePipe() 创建管道，该调用返回管道的读句柄和写句柄。第一个线程进行初始处理，使用对 WriteFile() 调用将文本信息放入管道中。第二个线程接收并输出该文本信息。

程序8.31　使用管道机制两个线程交换信息的 Windows 多线程程序

```
1   #include<stdio.h>
2   #include <windows.h>
3   HANDLE readpipe,writepipe;
4   DWORD WINAPI stage1( void * param ) {
5       char buffer[200];
6       DWORD length;
7       for ( int i=0; i<10; i++ ) {
8           sprintf( buffer, "Text %d", i );
9           WriteFile( writepipe, buffer, strlen(buffer)+1, &length, 0 );
10      }
11      CloseHandle( writepipe );
12      return 0;
13  }
14  DWORD WINAPI stage2( void * param ) {
15      char buffer[200];
16      DWORD length;
17      while ( ReadFile( readpipe, buffer, 200, &length, 0 ) ) {
18          DWORD offset=0;
19          while ( offset<length ) {
20              printf( "%s\n", &buffer[offset] );
21              offset += strlen( &buffer[offset] )+1;
22          }
```

```
23        }
24        CloseHandle( readpipe );
25        return 0;
26    }
27    int main() {
28        HANDLE thread1,thread2;
29        CreatePipe( &readpipe, &writepipe, 0, 0 );
30        thread1 = CreateThread( 0, 0, &stage1, 0, 0, 0 );
31        thread2 = CreateThread( 0, 0, &stage2, 0, 0, 0 );
32        WaitForSingleObject( thread1, INFINITE );
33        WaitForSingleObject( thread2, INFINITE );
34        return 0;
35    }
```

程序8.31输出结果如下：

```
Text 0
Text 1
Text 2
Text 3
Text 4
Text 5
Text 6
Text 7
Text 8
Text 9
```

8.4 变量的原子更新

Windows API提供了大量的原子操作，也称为互锁函数。InterlockedExchangeAdd()函数自动向一个 LONG 类型变量添加值。在 Windows 中，LONG 类型变量的大小为32位，LONGLONG 类型变量的大小为64位，大小不随应用程序是32位还是64位而改变。可用的原子操作包括与、或、异或、加、递增和递减。有一些函数可以修改变量并返回旧值。例如函数 InterLockedCompareExchange()执行比较和交换操作，在变量的值与预期值匹配时，变量的值与新值交换。InterlockedBitTestandset()返回变量中指定位，并将该位设置为1。同样地，InterlockedBitTestandReset()提供相同的返回值，但将指定位设置为0。

程序 8.32 创建了两个线程，并使用 InterLockeDincrement()函数来递增两个线程之间共享的变量counter。这种方法的延迟比使用互斥量或其他同步机制低。

程序 8.32　　使用原子操作求质数的 Windows 多线程程序

```
1    #include <math.h>
2    #include <stdio.h>
3    #include <windows.h>
4    int isprime( int number ) {
5        int i;
6        for (i = 2; i < (int)( sqrt( (float)number )+1.0 ); i++ ) {
7            if ( number%i == 0) {
8                return 0;
9            }
10       }
11       return 1;
12   }
13   long counter = 2;
14   DWORD WINAPI test(LPVOID lpParamter) {
15       while ( counter<1000) {
16           int number = InterlockedIncrement( &counter );
17           if(isprime(number)==1)
18               printf( "ThreadID %d; value = %d, is prime\n",GetCurrentThreadId(), number);
19       }
20       return 0;
21   }
22   int main() {
23       HANDLE h1, h2;
24       h1 = CreateThread( 0, 0, &test, (void*)0, 0, 0);
25       h2 = CreateThread( 0, 0, &test, (void*)0, 0, 0);
26       WaitForSingleObject( h1, INFINITE );
27       WaitForSingleObject( h2, INFINITE );
28       CloseHandle( h1 );
29       CloseHandle( h2 );
30       return 0;
31   }
```

8.5　线程优先级

　　Windows 使用优先级系统来确定哪个线程获得下一片 CPU 资源。线程的优先级越高，获得的 CPU 时间就越多，反之亦然。低优先级的线程获得的 CPU 资源比其他高优先级的线程少。在某些情况下，调整应用程序中的线程优先级非常有用。例如当应用程序执行长期运行的后台任务时，后台任务最好以低优先级运行，以保持计算机的高响应性。高优先级的后台任务可能会消耗所有CPU资源，在很长一段时间内无法执行其他时短的计算密集型任务。

设置线程优先级的函数是SetThreadPriority()，SetThreadPriority()函数的原型如下：

```
BOOL SetThreadPriority(
    HANDLE hThread,
    int nPriority
);
```

参数hThread是线程的句柄，参数nPriority为所需的优先级。对应的获取线程的函数为GetThreadPriority()，GetThreadPriority()函数原型如下：

```
int GetThreadPriority(
    HANDLE hThread
);
```

参数hThread为线程的句柄，并返回线程的优先级。

程序8.33显示了对两个线程的优先级进行控制，以确保其中一个线程比另一个线程获得更多的CPU资源。所有线程创建时优先级为THREAD_PRIORITY_NORMAL。首先创建慢线程，将线程的优先级设置为低于正常级别。然后创建快速线程，并设置其优先级高于正常级别。首先创建慢线程，以便有机会先完成。在一个只有一个内核的系统上，慢速线程将获得的CPU资源比快速线程少，因此较晚完成。在空闲的多核系统上，将同时调度两个线程，因此它们将同时完成。

程序8.33　设置线程优先级的Windows多线程程序

```
1    #include<stdio.h>
2    #include <windows.h>
3    #include <process.h>
4    DWORD WINAPI thread1(LPVOID param) {
5        double d=0.0;
6        printf( "Fast thread started\n" );
7        SetThreadPriority( GetCurrentThread(), THREAD_PRIORITY_ABOVE_NORMAL );
8        for (int i=0; i<100000000; i++) {
9            d += d;
10       }
11       printf( "Fast thread finished\n" );
12       return 0;
13   }
```

```
14    DWORD WINAPI thread2(LPVOID param) {
15        double d=0.0;
16        printf( "Slow thread started\n" );
17        SetThreadPriority( GetCurrentThread(), THREAD_PRIORITY_BELOW_NORMAL );
18        for (int i=0; i<100000000; i++) {
19            d += d;
20        }
21        printf( "Slow thread finished\n" );
22        return 0;
23    }
24    int main() {
25        HANDLE hfast,hslow;
26        hslow = CreateThread ( 0, 0, &thread1, 0, 0, 0 );
27        hfast =CreateThread ( 0, 0, &thread2, 0, 0, 0 );
28        WaitForSingleObject( hfast, INFINITE );
29        WaitForSingleObject( hslow, INFINITE );
30        return 0;
31    }
```

调整线程（或进程）的优先级引起优先级反转的问题，高优先级线程等待低优先级线程完成某些任务。典型的例子是当低优先级线程进入一个临界区，但由于其优先级，需要很长时间才能退出临界区。当发生这种情况时，一个更高优先级的线程可能等待进入该临界区。

8.6 本章小结

Windows是一种多任务的操作系统，在Windows的一个进程内包含一个或多个线程，Windows操作系统下的多线程支持与POSIX线程提供的支持类似。Windows环境下的API提供了多线程应用程序开发所需的接口函数，为线程、共享内存和同步原语提供支持。由于线程比进程开销小而且创建得更快，同一进程内的多个线程共享同一块内存，便于线程之间数据共享和传送以及所有的进程资源对线程都有 效的原因，系统采用多线程而不采用多进程来实现多任务。本章介绍了Windows多线程程序设计相关概念、基本原理和基本方法，具体涉及线程定义、线程同步、线程障栅、线程间通信等内容。

习 题

1.编写一个Windows多线程并行程序计算下面数列当 n=10000000 时之和。

$$\frac{1}{1+\sqrt{2}} + \frac{1}{\sqrt{2}+\sqrt{3}} + \frac{1}{\sqrt{3}+\sqrt{4}} + ... + \frac{1}{\sqrt{n}+\sqrt{n+1}}$$

2. 利用如下公式：

$$\pi = 4\left[1 - \frac{1}{3} + \frac{1}{5} - \frac{1}{7} + ...\right] = 4\sum_{k=0}^{\infty}\frac{(-1)^k}{2k+1}$$

编写一个 Windows 多线程并行程序计算 π 的近似值。

3. 利用如下公式：

$$e = 1 + \frac{1}{1!} + \frac{1}{2!} + ... + \frac{1}{n!} + ...$$

编写一个 Windows 多线程并行程序计算 e 的近似值。

4. 编写一个 Windows 多线程并行程序计算下列二重积分的近似值。

$$I = \int_0^2 dx \int_{-1}^1 (x + y^2) dy$$

5. 编写一个 Windows 多线程并行程序计算下列二重积分的近似值。

$$I = \int_{-1}^1 dx \int_x^1 y \sqrt{1 + x^2 - y^2}\, dy$$

6. 编写一个 Windows 多线程并行程序计算下列三重积分的近似值。

$$I = \int_0^4 dx \int_0^3 dy \int_0^2 (4x^2 + xy^2 + 5y + yz + 6z) dz$$

7. 编写一个 Windows 多线程并行程序实现高斯消元法。

8. 考虑线性方程组

$$Ax = b$$

其中 A 是 $n \times n$ 非奇异矩阵，右端向量 $b \neq 0$，因而方程组有唯一的非零解向量。设系数矩阵 A 严格行对角占优，即

$$|a_{i,i}| > \sum_{\substack{j=1 \\ j \neq i}}^{n} |a_{i,j}|, i = 1,2,...,n$$

解 $Ax = b$ 的 Jacobi 迭代法的计算公式为

$$\begin{cases} x^{(0)} = (x_1^{(0)}, x_2^{(0)}, ..., x_n^{(0)})^T \\ x_i^{(k+1)} = \frac{1}{a_{i,i}} \left(b_i - \sum_{\substack{j=1 \\ j \neq i}}^{n} a_{i,j} x_j^{(k)} \right) \\ i = 1,2,...,n\ 示迭代次数 \end{cases}$$

Jacobi 迭代法很适合并行化，使用 n 个线程，每个线程处理矩阵的一行。如果线程数 $t < n$，则每个线程处理矩阵 n/t 相邻行。编写一个 Windows 多线程并行程序实现 Jacobi 迭代法。

9. 编写一个 Windows 多线程并行程序实生产者–消费者程序，其中一些线程是生产

者，另外一些线程是消费者。在文件集合中，每个产生者针对一个文件，从文件中读取文本。把读出的文本行插入到一个共享的队列中。消费者从队列中取出文本行，并对文本行就行分词。符号是被空白符分开的单词。当消费者发现一个单词后，将该单词输出。

10. 编写一个 Windows 多线程并行快速排序程序。

11. 一个素数是一个只能被正数 1 和它本身整除的正整数。求素数的一个方法是筛选法。筛选法计算过程是创建一自然数 2，3，5，…，n 的列表，其中所有的自然数都没有被标记。令 $k=2$，它是列表中第一个未被标记的数。在 k^2 和 n 之间的是 k 倍数的数都标记出来，找出比 k 大得未被标记的数中最小的那个，令 k 等于这个数，重复上述过程直到 $k^2 > n$ 为止。列表中未被标记的数就是素数。使用筛选法编写一个 Windows 多线程并行程序求小于 1000000 的所有素数。

12. 最小的 5 个素数是 2、3、5、7、11。有时两个连续的奇数都是素数。例如，在 3、5、11 后面的奇数都是素数。但是 7 后面的奇数不是素数。编写一个 Windows 多线程并行程序，对所有小于 1000000 的整数，统计连续奇数都是素数的情况的次数。

13. 在两个连续的素数 2 和 3 之间的间隔是 1，而在连续素数 7 和 11 之间的间隔是 4。编写一个 Windows 多线程并行程序，对所有小于 1000000 的整数，求两个连续素数之间间隔的最大值。

14. 水仙花数（Narcissistic number）是指一个 n 位数（$n \geqslant 3$），它的每个位上的数字的 n 次幂之和等于它本身，例如：$1^3 + 5^3 + 3^3 = 153$。编写一个 Windows 多线程并行程序求 $3 \leqslant n \leqslant 24$ 所有水仙花数。

15. 所谓梅森数，是指形如 2^p-1 的一类数，其中指数 p 是素数，常记为 M_p。如果梅森数是素数，就称为梅森素数。第一个梅森素数 $M_2=3$，第二个梅森素数 $M_3=7$。编写一个 Windows 多线程并行程序求前 10 个梅森素数。

16. 编写一个 Windows 多线程并行程序求八皇后问题所有的解。

17. 完全数（Perfect number），是一些特殊的自然数。它所有的真因子（即除了自身以外的约数）的和，恰好等于它本身。第一个完全数是 6，第二个完全数是 28。

6=1+2+3

28=1+2+4+7+14

编写一个 Windows 多线程并行程序求前 8 个完全数。

18. 哥德巴赫猜想是任何不小于 4 的偶数，都可以写成两个质数之和的形式。它是世界近代三大数学难题之一，至今还没有完全证明。编写一个 Windows 多线程并行程序验证 10000000 以内整数哥德巴赫猜想是对的。

19. 弱哥德巴赫猜想是任何一个大于 7 的奇数都能被表示成 3 个奇素数之和。编写一个 Windows 多线程并行程序验证 10000000 以内整数弱哥德巴赫猜想是对的。

20. 梅钦公式是计算 π 一个常用公式：

$$\frac{\pi}{4} = 4\arctan\frac{1}{5} - \arctan\frac{1}{239}$$

$$\mathrm{arccot}\,(x) = \frac{1}{x} - \frac{1}{3x^3} + \frac{1}{5x^5} - \frac{1}{7x^7} + \ldots$$

因此,

$$\pi = 4 \times (4\,\mathrm{arccot}\,(5) - \mathrm{arccot}\,(239))$$

编写一个 Windows 多线程并行程序计算 π 值到小数点后 10000000 位。

参考文献

[1] Hesham ElRewini.先进计算机体系结构与并行处理[M].陆鑫达, 译.北京:电子工业工业出版社, 2012.

[2] 黄铠, 徐志伟.可扩展并行计算——技术、结构与编程[M].北京:机械工业出版社, 2012.

[3] Barry Wilkinson, Michael Allen.并行程序设计[M]. 陆鑫达, 译.北京:机械工业出版社, 2005.

[4] Y.Daniel Liang. Java 语言程序设计（进阶篇）[M]. 戴开宇, 译.北京:机械工业出版社, 2016.

[5] 李庆扬, 王能超, 易大义.数值分析[M].5 版.北京:清华大学出版社, 2008.

[6] Peter Pacheco.并行程序设计导论[M]. 邓倩妮，译.北京:机械工业出版社, 2012.

[7] LarrySnyder，CalvinLin.并行程序设计原理[M]. 陆鑫达, 译.北京:机械工业出版社, 2009.

[8] Darryl Gove. 多核应用编程实战[M]. 郭晴霞, 译.北京:人民邮电出版社, 2013.

[9] David R. Butenhof. POSIX 多线程程序设计[M]. 于磊, 曾刚, 译.北京:中国电力出版社, 2003.

[10] Ananth Grama, Anshul Guptar.并行计算导论（第二版）[M]. 张武, 毛国勇, 等, 译.北京:机械工业出版社, 2005.

[11] MichaelJ.Quinn. MPI 与 OpenMP 并行程序设计[M]. 陈文光, 武永卫, 译.北京:清华大学出版社, 2004.

[12] Yan Solihin. 并行多核体系结构基础[M].钱德沛, 杨海龙, 王锐, 等, 译.北京:机械工业出版社, 2018.

[13] Kay A. Robbins, Steven Robbins. UNIX Systems Programming: Communication, Concurrency and Threads [M]. Prentice-Hall, 2003.

[14] K.C.Wang. Systems Programming in Unix/Linux [M]. Springer, 2018

[15] http://www.openmp.org/

[16] http://www.mpich.org/

[17] http://www.pthreads.org/

附录 A

MPI 函数调用

1	int MPI_Abort(MPI_Comm comm, int errorcode) 终止 MPI 环境及 MPI 程序的执行
2	int MPI_Allgather(void * sendbuff, int sendcount, MPI_Datatype sendtype, void * recvbuf, int *recvcounts, int * displs, MPI_Datatype recvtype, MPI_Comm comm) 每一进程都从所有其他进程收集数据,相当于所有进程都执行了一个 MPI_Gather() 调用
3	int MPI_Allgatherv(void * sendbuff, int sendcount, MPI_Datatype sendtype, void * recvbuf, int recvcounts, int * displs, MPI_Datatype recvtype, MPI_Comm comm) 所有进程都收集数据到指定的位置,就如同每一个进程都执行了一个 MPI_Gatherv() 调用
4	int MPI_Allreduce(void * sendbuf, void * recvbuf, int count, MPI_Datatype datatype, MPI_Op op, MPI_Comm comm) 归约所有进程的计算结果,并将最终的结果传递给所有其他的进程,相当于每一个进程都执行了一次 MPI_Reduce() 调用
5	int MPI_Alltoall(void * sendbuf, void * recvbuf, int count, MPI_Datatype datatype, void * recvbuf, int * recvcounts, int * rdispls, MPI_Datatype recvtype, MPI_Comm comm) 所有进程相互交换数据
6	int MPI_Alltoallv(void * sendbuf, int * sendcount, int * sdispls, MPI_Datatype sendtype, void *recvbuf, int * recvcounts, int * rdispls, MPI_Datatype recvtype, MPI_Comm comm) 所有进程相互交换数据,但数据有一个偏移量
7	int MPI_Barrier(MPI_Comm comm) 等待直到所有的进程都执行到这一例程才继续执行下一条语句
8	int MPI_Bcast(void * buffer, int count, MPI_Datatype datatype, int root, MPI_Comm comm) 将 root 进程的消息广播到所有其他的进程
9	int MPI_Bsend(void * buf, int count, MPI_Datatype datatype, int dest, int tag, MPI_Comm comm) 使用用户声明的缓冲区进行发送
10	int MPI_Bsend_init(void * buf, int count, MPI_Datatype datatype, int dest, int tag, MPI_Comm comm, MPI_Request * request) 建立发送缓冲句柄
11	int MPI_Buffer_attach(void * buffer, int size) 将一个用户指定的缓冲区用于消息发送的目的
12	int MPI_Buffer_detach(void ** buffer, int * size) 移走一个指定的发送缓冲区

13	int MPI_Cancel(MPI_Request * request) 取消一个通信请求
14	int MPI_Cart_coords(MPI_Comm comm, int rank, int maxdims, int * coords) 给出一个进程所在组的标识号得到其笛卡尔坐标值
15	int MPI_Cart_create(MPI_Comm comm_old, int ndims, int * dims, int * periods, int reorder, MPI_Comm * comm_cart) 按给定的拓扑创建一个新的通信组
16	int MPI_Cart_get(MPI_Comm comm, int maxdims, int * dims, int *periods, int * coords) 得到给定通信域的笛卡尔拓扑信息
17	int MPI_Cart_map(MPI_Comm comm, int * ndims, int * periods, int * newrank) 将进程标识号映射为笛卡尔拓扑坐标
18	int MPI_Cart_rank(MPI_Comm comm, int * coords, int * rank) 由进程标识号得到笛卡尔坐标
19	int MPI_Cart_shift(MPI_Comm comm, int direction, int disp, int * rank_source, int * rank_dest) 给定进程标识号平移方向与大小得到相对于当前进程的源和目的进程的标识号
20	int MPI_Cart_sub(MPI_Comm comm, int * remain_dims, MPI_Comm * newcomm) 将一个通信域保留给定的维得到子通信组
21	int MPI_Cartdim_get(MPI_Comm comm, int* ndims) 得到给定通信组的笛卡尔拓扑
22	int MPI_Comm_compare(MPI_comm comm1, MPI_Comm comm2, int * result) 两个通信组的比较
23	int MPI_Comm_create(MPI_Comm comm, MPI_Group group, MPI_Comm * newcomm) 根据进程组创建新的通信组
24	Int MPI_Comm_dup(MPI_Comm comm, MPI_Comm *new_comm) 通信组复制
25	int MPI_Comm_free(MPI_Comm* comm) 释放一个通信组对象
26	int MPI_Comm_group(MPI_Comm comm, MPI_Group * group) 由给定的通信组得到组信息
27	int MPI_Comm_rank(MPI_Comm comm, int * rank) 得到调用进程在给定通信组中的进程标识号
28	int MPI_Comm_remote_group(MPI_Comm comm, MPI_Group * group) 得到组间通信组的远程组
29	int MPI_Comm_remote_size(MPI_Comm comm, int * size) 得到远程组的进程数
30	int MPI_Comm_set_attr(MPI_Comm comm, int keyval, void * attribute_val) 根据关键词保存属性值
31	int MPI_Comm_size(MPI_Comm comm, int * size) 得到通信组的大小
32	int MPI_Comm_split(MPI_Comm comm, int color, int key, MPI_Comm * newcomm) 按照给定的颜色和关键词创建新的通信组
33	int MPI_Comm_test_inter(MPI_Comm comm, int * flag) 测试给定通信组是否是组间组

续表

34	int MPI_Dims_create(int nnodes, int ndims, int * dims) 在笛卡尔网格中建立进程维的划分
35	int MPI_Finalize(void) 结束MPI运行环境
36	int MPI_Gather(void * sendbuf, int sendcount, MPI_Datatype sendtype, void * recvbuf, int recvcount, MPI_Datatype recvtype, int root, MPI_Comm comm) 从进程组中收集消息
37	int MPI_Gatherv(void * sendbuf, int sendcount, MPI_Datatype sendtype, void * recvbuf, int * recv-counts, int * displs, MPI_Datatype recvtype, int root, MPI_Comm comm) 从进程组中收集消息到指定的位置,得到以给定数据类型为单位的数据的个数
38	int MPI_Get_address(void *location, MPI_Aint *address) 返回内存位置的地址
39	int MPI_Get_elements(MPI_Statue * status, MPI_Datatype datatype, int * elements) 返回给定数据类型中基本元素的个数
40	MPI_Get_processor_name(char * name, int * resultlen) 得到处理器名称
41	int MPI_Get_version(int * version, int * subversion) 返回MPI的版本号
42	int MPI_Graph_create(MPI_Comm comm_old, int nnodes, int * index, int * edges, int reorder, MPI_Comm * comm_graph) 按照给定的拓扑创建新的通信组
43	int MPI_Graph_get(MPI_Comm comm, int maxindex, int maxedges, int * index, int * edges) 得到给定通信组的处理器拓扑结构
44	int MPI_Graph_map(MPI_Comm comm, int nnodes, int * index, int * edges, int * newrank) 将进程映射到给定的拓扑
45	int MPI_Graph_neighbors_count(MPI_Comm comm, int rank, int * nneighbors) 给定拓扑返回给定结点的相邻结点数
46	int MPI_Graph_neighbors(MPI_Comm comm, int rank, int * maxneighbors, int * neighbors) 给定拓扑返回给定结点的相邻结点
47	int MPI_Graphdims_Get(MPI_Comm comm, int * nnodes, int * nedges) 得到给定通信组的图拓扑
48	int MPI_Group_compare(MPI_Group group1, MPI_Group group2, int * result) 比较两个组
49	int MPI_Group_diffence(MPI_Group group1, MPI_Group group2, MPI_Group * newgroup) 根据两个组的差异创建一个新组
50	int MPI_Group_excl(MPI_Group group, int n, int * ranks, MPI_Group * newgroup) 通过重新对一个已经存在的组进行排序, 根据未列出的成员创建一个新组
51	int MPI_Group_free(MPI_Group * group) 释放一个组
52	int MPI_Group_incl(MPI_Group group, int n, int * ranks, MPI_Group * newgroup) 通过重新对一个已经存在的组进行排序,根据列出的成员创建一个新组
53	int MPI_Group_intersection(MPI_Group group1, MPI_Group group2, MPI_Group * newgroup) 根据两个已存在组的交创建一个新组

54	int MPI_Group_range_excl(MPI_Group group, int n, int ranges[][3], MPI_group * newgroup) 根据已存在的组,去掉指定的部分,创建一个新组
55	int MPI_Group_range_incl(MPI_Group group, int n, int ranges[][3], MPI_Group * newgroup) 根据已存在的组,按照指定的部分,创建一个新组
56	int MPI_Group_rank(MPI_Group group, int * rank) 返回调用进程在给定组中的进程标识号
57	int MPI_Group_size(MPI_Group group, int * size) 返回给定组的大小
58	int MPI_Group_translate_ranks(MPI_Group group1, int n, int * ranks1, MPI_Group group2, int * ranks2) 将一个组中的进程标识号转换成另一个组的进程标识号
59	int MPI_Group_union(MPI_Group group1, MPI_Group group2, MPI_Group * newgroup) 将两个组合并为一个新组
60	int MPI_Ibsend(void * buf, int count, MPI_Datatype datatype, int dest, int tga, MPI_Comm comm, MPI_Request * request) 非阻塞缓冲区发送
61	int MPI_Init(int * argc, char *** argv) MPI执行环境初始化
62	int MPI_Initialized(int * flag) 查询MPI_Init是否已经调用
63	int MPI_Intercomm_create(MPI_Comm local_comm, int local_leader, MPI_Comm peer_comm, int remote_leader, int tag, MPI_Comm * newintercomm) 根据两个组内通信域创建一个组间通信组
64	int MPI_Intercomm_merge(MPI_Comm intercomm, int high, MPI_Comm * newintracomm) 根据组间通信组创建一个组内通信组
65	int MPI_Iprobe(int source, int tag, MPI_Comm comm, int * flag, MPI_Status * status) 非阻塞消息到达与否的测试
66	int MPI_Irecv(void * buf, int count, MPI_Datatype datatype, int source, int tag, MPI_Comm comm, MPI_Request * request) 非阻塞接收
67	int MPI_Irsend(viud * buf, int count, MPI_Datatype datatype, int dest, int tag, MPI_Comm comm, MPI_Request * request) 非阻塞就绪发送
68	int MPI_Isend(void * buf, int count, MPI_Datatype datatype, int dest, int tag, MPI_Comm comm, MPI_Request * request) 非阻塞发送
69	int MPI_Issend(void * buf, int count, MPI_Datatype datatype, int dest, int tag, MPI_Comm comm, MPI_Request * request) 非阻塞同步发送
70	int MPI_Keyval_free(int * keyval) 释放一个属性关键词
71	int MPI_Op_create(MPI_Uop function, int commute, MPI_Op * op) 创建一个用户定义的通信函数句柄
72	int MPI_Op_free(MPI_Op * op) 释放一个用户定义的通信函数句柄

续表

73	int MPI_Pack(void * inbuf, int incount, MPI_Datatype datetype, void * outbuf, int outcount, int * position, MPI_Comm comm) 将数据打包, 放到一个连续的缓冲区中
74	int MPI_Pack_size(int incount, MPI_Datatype datatype, MPI_Comm comm, int * size) 返回需要打包的数据类型的大小
75	int MPI_Pcontrol(const int level) 控制剖视
76	int MPI_Probe(int source, int tag, MPI_Comm comm, MPI_Status * status) 阻塞消息测试
77	int MPI_Recv(void * buf, int count, MPI_Datatype datatype, int source, int tag, MPI_Comm comm, MPI_Status * status) 标准接收
78	int MPI_Recv_init(void * buf, int count, MPI_Datatype datatype, int source, int tag, MPI_Comm comm, MPI_Request * request) 创建接收句柄
79	int MPI_Reduce(void * sendbuf, void * recvbuf, int count, MPI_Datatype datatype, MPI_Op op, int root, MPI_Comm comm) 将所进程的值归约到根进程, 得到一个结果
80	int MPI_Reduce_scatter(void * sendbuf, void * recvbuf, int * recvcounts, MPI_Datatype datatype, MPI_Op op, MPI_Comm comm) 将结果归约后再发送出去
81	int MPI_Request_free(MPI_Request * request) 释放通信申请对象
82	int MPI_Rsend(void * buf, int count, MPI_Datatype datatype, int dest, int tag, MPI_Comm comm) 就绪发送
83	int MPI_Rsend_init(void * buf, int count, MPI_Datatype datatype, int dest, int tag, MPI_Comm comm, MPI_Request * request) 创建就绪发送句柄
84	int MPI_Scan(void * sendbuf, void * recvbuf, int count, MPI_Datatype datatype, MPI_Op op, MPI_Comm comm) 在给定的进程集合上进行扫描操作
85	int MPI_Scatter(void * sendbuf, int sendcount, MPI_Datatype sendtype, void * recvbuf, int recvcount, MPI_Datatype recvtype, int root, MPI_Comm comm) 将数据从一个进程发送到组中其他进程
86	int MPI_Scatterv(void * sendbuf, int * sendcounts, int * displs, MPI_Datatype sendtype, void * recvbuf, int recvcount, MPI_Datatype recvtype, int root, MPI_Comm comm) 将缓冲区中指定部分的数据从一个进程发送到组中其他进程
87	int MPI_Send(void * buf, int count, MPI_Datatype datatype, int dest, int tag, MPI_Comm comm) 标准的数据发送
88	int MPI_Send_init(void * buf, int count, MPI_Datatype datatype, int dest, int tag, MPI_Comm comm, MPI_Request * request) 创建一个标准发送的句柄
89	int MPI_Sendrecv(void * sendbuf, int sendcount, MPI_Datatype sendtype, int dest, int sendtag, void * recvbuf, int recvcount, MPI_Datatype recvtype, int source, int recvtag, MPI_Comm comm, MPI_Status * status) 同时完成发送和接收操作

90	int MPI_Sendrecv_replace(void * buf, int count, MPI_Datatype datatype, int dest, int sendtag, int source, int recvtag, MPI_Comm comm, MPI_Status * status) 用同一个发送和接收缓冲区进行发送和接收操作
91	int MPI_Ssend(void * buf, int count, MPI_Datatype datatype, int dest, int tag, MPI_Comm comm) 同步发送
92	int MPI_Ssend_init(void * buf, int count, MPI_Datatype datatype, int dest, int tag, MPI_Comm comm, MPI_Request * request) 创建一个同步发送句柄
93	int MPI_Start(MPI_Request * request) 启动给定对象上的重复通信请求
94	int MPI_Startall(int count, MPI_Request * array_of_requests) 启动指定的所有重复通信请求
95	int MPI_Test(MPI_Request * request, int * flag, MPI_Status * status) 测试发送或接收是否完成
96	int MPI_Testall(int count, MPI_Request * array_of_requests, int * flag, MPI_Status *array_of_statuses) 测试前面所有的通信是否完成
97	int MPI_Testany(int count, MPI_Request * array_of_requests, int * index, int * flag, MPI_Status * status) 测试前面任何一个通信是否完成
98	int MPI_Testsome(int incount, MPI_Request * array_of_requests, int * outcount, int *array_of_indices, MPI_Status * array_of_statuses) 测试是否有一些通信已经完成
99	int MPI_Test_cancelled(MPI_Status * status, int * flag) 测试一个请求对象是否已经删除
100	int MPI_Topo_test(MPI_Comm comm, int * top_type) 测试指定通信域的拓扑类型
101	int MPI_Type_commit(MPI_Datatype * datatype) 提交一个类型
102	int MPI_Type_contiguous(int count, MPI_Datatype oldtype, MPI_Datatype * newtype) 创建一个连续的数据类型
103	int MPI_Type_extent(MPI_Datatype datatype, MPI_Aint * extent) 返回一个数据类型的范围即将废弃的特性,建议使用MPI_type_get_extent来代替
104	int MPI_Type_free(MPI_Datatype * datatype) 释放一个数据类型
105	int MPI_Type_indexed(int cont, int * array_of_blocklengths, int * array_of_displacements, MPI_Datatype oldtype, MPI_Datatype * newtype) 创建一个索引数据类型
106	int MPI_Type_size(MPI_Datatype datatype, int * size) 以字节为单位,返回给定数据类型的大小
107	int MPI_Type_vector(int count, int blocklength, int stride, MPI_Datatype oldtype, MPI_Datatype *newtype) 创建一个向量数据类型

续表

108	int MPI_Unpack(void * inbuf, int insize, int * position, void * outbuf, int outcount, MPI_Datatype datatype, MPI_Comm comm) 从连续的缓冲区中将数据解开
109	int MPI_Wait(MPI_Request * request, MPI_Status * status) 等待MPI的发送或接收语句结束
110	int MPI_Waitall(int count, MPI_Request * array_of_requests, MPI_Status * array_of_status) 等待所有给定的通信结束
111	int MPI_Waitany(int count, MPI_Request *array_of_requests, int *index,MPI_Status *status) 等待某些指定的发送或接收完成
112	int MPI_Waitsome(int incount, MPI_Request * array_pf_requests, int * outcount, int * array_of_indices, MPI_Status * array_of_statuses) 等待一些给定的通信结束
113	double MPI_Wtick(void) 返回 MPI_Wtime 的精度
114	double MPI_Wtime(void) 返回调用进程的流逝时间

附录 B

OpenMP 指令和库函数

表 B.1　OpenMP 常用指令

指令	功能
parallel	用在一个代码段之前,表示这段代码将被多个线程并行执行
for	用于 for 循环之前,将循环分配到多个线程中并行执行,必须保证每次循环之间无相关性
parallel for	parallel 和 for 语句的结合,用在一个 for 循环之前,表示 for 循环的代码将被多个线程并行执行
sections	用在可能会被并行执行的代码段之前
parallel sections	parallel 和 sections 两个语句的结合
critical	用在一段代码临界区之前
single	用在一段只被单个线程执行的代码段之前,表示后面的代码段将被单线程执行
flush	用来保证线程的内存临时视图和实际内存保持一致,即各个线程看到的共享变量是一致的
barrier	用于并行区内代码的线程同步,所有线程执行到 barrier 时要停止,直到所有线程都执行到 barrier 时才继续往下执行
atomic	用于指定一块内存区域被制动更新
master	用于指定一段代码块由主线程执行
ordered	用于指定并行区域的循环按顺序执行
threadprivate	用于指定一个变量是线程私有的

表 B.2　OpenMP 执行环境库函数

函数	功能
void omp_set_num_threads(int num_threads)	设置并行执行代码时的线程个数
int omp_get_num_threads(void);	返回当前并行域中的活动线程个数
int omp_get_max_threads(void);	返回当前并行域中的能够使用的最大线程数
int omp_get_thread_num(void)	返回线程标号
int omp_get_num_procs(void)	返回运行本线程的多处理机的处理器个数
int omp_in_parallel(void)	如果在一个被并行化了的代码块范围内被调用返回 1,否则返回 0

续表

函数	功能
void omp_set_dynamic(int dynamic_threads)	设置允许或禁止动态线程
int omp_get_dynamic(void)	如果支持动态线程,返回1,否则返回0
void omp_set_nested(int nested)	设置允许或禁止并行嵌套
int omp_get_nested(void)	如果允许并行嵌套返回1,否则返回0
void omp_set_schedule(omp_sched_t kind, int chunk_size)	设置调度类型
void omp_get_schedule(omp_sched_t * kind, int * chunk_size)	返回调度类型
int omp_get_thread_limit(void)	返回最大活动线程数
void omp_set_max_active_levels(int max_levels)	设置嵌套活动并行域极限数
int omp_get_max_active_levels(void)	返回嵌套活动并行域极限数
int omp_get_level(void)	返回当前任务的嵌套并行域的数量
int omp_get_ancestor_thread_num(int level)	返回给定嵌套层次的当前线程的父线程号
int omp_get_team_size(int level)	返回给定嵌套层次的当前线程的线程组的大小
int omp_get_active_level(void)	返回当前任务的嵌套层数
int omp_in_final(void)	获取回程序是否在最后一个任务区执行

表 B.3 OpenMP 互斥锁函数

函数	功能
void omp_init_lock(omp_lock_t *lock)	初始化一个简单互斥锁
void omp_init_nest_lock(omp_nest_lock_t *lock)	初始化一个嵌套互斥锁
void omp_set_lock(omp_lock_t *lock)	上简单互斥锁操作
void omp_set_nest_lock(omp_nest_lock_t *lock)	上嵌套互斥锁操作
void omp_unset_lock(omp_lock_t *lock)	解简单互斥锁操作,要和omp_set_nest_lock() 函数配对使用
void omp_unset_nest_lock(omp_nest_lock_t *lock)	解嵌套互斥锁操作,要和omp_set_lock() 函数配对使用
void omp_destroy_lock(omp_lock_t *lock)	omp_init_lock() 函数配对操作函数,关闭一个简单互斥锁
void omp_destroy_nest_lock(omp_nest_lock_t *lock)	omp_init_nest _lock() 函数配对操作函数,关闭一个嵌套互斥锁
int omp_test_lock(omp_lock_t *lock)	试图获得一个简单互斥锁,成功返回非0值,失败返0值
int omp_test_nest_lock(omp_nest_lock_t *lock)	试图获得一个嵌套互斥锁,成功返回非0值,失败返0值

表 B.4　OpenMP 时间函数

函数	功能
double omp_get_wtime(void)	获取 wall 时间
double omp_get_wtick(void)	获取 wall 时钟计数器精度

表 B.5　OpenMP 子句

子句	功能
private	指定每个线程都有它自己的变量私有副本
firstprivate	指定一个或多个变量为私有变量，并且私有变量在进入并行域时，将主线程中的同名变量的值作为初值
lastprivate	指定将线程中的私有变量的"最后"的值在并行处理结束后复制到主线程中的同名变量中
linear	声明一个或多个变量对于 SIMD 是私有的，并具有循环迭代的线性关系
copyin	配合 threadprivate，用主线程同名变量的值对 threadprivate 的变量进行初始化
copyprivate	配合 single，将 single 块中串行计算得到的变量值广播到并行域中其他线程的同名变量中
reduction	指定一个或多个变量是私有的，并且在并行处理结束后对这些变量执行指定的归约操作（如求和），并将结果返回给主线程中的同名变量
nowait	忽略指定中暗含的等待
num_threads	指定线程的个数
schedule	指定如何调度 for 循环迭代
shared	指定一个或多个变量为多个线程间的共享变量
ordered	用来指定 for 循环的执行要按顺序执行
default	用来指定并行处理区域内的变量的使用方式，缺省是 shared
if	用来指定编译制导满足的条件

表 B.6　OpenMP 常用环境变量

环境变量	功能
OMP_SCHEDULE	用于 for 循环并行化后的调度，它的值就是循环调度的类型
OMP_NUM_THREADS	用于设置并行域中的线程数
OMP_DYNAMIC	通过设定变量值，来确定是否允许动态设定并行域内的线程数
OMP_NESTED	指出是否可以并行嵌套
OMP_STACKSIZE	设置 OpenMP 实现创建线程的堆栈的大小
OMP_MAX_ACTIVE_LEVELS	控制嵌套活动并行域的最大数量
OMP_THREAD_LIMIT	设置线程的最大数量

表 B.7　OpenMP 常用 ICV

ICV	功能
dyn-var	控制并行区域是否动态调整线程数，每个数据环境有一份拷贝
nest-var	控制并行区域是否启用嵌套并行，每个数据环境有一份拷贝
nthreads-var	控制并行区域请求的线程数，每个数据环境有一份拷贝
thread-limit-var	控制参与争用组的最大线程数，每个数据环境有一份拷贝
run-sched-var	控制 runtime 调度子句使用 for 循环域，每个数据环境有一份拷贝

表 B.8　OpenMP 修改和查询常用 ICV 值函数

ICV	相应环境变量	修改 ICV 值的函数	查询 ICV 值的函数
dyn-var	OMP_DYNAMIC	omp_set_dynamic()	omp_get_dynamic()
nest-var	OMP_NESTED	omp_set_nested()	omp_get_nested()
nthreads-var	OMP_NUM_THREADS	omp_set_num_threads()	omp_get_max_threads()
thread-limit-var	OMP_THREAD_LIMIT	thread_limit clause	omp_get_thread_limit()
run-sched-var	OMP_SCHEDULE	omp_set_schedule()	omp_get_schedule()

附录 C

POSIX 线程库函数

表 C.1　数据类型（#include"pthread.h"）

数据类型	功能	数据类型	功能
pthread_t	线程句柄	pthread_mutex_t	mutex 数据类型
pthread_attr_t	线程属性	pthread_cond_t	条件变量数据类型
pthread_barrier_t	同步屏障数据类型		

表 C.2　操纵函数（#include"pthread.h"）

函数原型	功能
int pthread_create(pthread_t *tidp, const pthread_attr_t *attr, (void*)(*start_rtn)(void*), void *arg)	创建一个线程
void pthread_exit(void *retval)	终止当前线程
int pthread_cancel(pthread_t thread)	中断另外一个线程的运行
int pthread_join(pthread_t tid, void**thread_return)	阻塞当前的线程，直到另外一个线程运行结束
int pthread_attr_init(pthread_attr_t *attr)	初始化线程的属性
int pthread_attr_setdetachstate(pthread_attr_t *attr, int detach-state)	设置脱离状态的属性（决定这个线程在终止时是否可以被结合）
int pthread_attr_getdetachstate(const pthread_attr_t *attr,int *de-tachstate)	获取脱离状态的属性
int pthread_attr_destroy(pthread_attr_t *attr)	删除线程的属性
int pthread_kill(pthread_t thread, int sig)	向线程发送一个信号

表 C.3　工具函数（#include"pthread.h"）

函数原型	功能
int pthread_equal(pthread_t threadid1, pthread_t thread2)	对两个线程的线程标识号进行比较
Int pthread_detach(pthread_t tid)	分离线程
pthread_t pthread_self()	查询线程自身线程标识号

表C.4　同步函数（#include"pthread.h"）

函数原型	功能
int pthread_mutex_init(pthread_mutex_t *restrict mutex, const pthread_mutexattr_t *restrict attr)	初始化互斥锁
int pthread_mutex_destroy(pthread_mutex_t *mutex)	删除互斥锁
int pthread_mutex_lock(pthread_mutex_t *mutex)	占有互斥锁（阻塞操作）
int pthread_mutex_trylock(pthread_mutex_t *mutex)	试图占有互斥锁（不阻塞操作）即，当互斥锁空闲时，将占有该锁；否则，立即返回
int pthread_mutex_unlock(pthread_mutex_t *mutex)	释放互斥锁
int pthread_cond_init(pthread_cond_t *cv, const pthread_condattr_t *cattr)	初始化条件变量
int pthread_cond_destroy(pthread_cond_t *cv)	删除条件变量
int pthread_cond_signal(pthread_cond_t *cv)	唤醒第一个调用pthread_cond_wait()而进入睡眠的线程
int pthread_cond_wait(pthread_cond_t *cv,pthread_mutex_t *mutex)	等待条件变量的特殊条件发生
int pthread_cond_timedwait(pthread_cond_t *cv, pthread_mutex_t *mp, const structtimespec * abstime)	到了一定的时间，即使条件未发生也会解除阻塞
int pthread_cond_broadcast(pthread_cond_t *cv)	释放阻塞的所有线程
int pthread_key_create(pthread_key_t *key, void (*destructor) (void*))	分配用于标识进程中线程特定数据的键
int pthread_barrier_init(pthread_barrier_t *restrict barrier, const pthread_barrierattr_t *restrict attr, unsigned count)	初始化路障
int pthread_barrier_wait(pthread_barrier_t *barrier)	在路障上等待，直到直到所需的线程数调用了指定路障
int pthread_barrier_destroy(pthread_barrier_t *barrier)	删除路障变量
int pthread_rwlock_init(pthread_rwlock_t *rwlock, const pthread_rwlockattr_t *attr)	初始化读写锁
int pthread_rwlock_rdlock(pthread_rwlock_t *rwlock)	阻塞式获取读锁
int pthread_rwlock_tryrdlock(pthread_rwlock_t *rwlock)	非阻塞式获取读锁
int pthread_rwlock_wrlock(pthread_rwlock_t *rwlock)	阻塞式获取写锁
int pthread_rwlock_trywrlock(pthread_rwlock_t *rwlock)	非阻塞式获取写锁
int pthread_rwlock_unlock(pthread_rwlock_t *rwlock)	释放读写锁
int pthread_rwlock_destroy(pthread_rwlock_t *rwlock)	删除读写锁
int pthread_setspecific(pthread_key_t key, const void *value)	为指定线程特定数据键设置线程特定绑定
void *pthread_getspecific(pthread_key_t key)	获取调用线程的键绑定，并将该绑定存储在value 指向的位置中
int pthread_key_delete(pthread_key_t key)	销毁现有线程特定数据键
int pthread_attr_getschedparam(pthread_attr_t *attr, struct sched_param *param)	获取线程优先级

函数原型	功能
int pthread_attr_setschedparam(pthread_attr_t *attr, const struct sched_param *param)	设置线程优先级

表C.5　信号量数据类型（#include"semaphore.h"）

数据类型	功能
sem_t	信号量数据类型

表C.6　信号量函数（#include"semaphore.h"）

函数原型	功能
int sem_init(sem_t *sem , int pshared, unsigned int value)	初始化未命名(内存)信号量
int sem_wait(sem_t *sem)	将信号量的值减1
int sem_post(sem_t *sem)	将信号量的值加1
int sem_destroy(sem_t *sem)	撤销信号量
int sem_sem_trywait(sem_t *sem)	将信号量的值减1,但非阻塞
int sem_timedwait(sem_t *sem, const struct timespec *abs_timeout)	将信号量的值减1,但是指定阻塞的时间上限
int sem_getvalue(sem_t *sem, int *sval)	取信号量值
sem_t *sem_open(const char *name,int oflag,mode_t mode,unsigned int value)	创建并初始化命名信号量
int sem_close(sem_t *sem)	关闭命名信号量
int sem_unlink(const char *name)	从系统中删除命名信号量

表C.7　线程属性函数（#include"pthread.h"）

函数原型	功能
int pthread_attr_init(pthread_attr_t *attr)	初始化线程属性变量
int pthread_attr_setdetachstate(pthread_attr_t * attr, int detachstate)	设置线程属性变量的detachstate属性
int pthread_attr_getdetachstate(const pthread_attr_t * attr, int * detachstate)	获取脱离状态的属性
int pthread_attr_setscope(pthread_attr_t *attr, int scope);	设置线程属性变量的scope属性
int pthread_attr_getscope(const pthread_attr_t *attr, int *scope)	获取线程属性变量的scope属性
int pthread_attr_setschedparam(pthread_attr_t *attr, const struct sched_param *param)	设置线程属性变量的schedparam属性,即调用的优先级
int pthread_attr_getschedparam(const pthread_attr_t *attr, struct sched_param *param)	获取线程属性变量的schedparam属性,即调用的优先级
int pthread_attr_destroy(pthread_attr_t *attr)	删除线程的属性,用无效值覆盖

表 C.8　共享内存函数

函数原型	功能
#include <sys/mman.h> void* mmap(void* start,size_t length,int prot,int flags,int fd, off_t offset)	将一个文件或者其它对象映射进内存
#include<unistd.h> #include<sys/mman.h> int munmap(void * addr, size_t len)	在进程地址空间中解除一个映射关系
#include <sys/mman.h> int msync (void * addr , size_t len, int flags)	实现磁盘上文件内容与共享内存区的内容一致
#include <sys/mman.h> #include <sys/stat.h> #include <fcntl.h> int shm_open(const char *name, int oflag, mode_t mode)	创建或打开共享内存区
#include <sys/mman.h> #include <sys/stat.h> #include <fcntl.h> int shm_unlink(const char *name)	删除一个共享内存区对象的名字
#include <unistd.h> #include <sys/types.h> int ftruncate(int fd,off_t length)	调整文件或共享内存区大小
#include<sys/stat.h> #include<unistd.h> int fstat(int fildes,struct stat *buf)	获取有关该对象的信息

附录 D

Java 多线程常用方法

表 D.1　Thread 类常用方法

函数原型	功能
static Thread currentThread()	返回对当前正在执行的线程对象的引用
static void sleep(long millis)	在指定的毫秒数内让当前正在执行的线程休眠
static void sleep(long millis, int nanos)	在指定的毫秒数加指定的纳秒数内让当前正在执行的线程休眠
static void yield()	使当前运行的线程放弃执行,切换到其他线程
boolean isAlive();	测试线程是否处于活动状态
void start();	使该线程开始执行,Java 虚拟机调用该线程的 run() 方法
run( )	该方法由 start( )方法自动调用
setName(String s)	赋予线程一个名字
long getId()	返回该线程的标识符
String getName();	返回该线程的名称
int getPriority();	返回线程的优先级
void setPriority(int newPriority)	设置线程的优先级
void join();	等待该线程终止
void join(long millis);	等待该线程终止的时间最长为 millis 毫秒
void join(long millis, int nanos);	等待该线程终止的时间最长为 millis 毫秒 + nanos 纳秒
void interrupt()	中断线程
void setDaemon(boolean on)	将该线程标记为守护线程或用户线程

表 D.2　ExecrutorService 接口的常用方法

方法	功能
void execute(Runnable object)	执行可运行任务
void shutdown()	关闭执行器,但是允许执行器中任务执行完一旦关闭,则不接受新任务
List<Runnable> shutdown()	立即关闭执行器,即使池中还有未完成的线程返回一个未完成线程列表
boolean isShutdown()	如果执行器已关闭,则返回 true
boolean isTerminated()	如果线程池中所有任务终止,则返回 true

表 D.3 ReentrantLock 类的常用方法

方法	功能
void lock()	获得一个锁
void unlock()	释放锁
Condition new Condition()	返回一个绑定到 Lock 实例的 Condition 实例
int getWaitQueueLength(Condition condition)	返回与此锁定相关联的条件 condition 上的线程集合大小
int getQueueLength()	返回正等待获取此锁的集合
int getHoldCount()	查询当前线程保持此锁定的个数,即调用 lock()方法的次数
boolean tryLock()	尝试获得锁,如果锁没有被别的线程保持,则获取锁定,即成功获取返回 true,否则返回 false
boolean tryLock(long timeout, TimeUnit unit)	尝试获得锁,如果锁没有被别的线程保持,则获取锁,即成功获取返回 true,如果没有获取锁定,则等待指定的时间获取锁,返回 true,否则返回 false
void lockInterruptbly()	如果当前线程未被中断,则获取锁定;如果已中断,则抛出异常(InterruptedException)
boolean isHeldByCurrentThread()	查询当前线程是否保持锁
boolean isLocked()	查询是否存在任意线程保持此锁

表 D.4 Condition 接口常用方法

方法	功能
void await()	使当前线程在接到信号或被中断之前一直处于等待状态
boolean await(long time, TimeUnit unit)	使当前线程在接到信号、被中断或到达指定等待时间之前一直处于等待状态
long awaitNanos(long nanosTimeout)	使当前线程在接到信号、被中断或到达指定等待时间之前一直处于等待状态
void awaitUninterruptibly()	使当前线程在接到信号之前一直处于等待状态
boolean awaitUntil(Date deadline)	使当前线程在接到信号、被中断或到达指定最后期限之前一直处于等待状态
void signal()	唤醒一个等待线程
void signalAll()	唤醒所有等待线程

表 D.5 Semaphore 常用方法

方法	功能
Semaphore(int permits)	创建具有给定的许可数和非公平的公平设置的 Semaphore
Semaphore(int permits, boolean fair)	创建具有给定的许可数和给定的公平设置的 Semaphore

方法	功能
void acquire()	从此信号量获取一个许可,在提供一个许可前一直将线程阻塞,否则线程被中断
void acquire(int permits)	从此信号量获取给定数目的许可,在提供这些许可前一直将线程阻塞,或者线程已被中断
void acquireUninterruptibly()	从此信号量中获取许可,在有可用的许可前将其阻塞
void acquireUninterruptibly(int permits)	从此信号量获取给定数目的许可,在提供这些许可前一直将线程阻塞
int availablePermits()	返回此信号量中当前可用的许可数
int drainPermits()	获取并返回立即可用的所有许可
protected Collection<Thread> getQueuedThreads()	返回一个 collection,包含可能等待获取的线程
int getQueueLength()	返回正在等待获取的线程的估计数目
boolean hasQueuedThreads()	查询是否有线程正在等待获取
boolean isFair()	如果此信号量的公平设置为 true,则返回 true
protected void reducePermits(int reduction)	根据指定的缩减量减小可用许可的数目
void release()	释放一个许可,将其返回给信号量
void release(int permits)	释放给定数目的许可,将其返回到信号量
String toString()	返回标识此信号量的字符串,以及信号量的状态
boolean tryAcquire()	仅在调用时此信号量存在一个可用许可,才从信号量获取许可
boolean tryAcquire(int permits)	仅在调用时此信号量中有给定数目的许可时,才从此信号量中获取这些许可
boolean tryAcquire(int permits, long timeout, TimeUnit unit)	如果在给定的等待时间内此信号量有可用的所有许可,并且当前线程未被中断,则从此信号量获取给定数目的许可
boolean tryAcquire(long timeout, TimeUnit unit)	如果在给定的等待时间内,此信号量有可用的许可并且当前线程未被中断,则从此信号量获取一个许可

附录 E

Windows 多线程常用方法

表 E.1　数据类型

数据类型	功能	数据类型	功能
HANDLE	句柄	SRWLOCK	轻量级读写锁数据类型
CRITICAL_SECTION	临界区结构体类型		

表 E.2　Windows 多线程常用方法

函数原型	功能
HANDLE WINAPI CreateThread(　LPSECURITY_ATTRIBUTES lpThreadAttributes, 　SIZE_T dwStackSize, 　LPTHREAD_START_ROUTINE lpStartAddress, 　LPVOID lpParameter, 　DWORD dwCreationFlags, 　LPDWORD lpThreadId)	创建线程
unsigned long _beginthreadex(　void *security, 　unsigned stack_size, 　unsigned(_stdcall *start_address)(void *), 　void *argilist, 　unsigned initflag, 　unsigned *threaddr)	更安全创建线程
BOOL CloseHandle(　HANDLE hObject)	关闭内核对象
BOOL GetExitCodeThread(　HANDLE hThread, 　LPDWORD lpExitCode);	获取一个结束线程的返回值
DWORD WINAPI GetCurrentThreadId (void);	返回线程标识符

函数原型	功能
DWORD WaitForSingleObject(　HANDLE hHandle, 　DWORD dwMilliseconds);	等待一个指定的对象,直到该对象处于非占用的状态或超出设定的时间间隔
DWORD WaitForSingleObject(　HANDLE hHandle, 　DWORD dwMilliseconds)	等待一组指定的对象,直到该组对象处于非占用的状态或超出设定的时间间隔
VOID WINAPI Sleep(　DWORD dwMilliseconds);	暂停线程执行
HANDLE CreateMutex(　LPSECURITY_ATTRIBUTESlpMutexAttributes, 　BOOLbInitialOwner, 　LPCTSTRlpName)	创建一个互斥体
BOOL WINAPI ReleaseMutex(　HANDLE hMutex)	释放由线程拥有的一个互斥体的控制权
VOID InitializeCriticalSection(　LPCRITICAL_SECTION lpCriticalSection);	初始化一个临界资源对象
EnterCriticalSection(　LPCRITICAL_SECTION lpCriticalSection);	使线程进入临界区
void WINAPI LeaveCriticalSection(　LPCRITICAL_SECTION lpCriticalSection);	释放临界区所有权并离开临界区
void WINAPI DeleteCriticalSection(_ 　Inout_ LPCRITICAL_SECTION lpCriticalSection);	删除临界区结构对象
BOOL TryEnterCriticalSection(　LPCRITICAL_SECTION lpCriticalSection);	使线程进入临界区,避免线程休眠
HANDLE CreateMutex(　LPSECURITY_ATTRIBUTESlpMutexAttributes, 　BOOLbInitialOwner, 　LPCTSTRlpName);	创建互斥量对象
BOOL WINAPI ReleaseMutex(　HANDLE hMutex);	释放线程拥有的互斥体的控制权

续表

函数原型	功能
void InitializeSRWLock(PSRWLOCK SRWLock);	初始化轻量级读写锁
void AcquireSRWLockShared(PSRWLOCK SRWLock);	读者获取锁
void ReleaseSRWLockShared(PSRWLOCK SRWLock);	读者释放锁
void AcquireSRWLockExclusive(PSRWLOCK SRWLock);	写者获取锁
void ReleaseSRWLockExclusive(PSRWLOCK SRWLock);	写者释放锁

HANDLE WINAPI CreateSemaphore(
   LPSECURITY_ATTRIBUTES lpSemaphoreAttributes,
   LONG lInitialCount,
   LONG lMaximumCount,
   LPCWSTR lpName
);
	创建信号量

HANDLE WINAPI OpenSemaphore(
   DWORD dwDesiredAccess,
   BOOL bInheritHandle,
   LPCSTR lpName
);
	打开信号量

BOOL WINAPI ReleaseSemaphore(
   HANDLE hSemaphore,
   LONG lReleaseCount,
   LPLONG lpPreviousCount
);
	释放信号量

void InitializeConditionVariable(PCONDITION_VARIABLE ConditionVariable);	初始化条件变量

BOOL SleepConditionVariableSRW(
   PCONDITION_VARIABLE ConditionVariable,
   PSRWLOCK SRWLock,
   DWORD dwMilliseconds,
   ULONG Flags
);
	线程通过获取一个轻量级读写锁使用条件变量

续表

函数原型	功能
BOOL SleepConditionVariableSRW(　PCONDITION_VARIABLE ConditionVariable, 　PSRWLOCK SRWLock, 　DWORD dwMilliseconds, 　ULONG Flags);	线程通过获取临界区使用条件变量
void WakeConditionVariable(　PCONDITION_VARIABLE ConditionVariable);	唤醒在条件变量上休眠的线程
void WakeAllConditionVariable(　PCONDITION_VARIABLE ConditionVariable);	唤醒在条件变量上休眠的所有线程
HANDLE WINAPI CreateEventW(　LPSECURITY_ATTRIBUTES lpEventAttributes, 　BOOL bManualReset, 　BOOL bInitialState, 　LPCWSTR lpName);	创建事件
BOOL WINAPI SetEvent(　HANDLE hEvent);	触发事件
BOOL WINAPI ResetEvent(　HANDLE hEvent);	事件变成未触发状态
BOOL WINAPI CreatePipe(　PHANDLE hReadPipe, 　PHANDLE hWritePipe, 　LPSECURITY_ATTRIBUTES lpPipeAttributes, 　DWORD nSize);	创建匿名管道
BOOL WriteFile(　HANDLE hFile, 　LPCVOID lpBuffer, 　DWORD nNumberOfBytesToWrite, 　LPDWORD lpNumberOfBytesWritten, 　LPOVERLAPPED lpOverlapped);	通过管道发送数据
BOOL ReadFile(　HANDLE hFile, 　LPVOID lpBuffer, 　LPDWORD lpNumberOfBytesRead, 　LPOVERLAPPED lpOverlapped);	从管道中读取数据

续表

函数原型	功能

BOOL SetThreadPriority(
    HANDLE hThread,
    int nPriority
);
	设置线程优先级

int GetThreadPriority(HANDLE hThread);	获取线程的优先级